高等职业教育机电类专业“十二五”规划教材

# 车工工艺与操作基础教程

梁胜龙　孔　茗　主　编
屠春娟　副主编
杨亚琴　黄华栋　惠震霖　匡　清　荆林辉　参　编
石皋莲　主　审

中国铁道出版社
CHINA RAILWAY PUBLISHING HOUSE

## 内容简介

本书是面向普通车工岗位要求，融合了车工工艺理论与技能训练的任务驱动式专业类教材。

本书分上、下两篇，共六个模块，其中，上篇为基础篇，主要内容包括：普通车床的基本操作；认识车削与车刀；工件的定位、装夹与加工工艺基础。下篇为实践篇，主要内容包括车削轴类零件；车削套类零件；车削复杂零件。在实践篇中具体安排有台阶轴的车削、轴承套的车削等9个零件的工艺知识和技能操作。

本书适合作为高等职业院校机制、数控、模具等相关专业的教材，也可作为企业培训和工人自学用书。

**图书在版编目（CIP）数据**

车工工艺与操作基础教程/梁胜龙，孔茗主编．—北京：中国铁道出版社，2015.12（2018.8重印）
高等职业教育机电类专业“十二五”规划教材
ISBN 978-7-113-20434-1

Ⅰ.①车…　Ⅱ.①梁…　②孔…　Ⅲ.①车削—高等职业教育—教材　Ⅳ.①TG510.6

中国版本图书馆CIP数据核字（2015）第173670号

**书　　名：**车工工艺与操作基础教程
**作　　者：**梁胜龙　孔　茗　主编

---

**策　　划：**祁　云　　　　**读者热线：**010-63550836
**责任编辑：**祁　云　包　宁
**封面设计：**付　巍
**封面制作：**白　雪
**责任校对：**汤淑梅
**责任印制：**郭向伟

---

**出版发行：**中国铁道出版社（100054，北京市西城区右安门西街8号）
**网　　址：**http://www.tdpress.com/51eds
**印　　刷：**北京虎彩文化传播有限公司
**版　　次：**2015年12月第1版　2018年8月第2次印刷
**开　　本：**787 mm×1 092 mm　1/16　**印张：**14　**字数：**340千
**印　　数：**2 001～3 000册
**书　　号：**ISBN 978-7-113-20434-1
**定　　价：**30.00元

---

# FOREWORD | 前　言

为贯彻《国家中长期教育改革和发展纲要（2010—2020年）》提出的“适应经济社会发展和科技进步的要求，推进课程改革，加强教材建设，建立健全教材质量监管制度，深入研究、确定不同教育阶段学生必须掌握的核心内容，形成更新教学内容的机制”的精神，本教材编写组结合目前高等职业院校学生的学习习惯和特点，在吸取相关院校所取得的课程建设与改革成果的基础上，融入企业的技术经验，采用模块化的课程开发方法，组织编写了本教材，以满足更新教学内容、提高教学质量和培养学生职业素质与操作技能的需要。

本教材的特点是：符合职业教育培养高端技能型专门人才的需要，采用模块化的课程开发方法，将理论知识与实际操作有机地结合起来，培养学生的职业素质和实践技能；在内容编写上，依据车削岗位的实际需要，引入行业、企业的典型案例，强调能力本位和知识的“必要、够用”原则，力求深入浅出、图文并茂，做到先进性、知识性、典型性和可读性的统一。在附录部分附有普通车工职业标准、常用标准公差数值表等国家标准，为促进职业院校课程标准与职业技能标准的衔接提供参考。

本教材由苏州工业职业技术学院梁胜龙、孔茗任主编，屠春娟任副主编，杨亚琴、黄华栋、惠震霖、匡清和苏州高瑞数控技术（苏州）有限公司的荆林辉参与编写。梁胜龙负责全书的统稿工作，孔茗负责全书的校对工作。本书由苏州工业职业技术学院精密制造工程系石皋莲主审。

本教材在编写过程中参考了兄弟院校老师编写的有关教材及大量参考文献，也得到了有关院校领导、企业专家和同行的大力支持，特别是“苏州微研有限公司”戈也夫工程师和“艾默生环境优化技术（苏州）有限公司”陈伟平工程师为本教材的编写提供了丰富的企业素材和大量有价值的参考意见，在此一并表示衷心的感谢！

本教材的编写得到江苏高校品牌专业建设一期工程项目和江苏省重点专业群建设项目的支持，也得到了中国铁道出版社的大力支持，在此一并表示感谢！

由于编者水平有限，教材中难免有漏误之处，敬请读者批评指正。

编　者

2015年8月

CONTENTS 目 录

# 基 础 篇



# 实 践 篇

# 基　础　篇

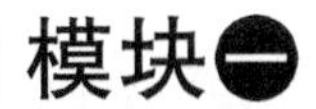

## 模块一　普通车床基本操作

**知识要点：**

金属切削机床的作用与分类；金属切削机床型号的编制方法；CA6140普通车床结构组成与传动系统；车削时的安全防护和文明生产；车床的润滑与保养。

**能力目标：**

熟练操作CA6140型普通车床；能对车床进行日常的维护与保养。

## 1.1　车削与车床

### 一、车削

#### （一）车削加工在机械制造业中的地位

机械制造业的主要加工设备是金属切削机床，常用的机床有车床、钻床、铣床、磨床、数控车床、加工中心、电火花机床等，其中车床是机械制造中使用最广泛的一类机床，如图1-1所示。通常情况下，在机械制造企业中，车床在金属切削机床中的配置占机床总数的30%～50%。

图1-1　车床操作

车工是操作机床，在工件旋转表面进行切削加工的技能人才，车工所进行的切削加工就是车削，车削在机械制造业中占有举足轻重的地位。

随着科技的不断进步，车削技术已经发展到了自动车削（数控车削加工）阶段，但普通车削加工知识和技能的学习仍然不可或缺，它能为真正掌握数控车削加工技术在理论知识和操作技能两方面打下坚实的基础。

**（二）车削加工**

**1. 车削加工内容**

车削加工是指在车床上利用工件的旋转运动和刀具的直线运动完成零件切削加工的方法，车削是机械加工中最基本和应用最广泛的一种加工方法。

车削的加工范围很广，机械加工中大部分回转类零件（如轴、套、盘、盖类零件）的加工都能在车床上完成。车削的基本内容有：车外圆、车端面、切槽和切断、钻中心孔、钻孔、铰孔、镗孔、车螺纹、车圆锥面、车特形面、滚花、绕弹簧等，如图1–2所示。

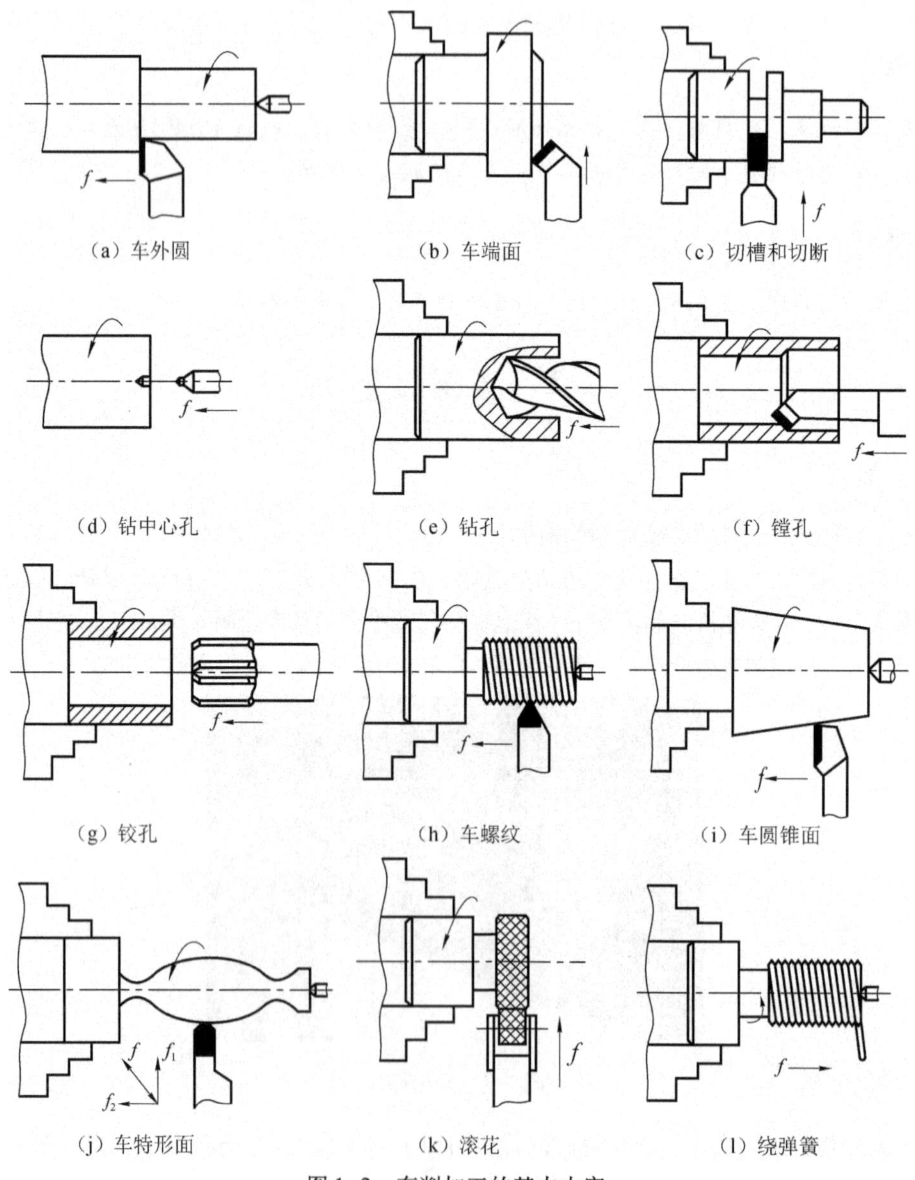


图1–2　车削加工的基本内容

**2. 车削加工特点**

与机械加工的其他加工方法（如钻削、铣削、磨削等）相比，车削有如下特点：

（1）适应性强，应用广泛。适用于加工不同材料、不同精度要求的工件。

（2）车削刀具结构相对简单，制造、刃磨和装夹方便。

（3）车削加工大多是等截面连续性的加工，因此切削力变化较小，车削过程平稳，生产率较高。

（4）精密车削加工可以加工出尺寸精度和表面粗糙度要求较高的工件。

## 二、车床

### （一）车床分类

车床种类繁多，按其用途和结构的不同，主要分为以下几类：卧式车床和落地车床、立式车床、转塔车床、仿形车床和仿形半自动车床、单轴自动车床、多轴自动车床、多轴半自动车床及专门化车床，如凸轮轴车床、曲轴车床、铲齿车床、高精度丝杠车床等。此外，在批量生产中还使用各种专用车床。

### （二）机床型号

机床型号能表示出机床的名称、主要技术参数、性能和结构特点。它是选用、使用、了解、管理、装配与维修机床的主要依据。

机床型号根据 GB/T 15375—2008《金属切削机床·型号编制方法》编制而成。它由汉语拼音字母及阿拉伯数字组成。机床型号的标注形式为：机床的类别代号＋特性代号＋组、系代号＋主参数＋结构的改进次序代号。

**1. 机床的类别代号**

按照机床的工作原理、机构性能及使用范围，一般将机床分为 11 类。其中，车床型号是用车床的“车”字的汉语拼音（大写）第一个字母“C”表示。其他机床型号表示方式见表 1-1。

**表 1-1　机床类别代号**

| 类别 | 车床 | 钻床 | 镗床 | 磨床 | | | 齿轮加工机床 | 螺纹加工机床 | 铣床 | 刨插床 | 拉床 | 特种加工机床 | 锯床 | 其他机床 |
|---|---|---|---|---|---|---|---|---|---|---|---|---|---|---|
| 代号 | C | Z | T | M | 2M | 3M | Y | S | X | B | L | D | G | Q |
| 读音 | 车 | 钻 | 镗 | 磨 | 二磨 | 三磨 | 牙 | 丝 | 铣 | 刨 | 拉 | 电 | 割 | 其 |

**2. 机床的特性代号**

机床的特性代号包括通用特性代号和结构特性代号，均用大写的汉语拼音字母表示，位于类别代号之后。

（1）通用特性代号。通用特性代号没有统一的固定含义，它在各类机床的型号中表示的意义相同。当某类型机床除有普通型外，还有下列某种通用特性时，则在类别代号之后加通用特性代号予以区分。机床的通用特性代号见表 1-2。

表 1-2 机床的通用特性代号

| 通用特性 | 高精密 | 精密 | 自动 | 半自动 | 数控 | 加工中心（自动换刀） | 仿形 | 轻型 | 加重型 | 简式或经济型 | 柔性加工单元 | 数显 | 高速 |
|---|---|---|---|---|---|---|---|---|---|---|---|---|---|
| 代号 | G | M | Z | B | K | H | F | Q | C | J | R | X | S |
| 读音 | 高 | 密 | 自 | 半 | 控 | 换 | 仿 | 轻 | 重 | 简 | 柔 | 显 | 速 |

（2）结构特性代号。对主参数值相同而结构、性能不同的机床，在型号中加结构特性代号予以区分。结构特性代号与通用特性代号不同，它在型号中没有统一的含义，只在同类机床中起区分机床结构、性能不同的作用。当型号中有通用特性代号时，结构特性代号应排在通用特性代号之后。结构特性代号用汉语拼音字母（通用特性代号已用的字母和“I”“O”两个字母不能用）表示，当单个字母不够用时，可将两个字母组合起来使用，如 AD、AE、DA、EA 等。机床的结构特性代号说明见表 1-3。

表 1-3 机床的结构特性代号

| 规定 | | 字母数量 | 字母 |
|---|---|---|---|
| 不能用的字母 | 通用特性代号已用过的 | 13 个 | G，M，Z，B，K，H，F，Q，C，J，R，X，S |
| | 易和数字混淆的 | 2 个 | I，O |
| 能用的字母 | 单个字母 | | A，D，E，L，N，P，T，U，V，W，Y 等 |
| | 字母组合 | | AD，AE，DA，EA 等 |

### 3. 机床组、系代号

国家标准规定，将每类机床划分为 10 个组，每个组又划分为 10 个系。机床的组代号用一位阿拉伯数字表示，位于类别代号和特性代号之后。机床的系代号用一位阿拉伯数字表示，位于组代号之后。车床的组、系划分见表 1-4 和表 1-5。

表 1-4 车床的组别

| 组别 | 车床组 | 组别 | 车床组 |
|---|---|---|---|
| 0 | 仪表车床 | 5 | 立式车床 |
| 1 | 单轴自动车床 | 6 | 落地及卧式车床 |
| 2 | 多轴半自动车床 | 7 | 仿形及多刀车床 |
| 3 | 转塔车床 | 8 | 轮、轴、辊、锭及铲齿车床 |
| 4 | 凸轮轴及曲轴车床 | 9 | 其他车床 |

表 1-5 落地及卧式车床系别

| 代号 | 系别 | 代号 | 系别 |
|---|---|---|---|
| 0 | 落地车床 | 3 | 无丝杠车床 |
| 1 | 卧式车床 | 4 | 卡盘车床 |
| 2 | 马鞍车床 | 5 | 球面车床 |

**4. 车床主参数**

车床的主参数是车床的重要技术规格，常用折算值表示，是选择机床的首要依据，车床主参数及折算系数见表1–6。

**表1–6 常用车床主参数及折算系数**

| 车床 | 主参数及折算系数 | | 第二主参数 |
|---|---|---|---|
| | 主参数 | 折算系数 | |
| 多轴自动车床 | 最大棒料直径 | 1 | 轴数 |
| 回轮车床 | 最大棒料直径 | 1 | — |
| 转塔车床 | 最大车削直径 | 1/10 | — |
| 单柱及双柱立式车床 | 最大车削直径 | 1/100 | — |
| 卧式车床 | 床身上最大回转直径 | 1/10 | 最大工件长度 |
| 铲齿车床 | 最大工件直径 | 1/10 | 最大模数 |

**5. 车床重大改进顺序号**

当对车床的结构、性能有更高的要求，并需按新产品重新设计、试制和鉴定时，才按改进的先后顺序选用A、B、C等汉语拼音字母（但“I”“O”两个字母不得选用），加在型号基本部分的尾部，以区别原机床型号。

例如CM6132－A。其中C表示车床类，M表示车床为精密型，6表示落地及卧式车床组，1表示卧式车床，32表示加工工件最大回转直径为320 mm，A表示为第一次重大改进。

在所有的车床类型中，以卧式车床应用最为广泛。其中，以CA6140型卧式车床最为典型，下面所有的内容都以该型号车床展开。

# 1.2 CA6140型卧式车床部件及作用

## 一、CA6140型卧式车床的基本结构

为了完成车削加工，车床必须具有带动工件作旋转运动和使刀具作直线运动的机构，并要求两者之间都能够变速。CA6140型卧式车床结构组成如图1–3所示。

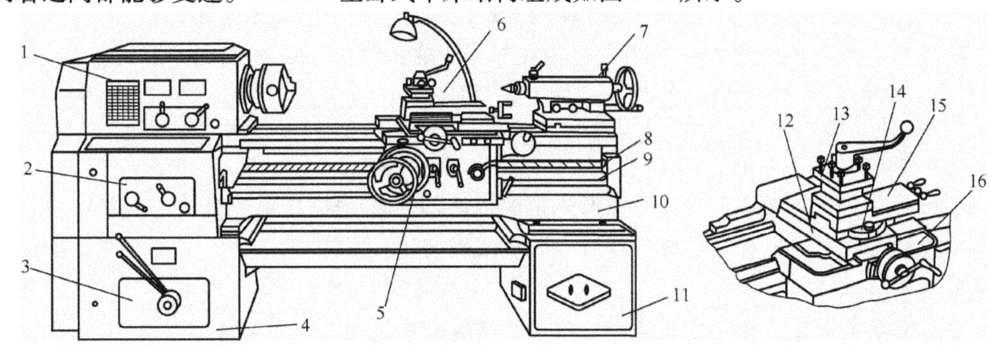


1—床头箱；2—进给箱；3—变速箱；4—前床脚；5—溜板箱；6—刀架；7—尾架；8—丝杠；9—光杠；10—床身；11—后床脚；12—横刀架；13—方刀架；14—转盘；15—小刀架；16—大刀架

图1–3 CA6140普通车床外形结构

**（一）刀架**

刀架固定在小拖板上，如图1-4所示，用以夹持车刀（方刀架上可同时安装四把车刀）。刀架上有锁紧手柄，松开锁紧手柄及可转动刀架以选择车刀或调整刀杆的工作角度。

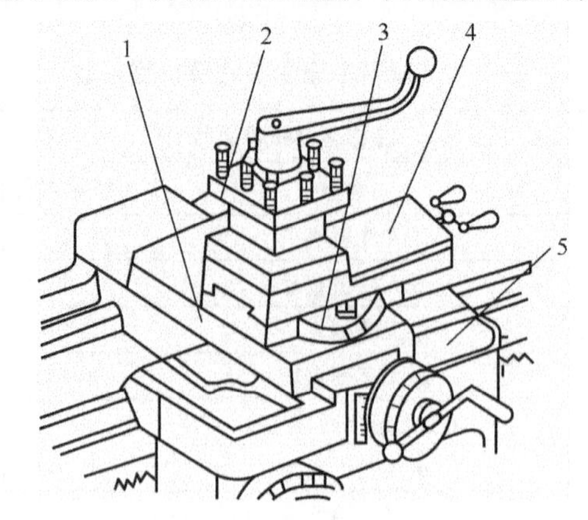


1—横刀架；2—方刀架；3—转盘；4—小刀架；5—大刀架

图1-4　刀架

**（二）尾座**

尾座安装在床身导轨上，能沿着导轨纵向移动，主要用来装夹工件时支顶较长的工件，也可以安装钻夹头来装夹中心钻或钻头等。尾座的结构如图1-5所示。

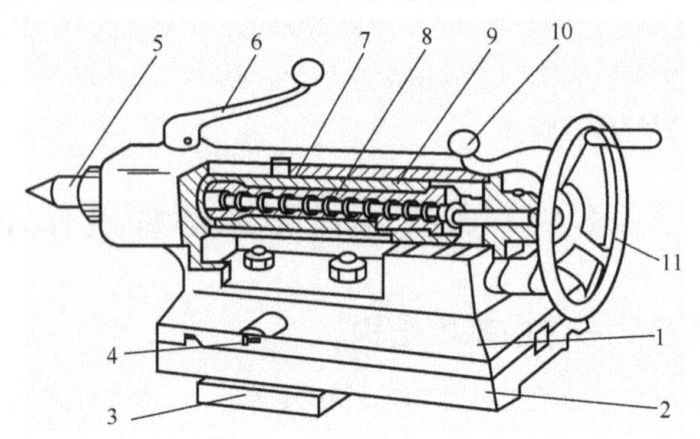


1—座体；2—底座；3—压板；4—螺钉；5—顶尖；6—套筒锁紧手柄；

7—套筒；8—丝杠；9—丝杠螺母；10—尾架锁紧手柄；11—手轮

图1-5　尾座

**（三）床身**

床身是车床的大型基础部件，它由两条精度很高的V形导轨和矩形导轨。主要用于支承和连接车床的各个部件，并保证各部件在工作时有准确的相对位置。

**（四）床腿**

床腿固定在地基上，用于支承床身，内部安装有电动机和电器控制板等附件。

**（五）主轴箱（床头箱）**

主轴箱用于支承主轴，箱内有多组齿轮变速机构，以实现机械的啮合传动，从而使主轴做多种速度的旋转运动，机床主轴可实现24级转速，以满足得到不同加工的转速需求。

**（六）交换齿轮箱（挂轮箱）**

交换齿轮箱用于将主轴的转动传给进给箱。调换交换齿轮箱内的齿轮，并与进给箱配合，可车削不同螺距的螺纹。

**（七）进给箱（走刀箱）**

进给箱内安装进给运动的变速齿轮，用以传递进给运动和调整进给量及螺距。进给箱的运动通过光杠或长丝杠传给溜板箱，光杠可使车刀车出圆柱、圆锥面、端面和台阶。长丝杠用来加工螺纹。

**（八）溜板箱**

溜板箱与刀架相连，可以使光杠传来的旋转运动变为车刀的纵向或横向直线移动，也可将丝杠传来的旋转运动通过对开螺母直接变为车刀的纵向移动以车削螺纹。光杠和丝杠将进给箱的运动传给溜板箱，车外圆、车端面等自动进给时使用光杠传动，车螺纹时使用丝杠传动。

## 二、CA6140 型卧式车床的主要技术参数

CA6140 型车床是我国自行设计的卧式车床，通用性好，结构先进，操作方便，外形美观，精度较高。CA6140 型卧式车床主要技术参数见表 1–7。

**表 1–7　CA6140 型卧式车床的主要技术参数**

| 主要技术参数 | 种　类 | 技术参数值 |
|---|---|---|
| 床身上最大工件回转直径 $D$ | 1 | $D$ = 400 mm |
| 刀架上最大工件回转直径 $D_1$ | 1 | $D_1$ = 210 mm |
| 中心高（主轴中心至床身平面导轨的距离） | 1 | $H$ = 205 mm |
| 最大工件长度 | 4 | 750 mm，1 000 mm，1 500 mm，2 000 mm |
| 最大车削长度 | 4 | 650 mm，900 mm，1 400 mm，1 900 mm |
| 小滑板最大车削长度 | 1 | 140 mm |
| 尾座套筒的最大移动长度 | 1 | 150 mm |
| 尾座套筒锥孔 | 1 | 莫氏 5 号 |
| 主轴前端锥度 | 1 | 莫氏 6 号 |
| 主轴转速 | 正转（24 级） | 10 ~ 1 400 r/min |
| | 反转（12 级） | 14 ~ 1 580 r/min |
| 车削螺纹的范围 | 米制螺纹（44 种） | 1 ~ 192 mm |
| | 英制螺纹（20 种） | 2 ~ 24 牙/in |
| 车削蜗杆的范围 | 米制蜗杆（39 种） | 0. 25 ~ 48 mm |
| | 英制蜗杆（37 种） | 1 ~ 96 牙/in |
| 机动进给量 | 纵向进给量（64 种） | 0. 028 ~ 6. 33 mm/r |
| | 横向进给量（64 种） | 0. 014 ~ 3. 16 mm/r |
| 快速移动速度 | 纵向快移速度 | 4 m/min |
| | 横向快移速度 | 2 m/min |

续上表

| 主要技术参数 | 种　类 | 技术参数值 |
|---|---|---|
| 主电动机 | 主电动机功率 | 7.5 kW |
| | 主电动机转速 | 1 450 r/min |
| 冷却电泵流量 | | 25 L/min |
| 刀柄截面尺寸 | | 25 × 25mm |
| 丝杠螺距 | | 12 mm |
| 机床工作精度 | 精车外圆的圆度 | 0.009 mm |
| | 精车外圆的圆柱度 | 0.027 mm/300 mm |
| | 精车端面的平面度 | 0.019 mm/$\phi$300 mm |
| | 精车螺纹的螺距精度 | 0.04 mm/100 mm<br>0.06 mm/300 mm |
| | 精车表面粗糙度 $Ra$ | 0.8 ~ 1.6 μm |

# 1.3　CA6140 型卧式车床的传动路线

## 一、CA6140 型卧式车床传动系统简介

为了实现加工过程中机床的各种运动，机床必须具备三个基本部分：执行件、动力源和传动装置。执行件是指机床的运动部件，如主轴、刀架等。其任务是带动工件和刀具完成所要求的各种运动，并保证运动轨迹准确。动力源是为机床提供动力的装置，如交流电动机和伺服电动机。传动装置是把动力源的动力和运动传递给执行件，完成变速、变向、改变运动形式等功能，使动力源和执行件之间保持运动联系。传动装置是由齿轮、带轮等传动件按一定顺序构成的传动链系统，一台机床可以有多条传动链。

车床各部件传动关系为：电动机输出动力，经过 V 带轮传给主轴箱带动主轴卡盘夹持工件作旋转运动。此外，主轴的旋转运动通过交换齿轮箱、进给箱、光杠或丝杠传到溜板箱，带动床鞍、刀架沿导轨作直线运动。车床传动框图如图 1-6 所示，传动系统示意图如图 1-7 所示。

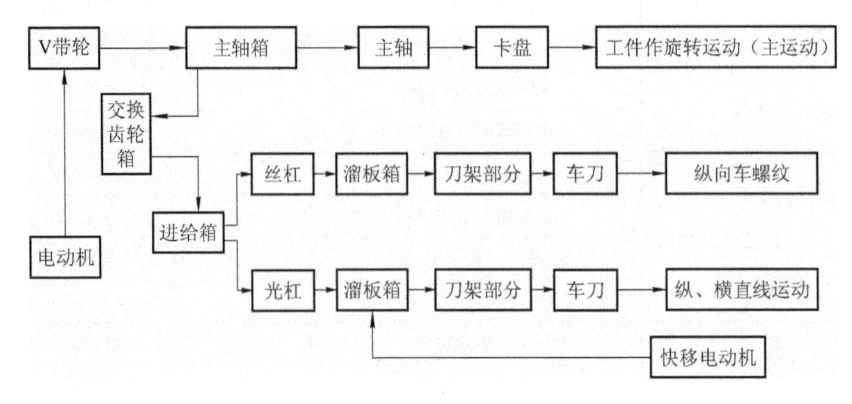


图 1-6　车床传动框图

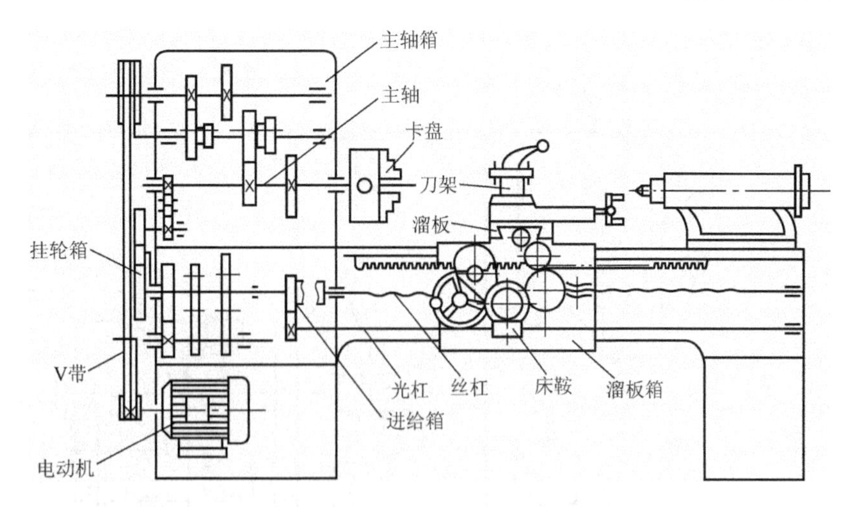


图 1-7　CA6140 型卧式车床系统示意图

## 二、CA6140 型卧式车床传动系统

### （一）传动系统组成

CA6140 型卧式车床传动系统由主体运动传动链、车螺纹运动传动链、纵向进给传动链、横向进给传动链和刀架的快速空行程传动链组成。传动系统图如图 1-8 所示。

### （二）传动路线

主运动传动链的两末端件是主电动机和主轴。运动由电动机（7.5 kW，1 450 r/min）经 V 带轮传动副（$\phi$130 mm/$\phi$230 mm）传至主轴箱中的轴Ⅰ。为控制主轴的启动、停止及旋转方向的变换，在轴Ⅰ上装有双向多片摩擦离合器 $M_1$，且轴Ⅰ上装有齿数为 56、51 的双联空套齿轮和齿数为 50 的空套齿轮。当压紧离合器 $M_1$ 左部的摩擦片时，运动由轴Ⅰ上双联齿轮传出，实现主轴正转。

运动经齿轮副$\frac{56}{38}$或$\frac{51}{43}$传给轴Ⅱ，使轴Ⅱ获得两种转速。压紧右部摩擦片时，运动经齿数为 50 的齿轮传出，轴Ⅶ上的齿数为 34 空套齿轮传给轴Ⅱ上齿数为 30 固定齿轮，这时轴Ⅰ至轴Ⅱ间多一个齿数为 34 中间齿轮，故轴Ⅱ的转向与经 $M_1$ 左部传动时相反，形成主轴反转（只有一种转速）。当离合器处于中间位置时，左、右摩擦片都没有被压紧。轴Ⅰ的运动不能传至轴Ⅱ，主轴停转。

轴Ⅱ的运动可通过轴Ⅱ、轴Ⅲ间三对齿轮的任一对传至轴Ⅲ，故轴Ⅲ正转共 $2\times3=6$ 种转速。

运动由轴Ⅲ传往主轴有两条路线：

#### 1. 高速传动路线

主轴上齿数为 50 的滑移齿轮移至左端，使之与轴Ⅲ上右端的齿数为 63 齿轮啮合。运动由轴Ⅲ经齿轮副$\frac{63}{50}$直接传给主轴，得到 450～1 400 r/min 的 6 种高转速。

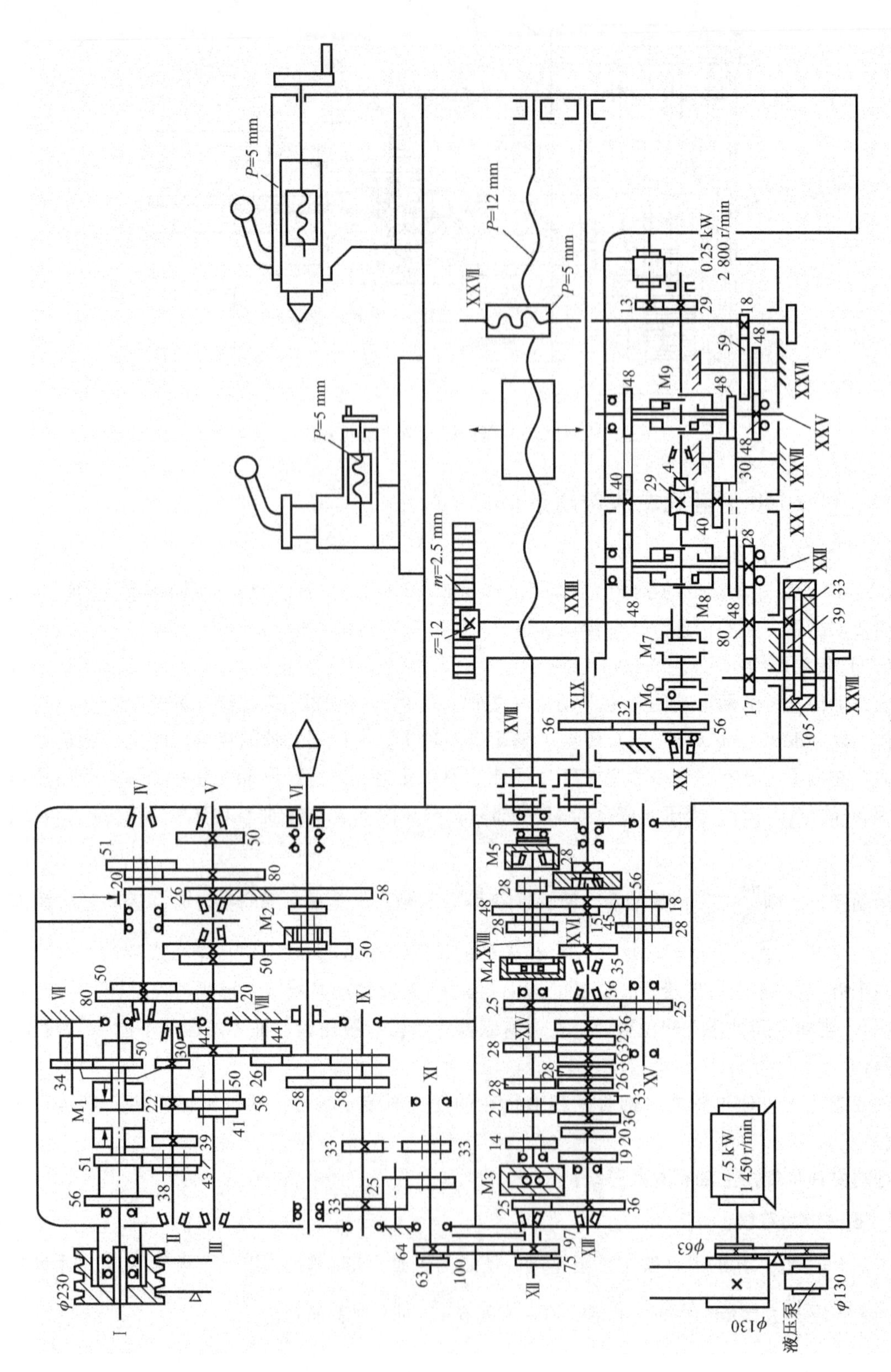


图1-8　CA6140型卧式车床传动系统图

**2. 低速传动路线**

主轴上的齿数为 50 滑移齿轮移至右端，使主轴上的齿式离合器 $M_2$ 啮合。轴Ⅲ的运动经齿轮副 $\frac{20}{80}$ 或 $\frac{50}{50}$ 传给轴Ⅳ，又经齿轮副 $\frac{20}{80}$ 或 $\frac{51}{50}$ 传给轴Ⅴ、再经齿轮副 $\frac{26}{58}$ 和齿式离合器 $M_2$ 传至主轴，使主轴获得 10 ~ 500 r/min 的低转速。主变速机构传动系统可用示意图 1-9 表示。

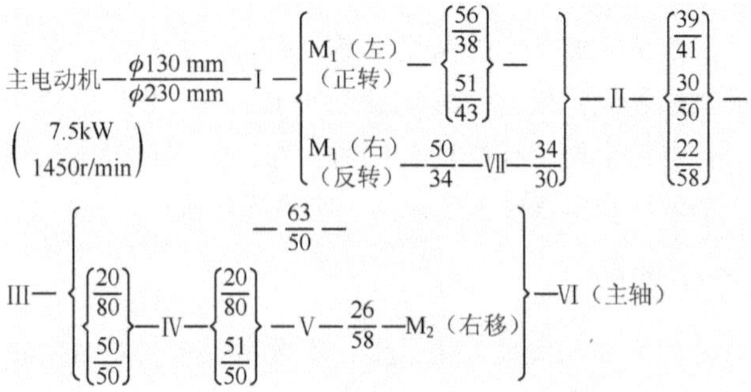

$$
\underset{\left(\begin{array}{c}7.5\text{kW}\\1450\text{r/min}\end{array}\right)}{\text{主电动机}}-\frac{\phi130\ \text{mm}}{\phi230\ \text{mm}}-\text{I}-\left\{\begin{array}{l}\begin{array}{l}M_1\text{（左）}\\\text{（正转）}\end{array}-\left\{\begin{array}{c}\frac{56}{38}\\\frac{51}{43}\end{array}\right\}-\\\begin{array}{l}M_1\text{（右）}\\\text{（反转）}\end{array}-\frac{50}{34}-\text{VII}-\frac{34}{30}\end{array}\right\}-\text{II}-\left\{\begin{array}{c}\frac{39}{41}\\\frac{30}{50}\\\frac{22}{58}\end{array}\right\}-
$$

$$
\text{III}-\left\{\begin{array}{c}-\frac{63}{50}-\\\left\{\begin{array}{c}\frac{20}{80}\\\frac{50}{50}\end{array}\right\}-\text{IV}-\left\{\begin{array}{c}\frac{20}{80}\\\frac{51}{50}\end{array}\right\}-\text{V}-\frac{26}{58}-M_2\text{（右移）}\end{array}\right\}-\text{VI（主轴）}
$$

图 1-9　主变速机构传动系统示意图

**3. 主轴转速级数和转速**

由传动系统示意图可以看出，主轴正转时，可得 2 × 3 = 6 种高转速和 2 × 3 × 2 × 2 = 24 种低转速。轴Ⅲ - Ⅵ - Ⅶ之间的 4 条传动路线的传动比为：

$$i_1=\frac{20}{80}\times\frac{20}{80}=\frac{1}{16}$$

$$i_2=\frac{20}{80}\times\frac{51}{50}\approx\frac{1}{4}$$

$$i_3=\frac{50}{50}\times\frac{20}{80}=\frac{1}{4}$$

$$i_4=\frac{50}{50}\times\frac{51}{50}\approx1$$

式中，$i_2$ 和 $i_3$ 基本相同，所以实际上只有 3 种不同的传动比。因此，运动经由低速传动路线时，主轴实际上只能得到 2 × 3 × (2 × 2 - 1) = 18 级转速。加上由高速路线传动获得的 6 级转速，主轴总共可获得 24 级转速。

同理，主轴反转转速级数为 12 级。

CA6140 型卧式车床正转时最高、最低转速分别为：

$$n_{\max}=1\,450\times\frac{130}{230}\times\frac{56}{38}\times\frac{39}{41}\times\frac{63}{50}\ \text{r/min}=1\,400\ \text{r/min}$$

$$n_{\min}=1\,450\times\frac{130}{230}\times\frac{51}{43}\times\frac{22}{58}\times\frac{20}{80}\times\frac{20}{80}\times\frac{26}{58}\ \text{r/min}=10\ \text{r/min}$$

同理，反转时的 12 级转速为 14 ~ 1 580 r/min。主轴反转通常不是用于切削，而是用于车削螺纹时，切削完一刀后使车刀沿螺旋线退回，所以转速较高可以节约辅助时间。

**4. 进给传动链**

进给传动链是实现刀具纵向或横向移动的传动链。进给传动的动力源也是电动机。运动经由电动机、主运动传动链、主轴、进给运动传动链至刀架，使刀架实现机动的纵向进给、横向进给或车螺纹运动。由于进给量及螺纹的导程是以主轴每转过一转时刀架的移动量来表示的，因此，该传动链的两个末端元件分别是主轴和刀架。

## 1.4　车削时的安全防护和文明生产

保持安全、文明生产是车削加工中的重要环节，是防止人员或设备事故的根本保障。它直接涉及人身安全、产品质量和经济效益，影响设备和工、夹、量具的使用寿命，以及生产工人技术水平的正常发挥。在学习掌握操作技能的同时，务必养成良好的安全、文明生产习惯，对于长期生产活动中得出的教训和实践经验的总结，必须严格执行。

### 一、车床安全操作规程

（1）穿好工作服，女生要将长发塞入帽子里，不要系领带，夏季禁止穿裙子和凉鞋上机床操作，不得戴手套进行操作，工作服正确穿戴如图 1–10 所示。

图 1–10　工作服正确穿戴示意图

（2）工作时，头不能离工件太近，以防止切屑飞入眼睛，为防止切屑崩碎飞散伤人，必须带防护眼镜。

（3）工作时，必须集中精力，注意手、身体和衣服不能靠近正在旋转的机床主轴和工件。

（4）工件和车刀必须装夹牢固，以防飞出伤人，工件装夹好后，卡盘扳手必须随即从卡盘上取下。

（5）装卸工件、更换刀具、测量工件及变换主轴转速时，必须先停机。

（6）车床运转时，不得用手抚摸工件表面，尤其是加工螺纹时，严禁用手抚摸螺纹，以免伤手。严禁用棉纱擦拭回转中的工件。严禁用手去刹停转动着的卡盘。

（7）应用专门的铁钩清除铁屑，绝不容许用手直接清除。

（8）不得随意拆装机床上的电器设备，以免发生触电事故。

（9）切削液对人的皮肤有刺激作用，经常接触会引起皮疹或感染，应尽量少接触这些液体，如果无法避免，接触后尽快洗手。

（10）工作中若发现机床出现故障，应立即关闭电源，由专业人员检修后，方可继续使用。

（11）当高速运转切削，材料较硬时，应使用冷却液，以免烧坏刀具和工件。

（12）操作中出现异常现象应及时停车检查，出现故障、事故应立即切断电源，第一时间上报，请专业人员检修。未经修复，不得使用。

（13）实训结束前或加工完毕后，关机切断电源，清除铁屑，注油保养，清扫场地，保持设备、场地清洁。

## 二、车削时的文明生产

### （一）启动车床前应做的工作

（1）检查车床各部分机构及防护设备是否完好。

（2）检查机床各手柄是否灵活，其空挡或原始位置是否正确。

（3）检查各注油孔，并对需要润滑的部位进行润滑。

（4）使主轴低速空转 2 ~ 3 min，待机床运转正常后才能进行操作加工。

### （二）操作过程中的安全规范要求

（1）主轴变速前必须停机，除车削螺纹外，不能用丝杠进行机动进给。

（2）工具箱中的工具应摆放整齐、稳妥、合理，便于操作时取用，用完后应放回原处，主轴箱盖上禁止放置任何物品。

（3）正确使用和爱护量具，量具使用后要擦净、涂油，放入量具盒内。所使用的量具要定期校验，以保证其度量准确。

（4）不允许在卡盘及床身上敲击或校直工件，床身上不准放置工具或工件。装夹、找正较重的工件时，应在床身上垫放木板，以免工件砸坏床身。

（5）车刀磨损后应及时更换或刃磨，不允许用钝车刀继续车削，以免增加机床负荷或损坏车床，影响工件表面的加工质量和生产效率。

（6）批量加工零件时，首件要送检，在确认合格后方可继续加工。精车完的工件要进行防锈处理。

（7）毛坯、半成品和成品应分开放置，严禁用硬物碰撞已加工表面。

（8）使用切削液前，应在床身导轨上涂润滑油，切削液要定期更换。

（9）工作场地周围要保持清洁，避免杂物堆放，防止绊倒。

### （三）结束操作应做的工作

（1）将所用过的物件清洁归位。

（2）清理机床，清除铁屑，擦净机床各部位的油污，按保养规定加注润滑油。

（3）将床鞍摇至床尾一端，各机床手柄放到空挡位置。

（4）工作场地打扫干净。

（5）关闭电源。

## 三、车削工艺守则

### （一）加工前的准备

（1）操作者接到加工任务后，首先要检查加工所需要的产品图样、工艺规程和有关技术资料是否齐全。

（2）仔细阅读工艺规程、看懂产品图纸及技术要求，有疑问向技术人员询问清楚后再进行加工。

（3）按产品图样或工艺规程复核工件毛坯或半成品是否符合要求，发现问题及时反映。

（4）按工艺规程准备好加工所需要的全部工艺装备，对未使用过的装备要先熟悉其使用方法。

（5）加工所需要的工艺装备应放在规定的位置，不得乱放。

（6）工艺装备不得随意拆卸和更改。

（7）检查加工所使用的机床，加工前要按规定进行润滑和空运转。

**（二）车刀的装夹要求**

（1）在装夹各类车刀及其他刀具前，一定要把刀柄擦拭干净。

（2）刀具装夹后，应利用对刀装置或试切削等手段检查刀具安装是否正确。

（3）车刀刀柄伸出刀架不宜太长，一般伸出长度不应超过刀柄高度的1.5倍（车孔、车槽等除外）。

（4）车刀刀柄中心线应与进给方向垂直或平行。

（5）刀尖高度的调整：

① 在车端面、圆锥面、螺纹、成形面和切断实心工件时，车刀刀尖应与工件中心等高。

② 粗车外圆、精车孔时，车刀刀尖一般应比工件轴线略高。

③ 在精车细长轴、粗车孔、切断空心工件时，车刀刀尖一般应比工件轴线稍低。

④ 螺纹车刀刀尖角的平分线应与工件轴线垂直。

⑤ 装夹车刀时，刀柄下面的垫片要少而平，压紧车刀的螺钉要拧紧。

**（三）工件的装夹**

（1）工件装夹前应将其定位面、夹紧面、垫铁和夹具的定位面、夹紧面擦拭干净，不得有毛刺。

（2）用三爪自定心卡盘装夹工件进行粗车或精车时，如果工件直径小于或等于30 mm，其旋伸长度应不大于工件直径的5倍，如果工件直径大于30 mm，其旋伸长度应不大于工件直径的3倍。

（3）用四爪单动卡盘、花盘、弯板等装夹不规则或偏重的工件时，必须加平衡铁进行平衡。

（4）在两顶尖间加工轴类工件时，应先调整尾座中心、使其与车床主轴中心重合。

（5）在两顶尖间加工细长轴时，应使用跟刀架或中心架。在加工过程中要注意调整顶尖的顶紧力，如果使用的是固定顶尖要注意润滑，中心架也要注意润滑。

（6）使用尾座时，尾座套筒尽量伸出短一些，以减少振动。

（7）车削轮盘类、套类铸件或锻件时，应按不加工表面找正，以保证加工后工件壁厚均匀。

**（四）加工要求**

（1）为了保证加工质量和生产效率，应根据工件材料、精度要求和机床、刀具等情况，合理选择切削用量。加工铸铁时，为了避免表面夹砂、硬化层等损坏刀具，在许可的条件下，背吃刀量应大于夹砂或硬化层深度。

（2）对有公差要求的尺寸，在加工时应尽量按其中间公差加工。

（3）工艺规程中未规定表面粗糙度要求的粗加工工序，加工后的表面粗糙度 $Ra$ 值应不大于25 μm。

（4）铰孔前的表面粗糙度 *Ra* 值应不大于 12.5 μm。

（5）图样中未规定的倒角、倒圆尺寸和公差要求按相关规定的标准加工。

（6）在本工序后无去毛刺工序时，本工序加工产生的毛刺应在本工序中去除。

（7）在工件加工过程中应经常检查工件是否松动，以防止发生意外或影响加工质量。

（8）当粗、精加工在同一台机床上进行时，粗加工后一般应先松开工件，待其冷却后重新装夹。

（9）在切削过程中，若机床－刀具－工件系统发出不正常的声音或已加工表面质量突然变差，应立即退刀停机检查。

（10）在批量生产中，必须进行首件检查，合格后方能继续加工。

（11）在加工过程中，操作者必须对工件进行自检。

（12）检查时应正确使用量具，使用量具时首先要将量具零位调整好，使用中避免用力过猛，造成量具损坏。

**（五）车削加工**

（1）车削台阶轴时，为了保证车削时的刚度，一般应先车削直径较大的部分，后车削直径较小的部分。

（2）在轴类零件上车槽时，应在精车前进行，以防止工件变形。

（3）精车带螺纹的轴时，一般应在螺纹加工之后，再精车无螺纹的部分。

（4）钻孔前，应将工件端面车平。必要时应先钻出定位中心孔。

（5）钻深孔时，应先钻出导向孔。

（6）车削直径为 10～20 mm 的孔时，刀柄的直径应为被加工孔的直径的 0.6～0.7 倍，加工直径大于 20 mm 的孔时，一般应采用装夹刀头的刀柄。

（7）当工件的有关表面有位置公差要求时，应尽量在一次装夹中完成车削加工。

**（六）加工后的处理**

（1）工件加工完成后应做到无屑、无水、无脏物，并按规定要求摆放。

（2）暂时不进行下道工序加工的或精加工后的工件表面要进行防锈处理。

（3）凡相关零件成组配合加工的，加工后需要编号。

（4）各工序加工完的工件经专职检查员检验合格后，方能转入下一道工序。

**（七）其他要求**

（1）工艺装备用完后要擦拭干净，涂好防锈油，放到规定的位置或交还工具库。

（2）产品图样、工艺规程和使用的其他技术文件要注意保持整洁，严禁涂改。

## 1.5　车床的润滑与保养

为了保证车床的正常运转，减少磨损，延长使用寿命，应对车床所有摩擦部位进行润滑，并注意日常维护保养。

## 一、CA6140 型车床的润滑

### （一）润滑方式

#### 1. 浇油润滑

浇油润滑通常用于外露的润滑表面，如普通机床床身导轨面和滑板导轨面等。一般用油壶进行浇注。

#### 2. 溅油润滑

溅油润滑通常用于密封的箱体中，如普通机床主轴箱，它利用齿轮转动把润滑油溅到油槽中，然后输送到各处进行润滑。

#### 3. 油绳导油润滑

油绳导油润滑通常用于进给箱和溜板箱的油池中，它利用毛线吸油和渗油的能力，把润滑油慢慢地引到所需要的润滑处，如图 1–11（a）所示。

#### 4. 弹子油杯注油润滑

弹子油杯注油润滑通常用于尾座和滑板手柄转动的轴承处。注油时，以油嘴把弹子揿下，滴入润滑油，使用弹子油杯的目的是防尘防屑，如图 1–11（b）所示。

#### 5. 黄油杯润滑

黄油杯润滑通常用于机床交换齿轮架的中间轴。使用时，先在黄油杯中装满工业油脂，当拧紧杯盖时，油脂就挤进轴承套内，比加机油方便。使用油脂润滑的另一特点是：存油期长，不需要每天加油，如图 1–11（c）所示。

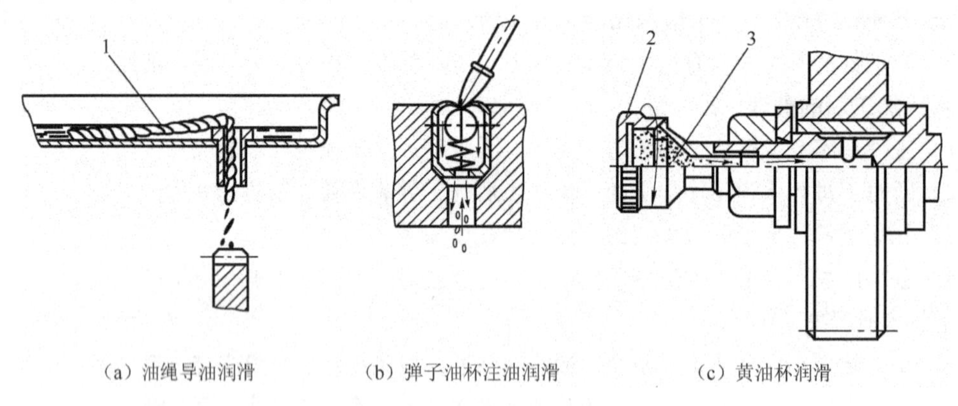


（a）油绳导油润滑　（b）弹子油杯注油润滑　（c）黄油杯润滑

1—毛线；2—黄油杯；3—黄油

图 1–11　润滑的几种方式

#### 6. 液压泵输油润滑

液压泵输油润滑通常用于转速高、润滑油需要量大、连续强制润滑的机构中。如机床主轴箱一般都采用液压泵输油润滑。

### （二）车床的润滑要求

图 1–12 所示为 CA6140 型车床润滑系统润滑点的润滑示意图。润滑部位用数字标出，图中 2 处的润滑部位用 2 号钙基润滑脂进行润滑，要求每班加油一次。其余部位使用牌号 L – AN46

的全损耗系统用油，$\left(\frac{46}{7}\right)$和$\left(\frac{46}{50}\right)$的分母7和50表示加油的间隔时间为7天和50天。换油时先将废油放尽，用煤油把箱体内冲洗干净后，再注入新机油，注油时应用网过滤，且油面不得低于油标中心线。

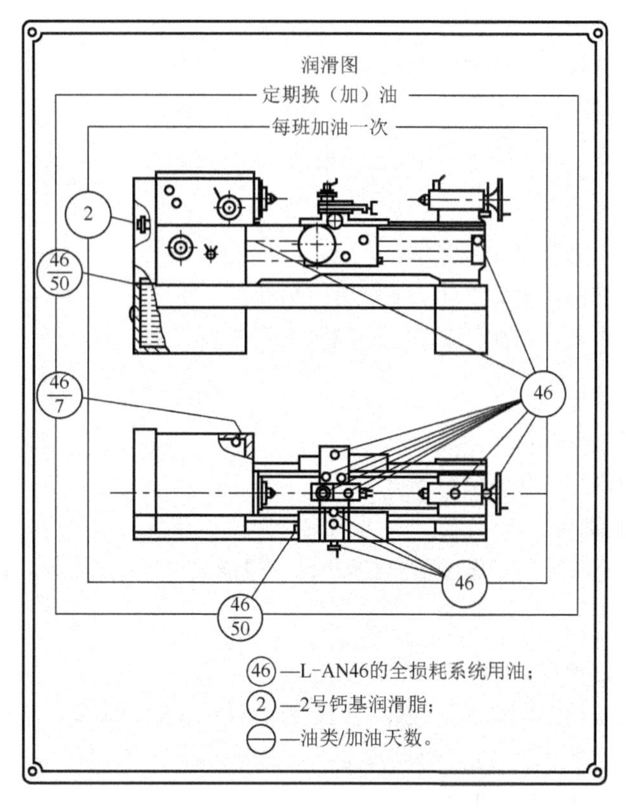


图1-12　CA6140型车床润滑系统

## 二、CA6140型车床的保养

为了保证车床加工精度，延长使用寿命，保证加工质量，提高生产效率，车工除了能熟练操作机床外，还必须学会对车床进行合理的维护和保养。CA6140型车床保养内容如下。

### （一）保养内容

#### 1. 外保养

（1）清洗机床外表及各罩盖。

（2）清洗长丝杠、光杠和操纵杆。

（3）检查并补齐螺钉、手柄等。

#### 2. 主轴箱保养

（1）清洗滤油器和油箱。

（2）检查主轴，并检查螺母有无松动。

（3）调整摩擦片间隙及制动器。

**3. 溜板部位的保养**

（1）清洗刀架。调整中、小滑板镶条间隙。

（2）清洗并调整中、小滑板丝杠螺母间隙。

**4. 挂轮箱的保养**

（1）清洗齿轮、轴套并注入新油脂。

（2）调整齿轮啮合间隙。

（3）检查轴套有无晃动现象。

**5. 润滑系统保养**

（1）清洗冷却泵、过滤器、盛液盘。

（2）清洗油绳、油毡，保证油孔、油路清洁畅通。

（3）检查油质是否良好，油杯要齐全，油窗应明亮。

**6. 电器部分保养**

（1）清扫电动机、电器箱。

（2）电器装置应固定，并清洁整齐。

### （二）日常保养的要求

操作工在每次接班前以及工作过程中必须按如下要求做好车床的日常保养和交接班工作。

**1. 工作前**

（1）检查交接班记录本。

（2）严格按照设备“润滑图表”规定进行加油，做到定时、定量、定质。

（3）停机 8 h 以上的设备，在开动设备时，要先低速转 3 ~ 5 min，确认润滑系统是否畅通，各部位运转是否正常，方可开始工作。

**2. 工作中**

（1）经常检查设备各部位运转和润滑系统工作情况，如果有异常情况，立即通知检修人员处理。

（2）各导轨面和防护罩上严禁放置工具、工件和金属物品及脚踏。

**3. 工作后**

（1）擦除导轨面上的铁屑及冷却液，丝杠、光杠上无黑油。

（2）清扫设备周围铁屑、杂物。

（3）认真填写设备交接班记录。

# 1.6　CA6140 型卧式车床操作

## 一、CA6140 型卧式车床操作手轮和手柄

在加工之前，首先应熟悉车床手柄和手轮的位置，然后再练习车床的基本操作。CA6140 型卧式车床各手柄和手轮名称见表 1-8，其位置如图 1-13 所示。

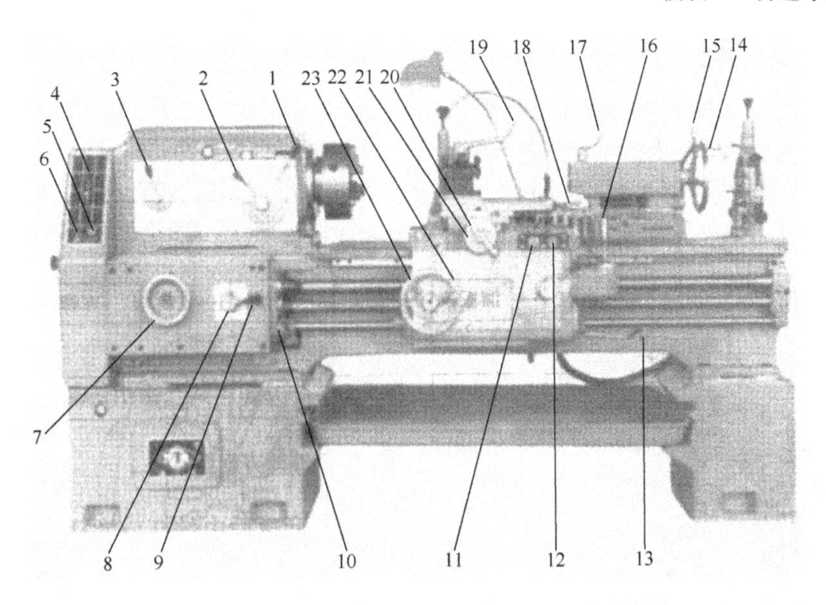


图 1-13　CA6140 型卧式车床操作手柄位置示意图

**表 1-8　CA6140 型卧式车床操作手柄名称**

| 图编号 | 名称 | 图编号 | 名称 |
| --- | --- | --- | --- |
| 1，2 | 主轴变速（长、短）手柄 | 14 | 尾座套筒移动手轮 |
| 3 | 加大螺距及左右螺纹变换手柄 | 15 | 尾座快速紧固手柄 |
| 4 | 电源总开关 | 16 | 机动进给手柄及快速移动按钮 |
| 5 | 电源开关锁 | 17 | 尾座套筒固定手柄 |
| 6 | 冷却泵开关 | 18 | 小滑板手柄 |
| 7，8 | 螺纹种类及丝杠、光杠变换手轮、手柄 | 19 | 刀架转位及固定手柄 |
| 9 | 进给量和螺距变换手柄 | 20 | 中滑板手柄 |
| 10，13 | 主轴正、反转操纵手柄 | 21 | 中滑板刻度盘 |
| 11 | 急停按钮（红色） | 22 | 床鞍刻度盘 |
| 12 | 启动按钮（绿色） | 23 | 床鞍手轮 |

## 二、CA6140 型卧式车床的基本操作

CA6140 型卧式车床的基本操作包括车床的开启、主轴变速箱的操作、进给箱的操作、刻度盘的操作等。

### 1. 车床的启动

检查车床各变速手柄是否处于空挡位置，操纵杆处于“停止”状态（操纵杆处于中间位置）。确认后打开电源总开关（图 1-13 编号 4）。

### 2. 主轴起、停和换向

CA6140 型卧式车床采用操纵杆开关，在光杠下面有一操纵杆（图 1-13 编号 10），按下机床绿色启动按钮，电动机启动。提起操纵杆，向上，主轴正转。按下红色停止按钮，电动机停止转动。向下，主轴反转。

**3. 车床转速的变换**

车床主轴的变速共有24级转速，叠套手柄（图1-13 编号1，2）前面的手柄共有6个挡位，每个挡位有4级转速，前面的手柄与速度值对应，后面的手柄与色块（红、黑、黄、蓝）对应。红色区为高速，黑色区为中速，黄色区为次中速，蓝色为低速。变速时，先按需求将后面的手柄转至所需色块位置处，再将前面的手柄转至所需转速位置处，就能调整到所需要的转速。

如需将转速变换为400 r/min，其操作步骤如下：

将后面的手柄转至黑色块位置，如图1-14 所示。

将前面的手柄转到400 速度区，如图1-15 所示，则主轴所获转速为400 r/min。

图1-14 调整挡位色块位置

图1-15 将手柄调整至速度区位置

**操作提示：**

变速时一定要先停车。变速时如手柄调整不到位或是调整时不能转动，则可用手先转动一下卡盘后再将调整手柄调整至所需位置。

**4. 螺纹旋向的变换**

螺纹旋向变换手柄处于主轴箱左侧面（图1-13 编号3），俗称“三星齿轮”，用于螺纹左、右旋向变换和加大螺距，它共有4个挡位。可根据车削螺纹螺距的大小和旋向加以选择和调整。

**5. 进给箱的变速**

进给箱上手柄左侧有一个手轮（图1-13 编号7），它有8个挡位，右侧有前后叠装的两个手柄（图1-13 编号8，9），前面手柄是丝杠、光杠变换手柄，有A、B、C、D四个挡位，后面的是Ⅰ、Ⅱ、Ⅲ、Ⅳ四个挡位，用来与手轮配合，根据车床调配表情况，以调整螺距或进给量。当手柄处于第Ⅴ挡时，齿轮箱的运动不经进给箱变速，而与丝杠直接相连。通过手柄和手轮组合，可获得20种纵、横向进给量（可从主轴箱上进给量表查到）。

**6. 刻度盘的操作**

床鞍手轮上的刻度盘（图1-13 编号22）圆周分为300格，每一格为1 mm；中滑板刻度盘（图1-13 编号21）圆周分为100格，每一格为0.05 mm；小滑板刻度盘圆周也分为100格，每一格也为0.05 mm，如图1-16 所示。

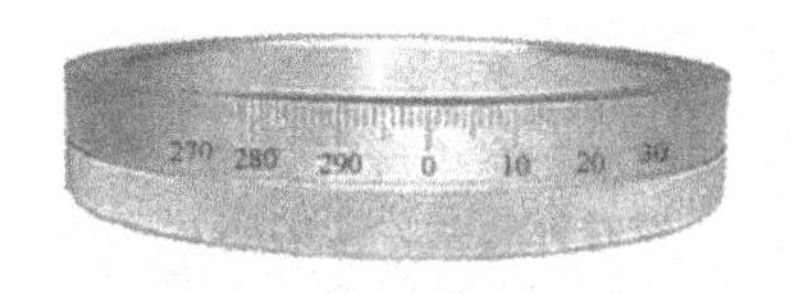


（a）床鞍手轮刻度

（b）中、小滑板刻度

图 1–16　车床刻度盘

由于丝杠和螺母之间有间隙存在，因此会产生空行程（即刻度盘转动，而刀架并未移动）。使用时必须慢慢地把刻度盘转到所需要的位置，若不慎多转过几格，绝不能简单地退回几格，必须向相反方向退回全部空行程（通常反向转动 1/2 圈），再转到所需位置，如图 1–17 所示。

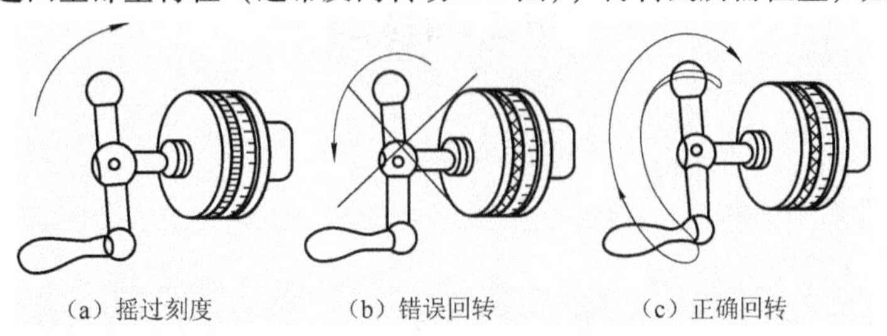

（a）摇过刻度　（b）错误回转　（c）正确回转

图 1–17　手柄转过后的纠正方法

**操作提示：**

为防止因操作不当而将刻度转过，可先将手柄刻度转至接近所需的位置，再用垫片轻轻敲打刻度手柄，使刻度缓慢转至所需刻度位置处。

**7. 溜板箱的操作**

（1）手动进给操作。顺时针摇动床鞍手轮（图 1–13 编号 23），床鞍和其上的中、小滑板和刀架一起沿床身和导轨向右动。逆时针转动，床鞍向左移动。

（2）中滑板的操作。顺时针摇动中滑板手轮（图 1–13 编号 20），中滑板作进刀运动（即向远离操作者的方向移动）；逆时针转动，中滑板作退刀运动（即向靠近操作者的方向移动）。

（3）小滑板的操作。顺时针摇动小滑板手轮（图 1–13 编号 20）小滑板向左移动；逆时针转动小滑板手柄，小滑板向右移动。

（4）自动进给操作。溜板箱自动进给手柄（图 1–13 编号 16）有 5 个位置状态，如图 1–18 所示。CA6140 型卧式车床只能实现床鞍和中滑板的机动进给。

将自动进给手柄扳向左、右边位置，床鞍沿纵向作机动进给和退刀进给；将自动进给手柄扳向里、外位置，中滑板沿横向作进刀和退刀进给。

**操作提示：**

自动进给手柄的顶部有一个快进按钮，是控制接通快速电动机的按钮，按下此按钮，快速电动机工作，放开此按钮，快速电动机停止转动。当手柄扳至纵向进给位置且按下快进按钮时，则床鞍作快速纵向移动；当手柄扳至横向进给位置且按下快进按钮时，则中滑板带动小滑板和刀架作横向快速进给。因此操作时当床鞍快速行进到离主轴箱或尾座较近的位置时，应放开快进按钮，以避免床鞍撞击主轴箱或尾座。同样，当中滑板前、后伸出床鞍足够远时，应立即放开快进按钮，停止快进，以免中滑板悬伸太长而损坏其燕尾导轨。

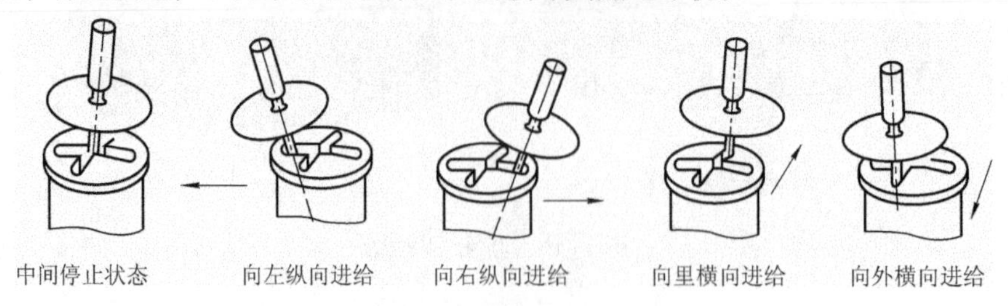


图 1-18　溜板箱自动进给手柄的 5 个位置状态

# 思考与练习

## 一、填空题

1. CA6140 型卧式车床由________、________、________、________、________、________和________等 7 个主要部分组成。

2. 机械加工中大部分________零件的加工都能在车床上完成。车削的基本内容包括，车________、________、________、________、________、________等。

3. 主轴箱是用来________主轴，使主轴做多种速度的________运动，卡盘是用来________的，尾座用以安装________、________等，进给箱内安装进给运动的变速齿轮，用以传递________运动和调整________及________。溜板箱与________相连，可以使________传来的旋转运动变为车刀的纵向或横向直线移动以车削外圆和端面，也可以使________传来的旋转运动通过对开螺母直接变为车刀的纵向移动以车削螺纹。

4. 机床传动系统中常用的机械传动机构有________、________、________等。

5. 机床型号 CB3463 表示的含义是________________________________________。

6. 批量生产零件时，首先应____________，在确认合格后，方可继续加工。

7. 为了保证车床________，延长______，保证______和提高______，必须按要求对机床进行合理的维护和保养，机床保养的内容包括__________、________、________、________等项目。

8. 使用切削液前，应在床身上涂____________。切削液要______________。

9. 由于丝杠和螺母之间有间隙存在，因此会产生______，手柄使用时若不慎多转过几格，绝不能简单地______几格，必须向______退回全部空行程，再转到所需位置。

10. 安装车刀时，刀柄伸出刀架不宜______，一般伸出长度不应超过刀柄________的 1.5 倍。

## 二、是非题（正确的打√，错误的打 ×）

1. 装卸工件、更换刀具、测量工件及变换主轴转速时，必须先停机。（　　）

2. 机床型号 CA6140 中的数字 40 表示车床的工件最大车削直径是 40 mm。（　　）

3. 机床型号为 CA6140A，表示该型号的车床经过了一次重大改进。（　　）

4. 变换进给箱外的手柄，可以使光杠得到各种不同的转速。（　　）

5. 车削台阶轴时，为了保证车削时的刚度，一般应先车削直径较大的部分，后车削直径较小的部分。（　　）

6. 在轴类零件上车槽时，应在精车后进行，以防止工件变形。（　　）

7. 钻孔前，应将工件端面车平。必要时应先钻出定位中心孔。（　　）

8. 当工件的有关表面有位置公差要求时，应尽量在一次装夹中完成车削加工。（　　）

9. 床鞍手轮上的刻度盘每一格为 1 mm，中滑板刻度盘和小滑板刻度盘每一格为 0.5 mm。（　　）

10. 除车削螺纹外，不能用丝杠进行机动进给。（　　）

## 三、问答题

1. 什么叫车削加工？车削加工有什么特点？车削加工的基本加工内容有哪些？

2. 普通车床由哪几个主要部分组成？它们分别有什么作用？

3. 用框图表示 CA6140 卧式车床的传动系统。

4. 从安全文明生产的角度简述开始工作前、工作中和工作结束后应该做好哪几方面的工作。

5. 什么叫空行程？如果出现空行程会产生什么后果？在实际操作中应如何消除空行程？

## 四、计算题

1. 已知车床中滑板丝杠的螺距为 5 mm，刻度盘圆周等分 100 格，计算：

（1）当摇手柄转一周时，车刀移动多少毫米？

（2）如果刻度盘转过 12 格，相当于工件外圆车小了多少毫米？

（3）若将工件外圆从 $\phi$60 mm 一次车到 $\phi$55 mm，刻度盘应转多少格？

2. 车削一工件外圆，若选用背吃刀量为 2 mm，在圆周等分为 200 格的中滑板刻度盘上正好转过半周，求刻度盘每格为多少毫米？中滑板丝杠螺距是多少毫米？

# 模块二 认识车削与车刀

**知识要点：**

切削运动与切削用量；常用车刀的种类及用途；车刀的几何结构；常用车刀材料选择及应用。

**能力目标：**

能认识各类不同的车削加工刀具；能根据加工条件选择切削用量；能根据加工要求选择刀具材料和几何结构。

## 2.1 车削加工概述

### 一、车削运动和切削用量

#### （一）车削加工的基本条件

为了使切削加工过程能够顺利进行，必须具备下述基本条件：

（1）刀具和工件间要有形成零件结构要素所需的相对运动。这类相对运动由各种切削机床的传动系统提供。

（2）刀具材料的性能能够满足切削加工的需要。刀具在切除工件上多余材料时，工作部分将受到切削力、切削热、切削摩擦等的共同作用，且切削负荷很重，工作条件恶劣，因此，刀具材料必须具有适应强迫切除多余材料这一特定过程的性能，例如足够的强度和刚度、高温下的耐磨性等。

（3）刀具必须具有一定的空间几何结构。零件多余材料被刀具从工件上切除的本质，仍然是材料受力变形直至断裂破坏，只是完成这个过程的时间很短，材料变形破坏的速度很快。为了完成这一过程时能够确保加工质量、尽量减少动力消耗和延长刀具寿命，刀具切削部分的几何结构和表面状态必须能适应切削过程的综合要求。

#### （二）工件上的加工表面

切削加工中，随着切削层（加工余量）不断被刀具切除，工件上出现三个处于变动中的表面，如图 2-1 所示。

（1）已加工表面。工件上经刀具切削后产生的新表面。

（2）过渡表面。工件上由切削刃正在切削着的表面，位于待加工表面和已加工表面之间，又称加工表面或切削表面。

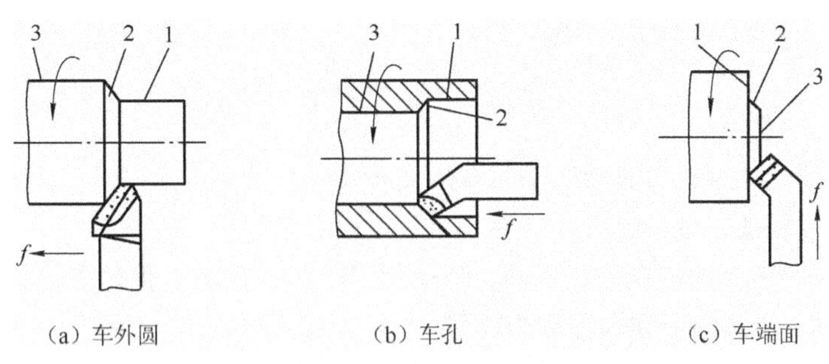


1—已加工表面；2—过渡表面；3—待加工表面

图 2-1　工件上的三个表面

(3) 待加工表面。工件上行将被切除的表面。

需指出的是，在切削加工过程中，三个表面始终处于不断的变动之中，前一次走刀的已加工表面，即为后一次走刀的待加工表面，过渡表面则随进给运动的进行不断被刀具切除。

**（三）切削加工中的运动**

切削加工时，按工件与刀具的相对运动所起的作用来分，切削运动可分为主运动与进给运动，如图 2-2 所示。

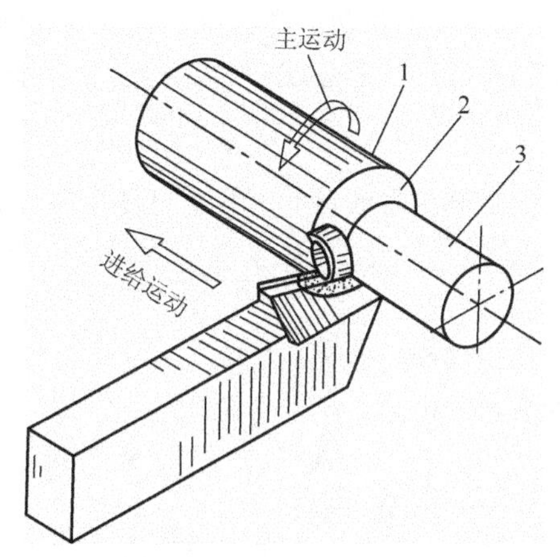


1—待加工表面；2—过渡表面；3—已加工表面

图 2-2　车削运动和工件上的表面

(1) 主运动。切下切屑所需的最基本的运动。在切削运动中，主运动的速度最高、消耗的功率最大。主运动只有一个，车削时工件的旋转就是主运动。

(2) 进给运动。多余材料不断地被投入切削，从而加工出完整表面所需的运动。进给运动可以有一个或几个。通常它的速度很低，消耗功率较少。如车削时车刀的纵向或横向运动。

**（四）切削用量**

切削用量是切削加工过程中切削速度、进给量和背吃刀量（切削深度）三者的总称，又称切削三要素。合理地选用切削三要素能最大程度地保证机床正常使用，保证零件的加工质量和有效地提高生产效率。

**1. 切削速度（$v_c$）**

切削速度是切削加工时刀刃上选定点相对于工件主运动的速度，其单位为 m/s 或 r/min。当主运动为旋转运动时，$v_c$ 可按下式计算：

$$v_c = \frac{\pi dn}{1\,000} \approx \frac{dn}{318} \tag{2-1}$$

式中　$d$——切削刃选定点处刀具或工件的直径（mm）；

　　　$n$——主运动转速（m/s 或 r/min）。

切削刃上各点的切削速度有可能不同，考虑到刀具的磨损和工件的表面加工质量，在计算时应以切削刃上各点中的最大切削速度为准。

切削速度是衡量主运动大小的参数，在实际生产中，往往是已知工件的直径，并根据工件材料、刀具材料和加工要求等因素选定切削速度，再将切削速度换算成机床主轴转速，以便调整机床。这时可把切削速度的公式改写成：

$$n = \frac{1\,000v_c}{\pi d} \approx \frac{318v_c}{d}$$

在调整机床转速时，应根据计算所得的结果，从机床铭牌上选取与之接近的转速。

**2. 进给量（$f$）**

刀具在进给运动方向上相对工件的位移量。可用工件每转（行程）的位移量来度量，单位为 mm/r。进给量是衡量进给速度大小的参数。进给速度 $v_f$ 是指切削刃上选定点相对工件进给运动的瞬时速度，单位为 mm/s（mm/min，m/min）。车削时进给运动速度为 $v_f = nf$。

**3. 背吃刀量（切削深度）$a_p$**

垂直于进给速度方向测量的切削层最大尺寸。背吃刀量和进给量示意如图 2-3 所示。

$$a_p = \frac{d_w - d_m}{2} \tag{2-2}$$

式中　$d_w$——工件待加工表面直径（mm）；

　　　$d_m$——工件已加工表面直径（mm）。

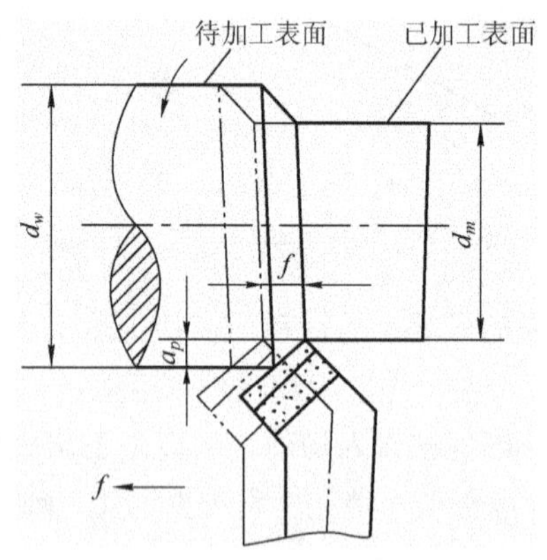


图 2-3　背吃刀量和进给量

**例 2-1**　已知工件待加工表面直径为 $\phi$95 mm，现一次进给车至 $\phi$90 mm，求背吃刀量。

**解：** $a_p = \frac{d_w - d_m}{2} = \frac{95 - 90}{2} = 2.5$ mm

**例 2-2**　车削直径为 $\phi$60 mm 的工件外圆，选定的车床主轴转速为 560 r/min，求切削速度。

**解：** $v_c = \frac{\pi dn}{1\,000} = \frac{3.14 \times 60 \times 560}{1\,000} = 106\ \text{m/min}$

**例 2-3**　在 CA6140 型卧式车床上车削 $\phi$260 mm 的带轮外圆，选择切削速度为 80 m/min，求车床主轴转速。

$$n = \frac{1\,000 v_c}{\pi d} = \frac{1\,000 \times 80}{3.14 \times 260} = 98\ \text{r/min}$$

根据计算结果，从车床铭牌上选取与之接近的转速。故车削该工件时，应从 CA6140 型卧式车床铭牌上选取 $n = 100$ r/min 为车床实际转速。

### （五）切削用量的选择

切削用量选择是根据切削条件和加工要求，合理的确定背吃刀量、进给量和切削速度。通常希望只通过一次粗车、一次精车就把毛坯上的全部加工余量去掉，达到加工要求。但是，对于精度要求较高的工件，必须按粗车、半精车和精车的工序划分选择不同的切削用量，以满足被加工零件的尺寸精度和表面质量要求。

#### 1. 背吃刀量（切削深度）的选择

粗车时，考虑机床动力、工件材料和机床刚性的许可条件，尽可能选用较大的背吃刀量，以减少切削次数，提高生产效率。在保留半精车 1 ~ 3 mm 和精车 0.1 ~ 0.5 mm 余量后，其余尽量一次车去。粗车时，背吃刀量一般情况下取值为 2 ~ 5 mm，半精车和精车加工余量为 1 ~ 3 mm。

#### 2. 进给量的选择

粗加工时，由于工件的表面质量要求不高，进给量的选择主要受切削力的限制。在机床进给机构的强度、车刀刀杆的强度和刚度以及工件的装夹刚度等工艺系统强度良好，硬质合金或陶瓷刀片等刀具的强度较大的情况下，可选用较大的进给量值。当断续切削时，为减小冲击，要适当减小进给量。

在半精加工和精加工时，因背吃刀量较小，切削力不大，进给量的选择主要考虑加工质量和加工表面粗糙度值，一般取值较小。

#### 3. 切削速度的选择

只有选取最佳的切削速度，才能充分发挥车刀的切削性能和车床的潜力，保证工件加工表面的质量和降低成本。选择原则如下：

（1）硬质合金车刀红硬性较高速钢车刀好，因此硬质合金车刀同高速钢车刀相比可选择更高的切削速度。

（2）车削硬度较高的工件，由于产生的切削力和切削热较大，车刀容易磨损，切削速度应选小些。车削脆性材料（如铸铁），虽强度不高，但车削时形成碎状切屑，热量集中在刀刃附近，不易散热，切削速度也应选小些。车削有色金属和非金属材料，切削速度可以选大些。

（3）表面粗糙度值要求小的工件，用硬质合金车刀切削，切削速度应选大些；用高速钢车刀车削，切削速度应选小些，这样不容易产生积屑瘤。

（4）背吃刀量和进给量增大时，切削产生的热量和切削力都较大，应降低切削速度。反之，切削速度可以大些。使用切削液切削速度可以适当提高。

粗加工，车削中碳钢时的平均切削速度为 80 ~ 100 mm/r；车削合金钢时的平均切削速度为 50 ~ 70 mm/r；车削灰铸铁时的平均切削速度为 50 ~ 70 mm/r。半精车和精车时，一般多采用较高的切削速度（80 ~ 100 mm/r）；用高速钢车刀精车时宜采用较低的切削速度。

## 二、切削过程中的物理现象

在切削过程中，被切削的金属会出现一系列的物理现象，如切削变形、积屑瘤、加工硬化、卷屑和断屑等问题。研究这些物理现象和问题发生的原因对提高生产效率和零件的加工质量，降低生产成本有着重要的意义。

### （一）积屑瘤

用中等速度切削钢料或其他塑性金属，有时在车刀前刀面上牢固地粘着一小块金属，这就是积屑瘤，又称刀瘤。

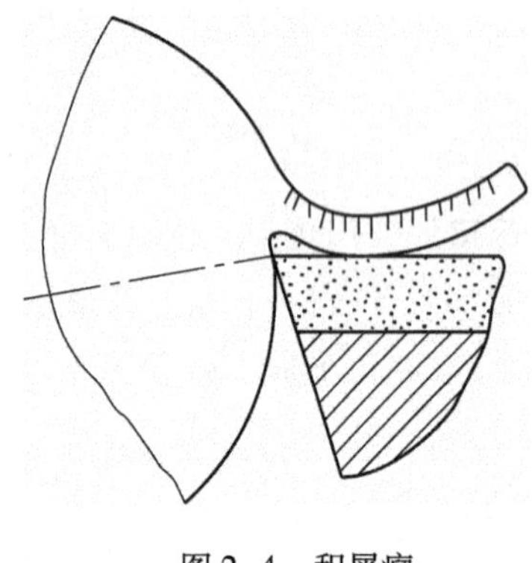

图 2-4　积屑瘤

**1. 积屑瘤的形成**

在切削过程中，由于挤压和强烈的摩擦，使切屑和刀具前刀面之间产生很大的压力和很高的温度。当温度达到 300℃左右时，摩擦力大于切屑内部的结合力，切削底层的一部分金属就“冷焊”在前刀面靠近刀刃处，形成积屑瘤，如图 2-4 所示。

**2. 积屑瘤对切削的影响**

（1）保护刀具。积屑瘤像一个刀口圆弧半径较大的楔块，它的硬度高，为工件材料硬度的 2 ~ 3.5 倍，可代替刀刃进行切削。因此刀刃和前刀面都得到了积屑瘤的保护，减少了刀具的磨损。

（2）增大实际前角。有积屑瘤的车刀，实际前角可增大 30° ~ 50°，因而减少了切屑的变形，降低了切削力。

（3）影响工件表面质量和尺寸精度。积屑瘤形成后，并不总是很稳定。它时大时小，时生时灭。在切削过程中，一部分积屑瘤被切屑带走，另一部分嵌入工件已加工表面内，使工件表面形成硬点和毛刺，表面粗糙度增大。当积屑瘤增大超出刃口后，改变了切削速度，因此会影响工件的尺寸精度。

粗加工时，一般允许积屑瘤存在，精加工时，由于工件的表面粗糙度要求较小，尺寸精度要求较高，因此必须避免产生积屑瘤。

**3. 切削速度对积屑瘤产生的影响**

影响积屑瘤产生的因素很多，有切削速度、工件材料、刀具前角、切削液、刀具前刀面的表面粗糙度等。在加工塑性材料时，切削速度的影响最明显。

切削速度较低时（$v_c < 5$ m/min）时，切削流动较慢，切削温度较低，切屑与前刀面接触不紧密，形成点接触，摩擦系数小，不会产生积屑瘤。

中等切削速度（15 ~ 30 m/min）时，切削温度为 300 ℃左右，切屑底层金属塑性增加，切屑与前刀面接触面增大，因而摩擦系数最大，最易产生积屑瘤。

切削速度达到 70 m/min 以上时，切削温度很高，切屑底层金属变软，摩擦系数明显下降，积屑瘤也不会产生。

（二）加工硬化

**1. 加工硬化的形成**

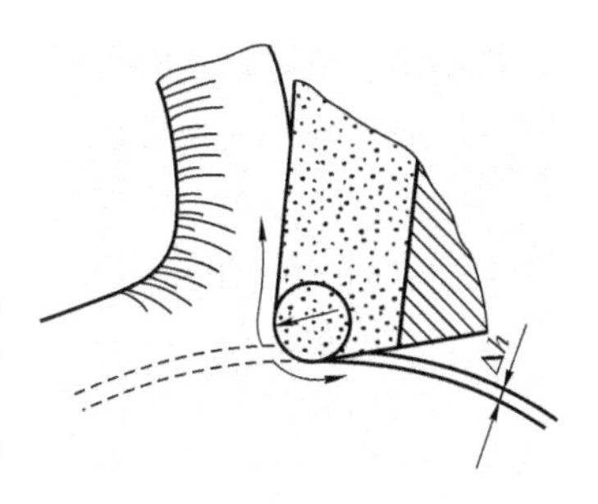

图 2-5　刀口圆弧与加工硬化

加工过程中，刀刃不可能是绝对锋利的，总有刃口圆弧存在，如图 2-5 所示。所以切削时零件表面有一层很薄的金属不易切下，而被刀具刃口挤向已加工表面，这一部分金属与刀具后刀面发生强烈的摩擦，经过挤压变形后使已加工表面硬度提高，这就是加工硬化现象。硬化层的硬度可达到工件硬度的 1.2 ~2 倍。硬化层深度可达 0.07 ~0.5 mm。

**2. 加工硬化对切削加工的影响**

加工硬化会使下道工序的切削难以进行，刀具磨损加剧。因此，应尽量减少加工硬化的程度。刀刃锋利可使已加工表面的变形减小，加工硬化降低，切削时应尽量保持车刀刃口锋利。

硬质合金车刀的刃口一般很难磨得像高速钢车刀那样锋利，因此使用时不宜采用太小的进给量和切削速度。

## 三、切削液

（一）切削液的作用

**1. 冷却作用**

切削液能吸收和带走大量的切削热，改善散热条件，降低刀具和工件的温度，从而延长刀具的使用寿命，可防止工件因热变形而产生的尺寸误差。

**2. 润滑作用**

切削液能渗透到工件与刀具之间，使切屑与刀具之间的微小间隙中形成一层薄薄的吸附膜，减小了摩擦系数，因此可减少刀具、切屑与工件之间的摩擦，使切削力和切削热降低，减少刀具的磨损并能提高工件的表面质量。对于精加工，润滑就显得更重要了。

**3. 清洁作用**

切削过程中产生的微小的切屑易黏附在工件和刀具上，尤其是钻深孔和铰孔时，切屑容易堵塞在容屑槽中，影响工件的表面粗糙度和刀具寿命。使用切削液能将切屑迅速冲走，使切削顺利进行。

（二）切削液的种类

车削时常用的切削液有两大类。

（1）乳化液：主要起冷却作用。乳化液是把乳化油用 15 ~20 倍的水稀释而成。这类切削液的比热大，黏度小，流动性好，可以吸收大量的热量。使用这类切削液主要是为了冷却刀具和工件，提高刀具寿命，减小热变形。乳化液中水分较多，润滑和防锈效果差。因此，乳化液中常加入一些极压添加剂（如硫、氯等）和防锈添加剂，以提高其防锈和润滑性能。

（2）切削液：切削液主要成分是矿物油，少数采用动物油和植物油。这类切削液的比热小，黏度大，流动性差，主要起润滑作用。常用的是黏度较低的矿物油，如 10 号、20 号机油及轻柴油、煤油等。纯矿物油的润滑效果差，实际使用时常常也要加入一些极压添加剂和防锈添加剂，以提高它的润滑和防锈性能。动、植物油能形成牢固的润滑膜，润滑效果比矿物油好，但这些油容易变质，应尽量少用或不用。

#### （三）切削液的选用

切削液应根据加工性质、工件材料、刀具材料和工艺要求等具体情况合理选用。选用切削液的一般原则为：

**1. 根据加工性质选用**

（1）粗加工时，加工余量和切削用量较大，会产生大量的切削热，使刀具磨损加快。这时加注切削液的主要目的是降低切削温度，所以应选用以冷却为主的乳化液。

（2）精加工时，加注切削液主要是为了减少刀具与工件之间的摩擦，以保证工件的精度和表面质量。因此，应选用润滑作用好的极压切削油或高浓度的极压乳化液。

（3）钻削、铰孔，特别是深孔加工时，刀具在半封闭的状态下工作，排屑困难，切削液不能及时到达切削区，容易使刀刃烧伤并严重破坏工件的表面质量。这时应选用黏度较小的极压乳化液和极压切削油，并应加大压力和流量。一方面冷却、润滑，另一方面将切屑冲刷出来。

**2. 根据刀具材料选用**

（1）高速钢刀具：粗加工时，用极压乳化液。对钢料进行精加工时，用极压乳化液和极压切削油。

（2）硬质合金刀具：一般不加切削液。但在加工某些硬度高、强度好、导热性差的特种材料和细长零件时，可选用以冷却为主的切削液，如3% ~5%乳化液。

**3. 根据工件材料选用**

（1）钢件粗加工一般用乳化液，精加工用极压切削油。

（2）切削铸铁、铜和铝等材料时，由于碎屑会堵塞冷却系统，容易使机床磨损，一般不加切削液。精加工时，为了得到较高的表面质量，可用黏度较小的煤油或7% ~10%乳化液。

（3）切削有色金属或铜合金时，不宜采用含硫的切削液，以免腐蚀工件，切削镁合金时，不能用切削液，以免燃烧起火。必要时，可使用压缩空气。

**4. 使用切削液时的注意事项**

（1）油状乳化液必须用水稀释（一般加15 ~20倍的水）后才能使用。

（2）切削液必须浇注在切削区域。

（3）用硬质合金刀具时，如果使用切削液一开始就要连续充分地浇注。否则，硬质合金刀片会因骤冷而产生裂纹。

### 四、减小工件表面粗糙度的办法

零件加工过程中，如何减小被加工零件的表面粗糙度是非常重要的环节之一。表面粗糙度对零件的耐磨性、耐腐蚀性、疲劳强度和配合性质都有很大的影响。表面粗糙度差的零件耐磨性差，容易磨损，容易腐蚀，还容易造成应力集中，降低工件的疲劳强度。表面粗糙度差的零件装配后，会影响配合性质，降低机器的工作精度。

### （一）影响表面粗糙度的因素

#### 1. 残留面积

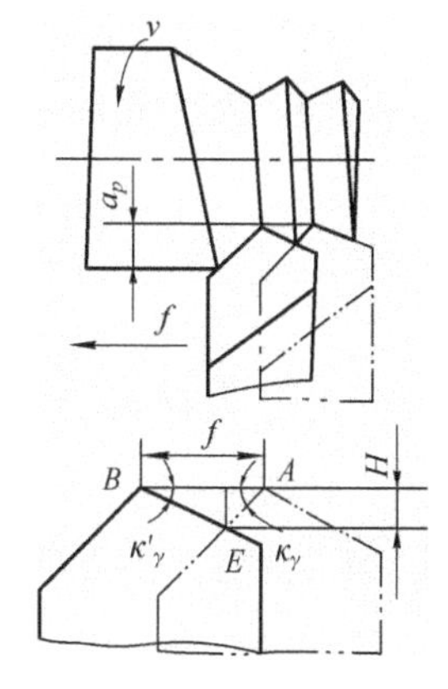

图 2-6　残留面积

工件上已加工表面是由刀具主、副刀刃切削后形成的。两条刀刃在已加工表面留下的痕迹如图 2-6 所示。这些在已加工表面上未被切去部分的截面积，称为残留面积。残留面积越大，高度越高，表面粗糙度越大。

从图 2-6 可以看出，进给量 $f$、刀具主偏角 $\kappa_\gamma$、副偏角 $\kappa'_\gamma$ 和刀尖圆弧半径 $\gamma_\varepsilon$ 都影响残留面积和高度 $H$。

此外，刀刃的直线度和完整性也会反映在工件已加工表面上，切削时刀刃会将残留面积挤歪，因此实际的残留面积要比理论值大一些。

#### 2. 切削速度

用中等切削速度切削塑性金属材料后会产生积屑瘤，积屑瘤既不规则又不稳定，不规则的部分代替刀刃切削，会留下深浅不一的痕迹，一部分脱落的积屑瘤还可能嵌入工件已加工的表面，形成硬点和毛刺，使零件表面粗糙度下降。

#### 3. 振动

刀具、工件或机床部件产生周期性的振动会使已加工表面出现周期性的波纹，使表面粗糙度明显增大。

### （二）减小工件表面粗糙度的方法

#### 1. 减小副偏角或磨修光刃

减小副偏角或磨修光刃都可以在切削时降低残留面积和高度，因此可以降低工件的表面粗糙度。

#### 2. 改变切削速度

积屑瘤是在中等切削速度下切削塑性金属时形成的，因此只要改变切削速度就可以抑制积屑瘤的产生。用高速钢车刀时，应降低切削速度（$v_c < 5$ m/min），并加注切削液；用硬质合金车刀时，应增大切削速度（避开最容易产生积屑瘤的中速 15 ~ 30 m/min）。

#### 3. 及时重磨或更换刀具

刀具磨损后，会增加切削力和切削变形，使切削过程不稳定，从而影响表面粗糙度。此外，如果刀具严重磨损，磨钝的切削刃还会在工件的表面挤压出亮斑或亮点，使工件表面粗糙度增大。这时应及时重磨或更换刀具，并采用正值刃倾角的车刀，使切屑流向工件待加工表面，防止切屑拉毛工件表面。

#### 4. 减小振动

切削时产生振动会使工件表面出现周期性的波纹。防止和消除振动可以从以下几方面着手：

（1）机床方面：调整主轴间隙，提高轴承精度，调整滑板镶条，使间隙小于 0.04 mm，并使其运动平稳轻便。

（2）刀具方面：合理选择刀具几何参数，经常保持刀刃光洁和锋利，增加刀具的安装刚性。

（3）工件方面：增加工件的安装刚性。装夹时不宜悬伸太长，细长轴应用中心架或跟刀架安装。

（4）切削用量方面：选择较小的切削深度和进给量，改变或降低切削速度。

（5）隔离振源（如冲床、锻压机床等）。

# 2.2 常用车刀的种类及用途

## 一、车刀按用途分类

按用途不同，车刀可分为外圆车刀、切断车刀、内孔车刀、螺纹车刀和成形车刀等，常用车刀的种类、形状和用途如图 2-7 所示。

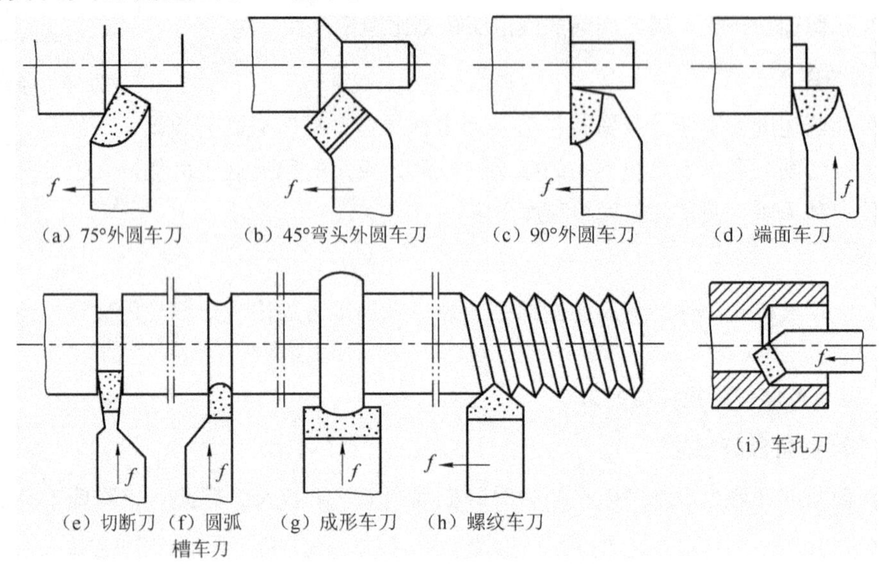


图 2-7 常用车刀的种类、形状和用途

### （一）外圆车刀

用于粗车或精车外回转表面（圆柱面或圆锥面）的外圆和端面。

（1）宽刃精车刀。宽刃精车刀的切削刃宽度大于进给量，可以获得表面粗糙度值较低的已加工表面，一般用于加工余量为 0.1～0.5 mm 的半精车或精车加工中。但由于其主偏角为 90°，径向力较大，易振动，故不适用于工艺系统刚度低的场合。

（2）75°外圆车刀。75°外圆车刀主偏角为 75°，该车刀结构简单，制造方便，一般用于车削工件的外圆，也可车削工件的端面。

（3）90°车刀（偏刀）。90°车刀主偏角为 90°，径向力较小，故适用于加工阶梯轴或细长轴零件的外圆面、台阶和端面。

（4）45°车刀（弯头车刀）。45°车刀不仅可车削外圆，还可车削端面及倒角，通用性较好。为适应单件和小批量生产的需要，一般主、副偏角均做成 45°（也有做成其他角度的）。

### （二）内孔车刀

常用内孔车刀如图 2-8 所示。其中图 2-8（a）用于车削通孔、图 2-8（b）用于车削盲孔，内孔车刀的工作条件较外圆车刀差。这是由于内孔车刀的刀杆悬伸长度和刀杆截面尺寸都受孔的尺寸限制，当刀杆伸出较长而截面较小时，刚度低，容易引起振动。

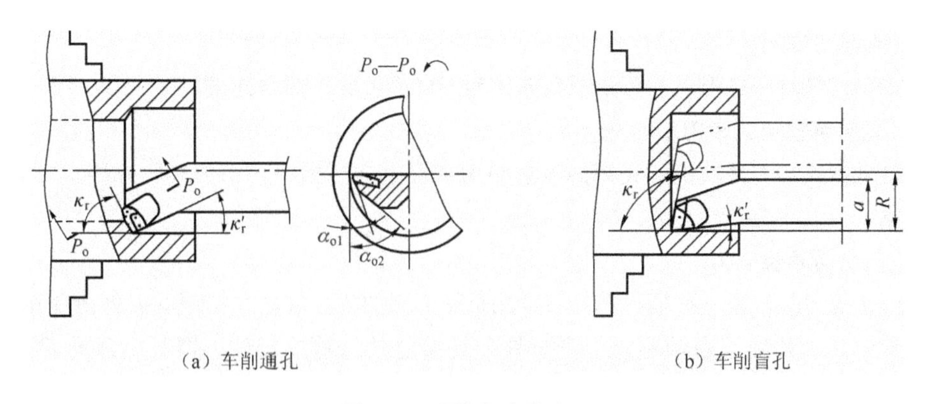


（a）车削通孔　　　　（b）车削盲孔

图 2-8　通孔与盲孔车刀

**（三）切断刀和切槽刀**

切断刀用于从棒料上切下已加工好的零件，或切断较小直径的棒料，也可以切窄槽。考虑到切断刀的使用情况，按刀头与刀身的相对位置，可以分为对称和不对称（左偏和右偏）两种。

**（四）螺纹车刀**

车削部分的截形与工件螺纹的轴向截形（即牙形）相同。按所加工的螺纹牙形不同，有普通螺纹车刀、梯形螺纹车刀、矩形螺纹车刀、锯齿形螺纹车刀等几种。车削螺纹比攻螺纹和套螺纹加工精度高，表面粗糙度值低，因此，螺纹车刀车削螺纹是一种常用的方法。

**（五）成形车刀**

成形车刀是一种加工回转体成形表面的专用刀具，它不但可以加工外成形表面，还可以加工内成形表面。成形车刀主要用在大批量生产，其设计与制造比较麻烦，刀具成本比较高。但为使成形表面精度得到保证，工件批量小时，在普通车床上也常常使用。

## 二、车刀按结构分类

按结构不同，车刀大致可分为整体式高速钢车刀、焊接式硬质合金车刀和机械夹固式硬质合金车刀（又分为机夹可重磨式车刀和可转位式机夹车刀），如图 2-9 所示。

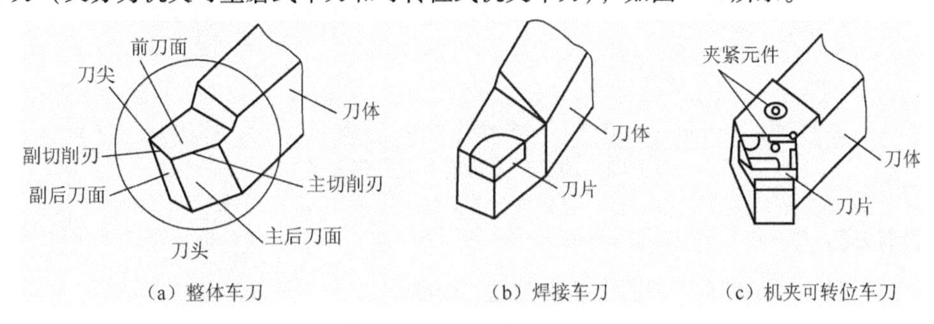


（a）整体车刀　　　　（b）焊接车刀　　　　（c）机夹可转位车刀

图 2-9　车刀的结构形式

**（一）整体式高速钢车刀**

整体式高速钢车刀是由整块高速钢淬火、磨制而成的，俗称“白钢刀”，形状为长条形、截面为正方形或矩形，使用时可根据不同用途将切削部分修磨成所需形状。

**（二）焊接式车刀**

焊接式车刀是将一定形状的硬质合金刀片和刀杆通过钎焊连接而成。

**（三）机夹可重磨式车刀**

机夹可重磨式车刀是用机械夹固的方法将刀片固定在刀柄上，由刀片、刀垫、刀柄和夹紧机构等组成。

**（四）机夹可转位车刀**

机夹可转位刀具，是一种把可转位刀片用机械夹固的方法装夹在特制的刀杆上使用的刀具。在使用过程中，当切削刃磨钝后，不需刃磨，只需通过刀片的转位，即可用新的切削刃继续切削。

# 2.3 车刀的几何结构

## 一、车刀切削部分的几何要素

**（一）车刀的组成部分**

车刀由刀头（或刀片）和刀柄两部分组成。二者既可以是一体的，也可以是由不同材料连接起来。刀头负责切削工作，故又称切削部分。刀柄用来把车刀装夹在刀架上。

**（二）车刀切削部分的几何要素**

图 2–10 所示为最常用的外圆车刀切削部分几何构成图。由图示看出，车刀刀头由若干刀面和切削刃组成。

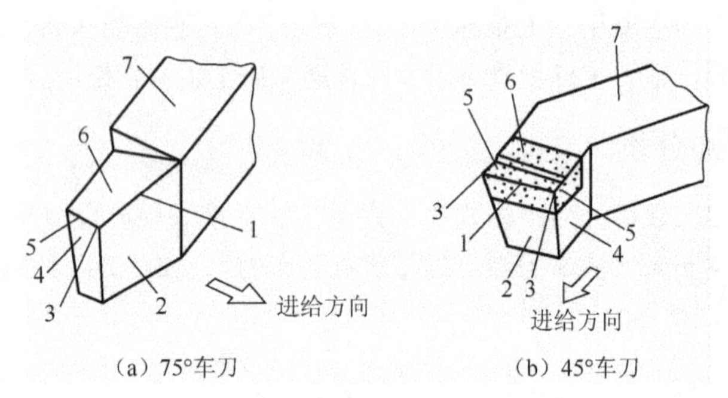


1—主切削刃；2—主后刀面；3—刀尖；4—副后刀面；5—副切削刃；6—前刀面；7—刀柄

图 2 – 10　车刀切削部分几何要素

**1. 切削刀面**

（1）前刀面（前面）$A_\gamma$：刀具上切屑流过的表面。

（2）主后刀面（主后面）$A_\alpha$：刀具上与工件过渡表面相对的刀面。

（3）副后刀面（后面）$A'_\alpha$：刀具上与已加工表面相对的刀面。

**2. 切削刃**

（1）主切削刃（主刀刃）$S$：前刀面与主后刀面的交线，它担负着主要的切削工作，在工件上加工出过渡表面。

（2）副切削刃（副刀刃）$S'$：前刀面与副后刀面的交线，它配合主切削刃完成少量的切削工作。

**3. 刀尖**

刀尖是主切削刃和副切削刃汇交的一小段切削刃，它是主切削刃和副切削刃的实际交点，由于刀尖是刀具切削部分工作条件最恶劣的部位，所以，为了提高刀尖强度和延长车刀寿命，大部分刀尖处都磨成有一小段圆弧形过渡刃或直线形过渡刃，如图2–11所示。

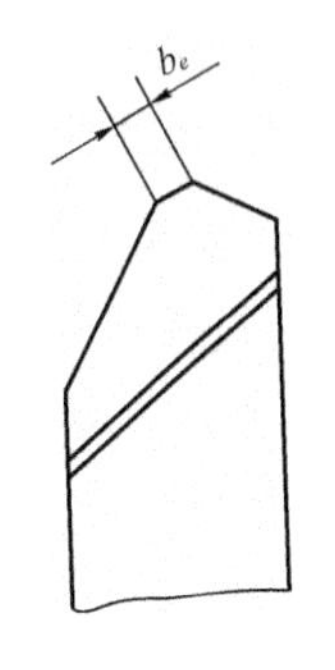


图2–11 车刀刀尖过渡刃

## 二、标注车刀角度的参考系与车刀角度

刀具要从工件上切下金属，就必须具备一定的切削角度。由于大多数刀具部分的几何形状和空间位置较为复杂，因此，要确定刀具切削部分的几何角度就必须首先建立刀具角度的参考系。

用于确定刀具几何角度的参考系有两大类：刀具标注角度的参考系和刀具工作角度的参考系。

刀具标注角度的参考系又称静止参考系，它是在假定没有进给运动和假定的刀具安装条件（如外圆车刀是假定装刀时刀尖在工件的中心线上，刀的轴线垂直工件的轴线、刀安装时的定位面与制造、刃磨和测量时一致）下用于定义刀具在设计、制造、刃磨和测量时刀具的标注角度或静止角度，刀具设计图纸上所标注的刀具角度就是刀具的标注角度。

### （一）刀具标注角度的参考系

刀具标注角度的参考系主要由下列各平面构成，如图2–12所示。

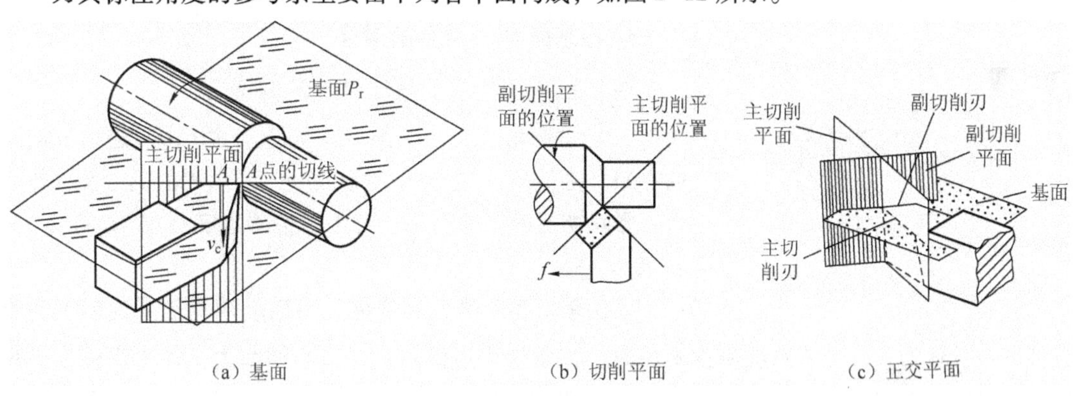


图2–12 标注刀具角度的基准平面

**1. 基面 $p_r$**

通过切削刃上某选定点，垂直于该点切削速度方向的平面。对于车削，一般可认为基面就是水平面。

**2. 切削平面 $p_s$**

通过切削刃上某选定点，与切削刃（或加工表面）相切并垂直于基面的平面。其中，选定点在主切削刃上的为主切削平面 $P_s$，选定点在副切削刃上的为副切削平面 $P_s'$，切削平面一般是指主切削平面。

**3. 正交平面 $P_o$**

通过切削刃上某选定点，并同时垂直基面和切削平面的平面，也可以认为正交平面是指通过切削刃上的某选定点垂直于切削刃在基面上投影的平面。

通过主切削刃上 $p$ 点的正交平面称为主正交平面 $P_o$，通过副切削刃上 $p'$ 点的正交平面称为副正交平面 $P'_o$，如图 2-13 所示。正交平面一般指主正交平面。

对于车削，一般可认为正交平面是铅垂面。

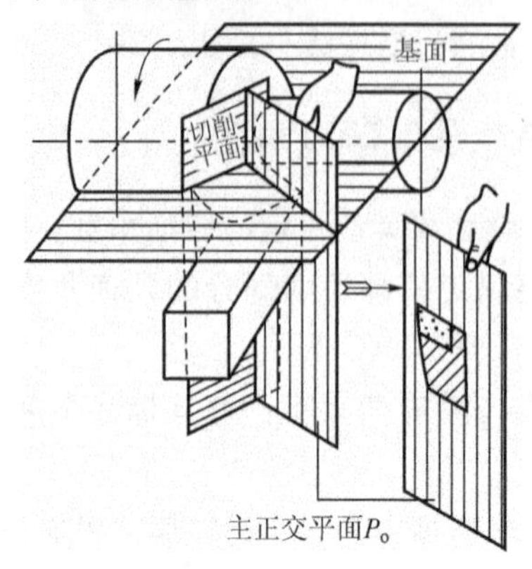


图 2-13　正交平面

**（二）车刀切削部分的角度**

车刀切削部分有 6 个独立的基本角度。主偏角 $\kappa_\gamma$、副偏角 $\kappa'_\gamma$、前角 $\gamma_o$、主后角 $\alpha_o$、副后角 $\alpha'_o$、和刃倾角 $\lambda_s$。还有两个派生角度，刀尖角 $\varepsilon_\gamma$ 和楔角 $\beta_o$。

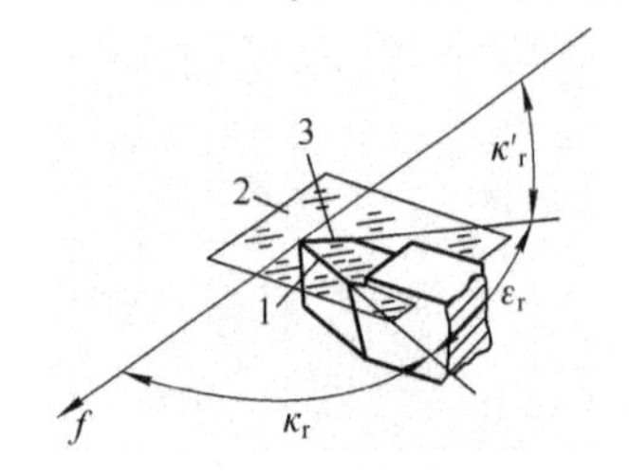


图 2-14　基面内度量的车刀角度

**1. 在基面 $P_r$ 上度量的角度**

在基面 $P_r$ 上度量的角度如图 2-14 所示。

（1）主偏角 $\kappa_\gamma$：主切削刃在基面上的投影与进给方向间的夹角。主偏角 $\kappa_\gamma$ 主要作用是改变主切削刃的受力及导热能力，影响切屑的厚薄变化。常用的主偏角度有 45°、60°、75° 和 90°。

主偏角主要影响刀具强度、耐用度和工艺系统加工的稳定性。一般认为，在工艺系统刚性不足时，常取较大主偏角，以减小切削力。加工高强度、高硬度材料时，取较小主偏角以提高刀具的耐用度。其次，如果加工工件的台阶，则必须选取主偏角 $\kappa_\gamma \geqslant 90°$。

（2）副偏角 $\kappa'_\gamma$：副切削刃在基面上的投影与背离进给方向间的夹角。副偏角 $\kappa'_\gamma$ 的作用是减少副切削刃与已加工表面间的摩擦。副偏角影响工件的表面质量和刀具强度，减小副偏角可以减小工件的表面粗糙度，在系统不易产生振动和摩擦的条件下，应选择较小的副偏角。但副偏角也不能太小，否则使背向力增大。

副偏角 $\kappa'_\gamma$ 一般取 6°～10°，精车时，如果在副切削刃上刃磨修光刃，则取 $\kappa'_\gamma = 0°$。

（3）刀尖角 $\varepsilon_\gamma$：主、副切削刃在基面上投影间的夹角。刀尖角 $\varepsilon_\gamma$ 的大小影响刀尖的强度和散热性能。刀尖角可用下式计算：

$$\varepsilon_\gamma = 180° - (\kappa_\gamma - \kappa_\gamma')$$

**2. 在主正交平面 $P_o$ 上度量的角度**

在主正交平面 $P_o$ 上度量的角度如图 2-15 所示。

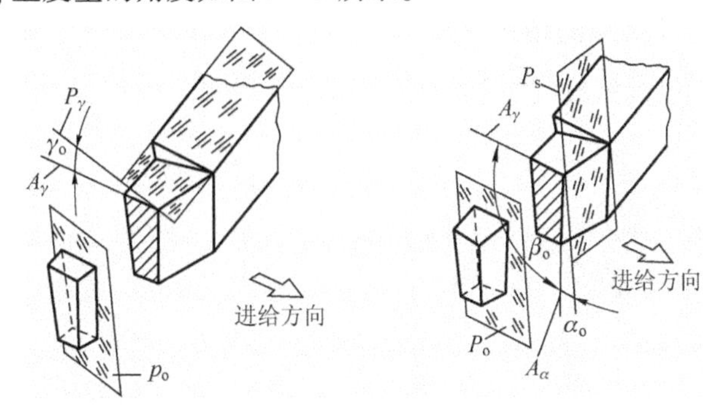


图 2-15　正交平面内度量的车刀角度

（1）前角 $\gamma_o$：前面和基面间的夹角。前角主要影响切削过程中的变形和摩擦，前角 $\gamma_o$ 大则刀具刃口锋利，切削变形小，可使切削省力，并使切屑顺利排出。前角小，刀具的耐用度高，散热好。负前角能提高切削刃的强度并使之耐冲击。选择前角时，应该综合考虑材料和加工工艺的要求，一般情况下，在刀具强度允许的条件下，尽量选用大前角。例如，高速钢的强度高、韧性好，硬质合金脆性大、怕冲击，因此，高速钢刀具的前角可比硬质合金刀具的前角大 5°左右，陶瓷刀具的脆性更大，前角不能太大。车刀的前角一般取 -5°～25°，用硬质合金车刀粗车时前角取 10°～15°，精车时选 13°～18°。

车削塑性材料（如钢料）或工件材料较软时，选择较大的前角，车削脆性材料（如灰铸铁）或工件材料较硬时，可选择较小的前角。粗加工，尤其是车削有硬皮的铸、锻件时，应选取较小的前角。精加工时，应选取较大的前角。如果被加工的材料导热系数低，应该选择小前角车刀，以改善系统的散热效果，提高车刀的耐用度。特别需要说明的是，在加工高强度材料时，为了防止车刀的破损，常采用负前角，以提高车刀的使用寿命。

（2）主后角 $\alpha_o$：主后面和主切削平面间的夹角。主后角 $\alpha_o$ 的作用是减小车刀主后面和工件过渡表面间的摩擦。

粗加工时，应选取较小的后角，精加工时，应选取较大的后角。工件材料较硬时，后角宜取小值，工件材料较软时，则后角宜取大值。当加工工艺系统刚性较差时，应适当减小主后角，防止系统产生振动。

车刀后角一般选择 4°～12°。车削中碳钢工件，用高速钢车刀时，粗车时取 6°～8°，精车取 8°～12°。用硬质合金车刀时，粗车取 4°～12°，精车取 6°～9°。

（3）楔角 $\beta_o$：前面和后面间的夹角。楔角 $\beta_o$ 的大小直接影响刀头截面积的大小，从而影响刀头的强度。楔角 $\beta_o$ 可用下式计算：

$$\beta_o = 90° - (\gamma_o + \alpha_o)$$

**3. 在副正交平面 $P_o'$ 上度量的角度**

在副正交平面 $P_o'$ 上度量的角度如图 2-16 所示。

副后角 $\alpha_o'$：副后面和副切削平面间的夹角。副后角 $\alpha_o'$ 的主要作用是减小车刀副后面和工件已加工表面间的摩擦。

车刀副后角一般磨成与车刀主后角相等的角度。

切断刀等特殊情况，为了保证刀具的强度，副后角取较小的数值，一般取1°～2°。

**4. 在主切削平面 $P_s$ 上度量的角度**

在主切削平面 $P_s$ 上度量的角度如图2–17所示。

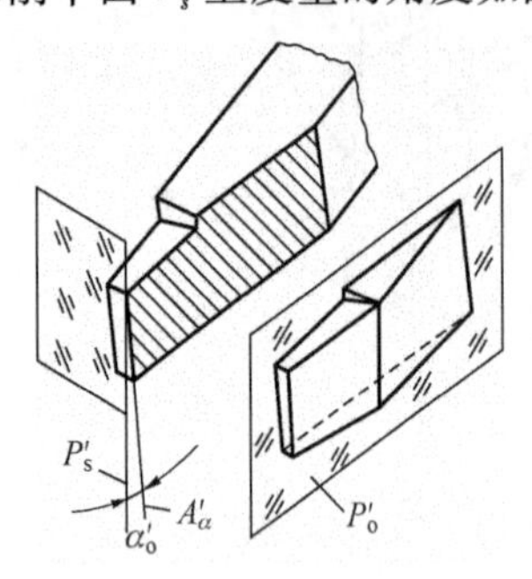


图2–16　副正交平面内度量的车刀角度

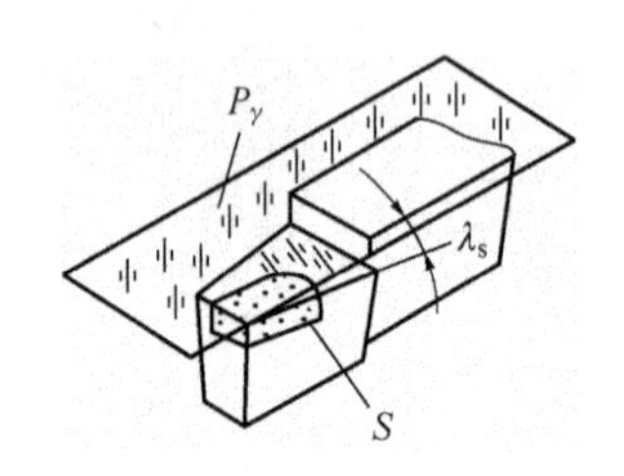


图2–17　主切削平面内度量的车刀角度

刃倾角 $\lambda_s$：主切削刃与基面间的夹角。

刃倾角 $\lambda_s$ 的作用是控制排屑方向。当刃倾角为负值时，可增加刀头强度，并在车刀受冲击时保护刀尖。在无冲击的正常车削时，刃倾角一般取正值，如果切削时有间断冲击，选择负刃倾角能提高刀头强度，保护刀尖。当系统刚性不足时，不宜采用负刃倾角，否则会因为切深抗力的增大，引起系统的振动而影响加工质量。

**（三）车刀部分角度正、负值的规定**

车刀切削部分的基本角度中，主偏角 $\kappa_\gamma$ 和副偏角 $\kappa'_\gamma$ 没有正、负值的规定，但前角 $\gamma_o$、后角 $\alpha_o$、和刃倾角 $\lambda_s$ 有正、负值的规定。

**1. 车刀前角和后角正、负值的规定**

车刀前角和后角分别有正值、零度和负值三种，如表2–1所示。

**表2–1　车刀前角和后角正、负值的规定**

| 角度值 | | $\gamma_o > 0°$ | $\gamma_o = 0°$ | $\gamma_o < 0°$ |
|---|---|---|---|---|
| 前角 $\gamma_o$ | 图示 | $P_r$ $A_\gamma$ <90° $P_s$ | $P_r$ $A_\gamma$ 90° $P_s$ | $P_r$ $A_\gamma$ >90° $P_s$ |
| | 规定 | 前面 $A_\gamma$ 与切削平面 $P_s$ 间的夹角小于90° | 前面 $A_\gamma$ 与切削平面 $P_s$ 间的夹角等于90° | 前面 $A_\gamma$ 与切削平面 $P_s$ 间的夹角大于90° |

续上表

| 角度值 | | $\alpha_o > 0°$ | $\alpha_o = 0°$ | $\alpha_o < 0°$ |
|---|---|---|---|---|
| 后角 $\alpha_o$ | 图示 | 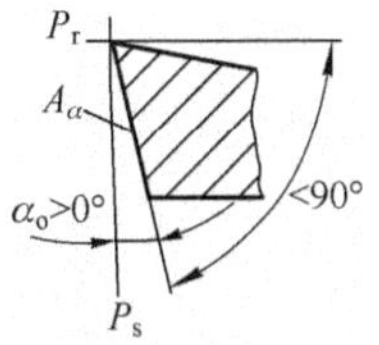 $P_r$ $A_\alpha$ $\alpha_o>0°$ <90° $P_s$ | 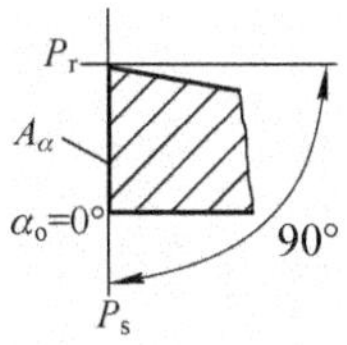 $P_r$ $A_\alpha$ $\alpha_o=0°$ 90° $P_s$ | 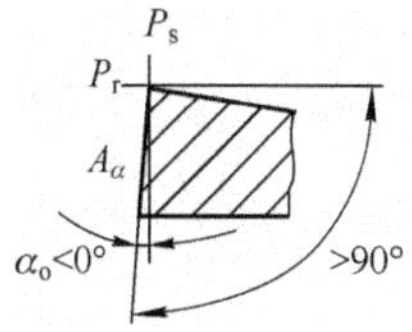 $P_s$ $P_r$ $A_\alpha$ $\alpha_o<0°$ >90° |
| | 规定 | 后面 $A_\alpha$ 与基面 $p_\gamma$ 间的夹角小于90° | 后面 $A_\alpha$ 与基面 $p_\gamma$ 间的夹角等于90° | 后面 $A_\alpha$ 与基面 $p_\gamma$ 间的夹角大于90° |

**2. 车刀刃倾角 $\lambda_s$ 的正、负值的规定**

车刀刃倾角 $\lambda_s$ 有正值、零度和负值三种规定，车刀加工时的排屑情况、车刀的刀尖强度和冲击点先接触车刀的位置都同刃倾角的正负有着直接的关系，如表2–2所示。

**表2–2 刃倾角正、负值的规定及使用情况**

| 角度值 | $\lambda_s > 0°$ | $\lambda_s = 0°$ | $\lambda_s < 0°$ |
|---|---|---|---|
| 正、负值的规定 | 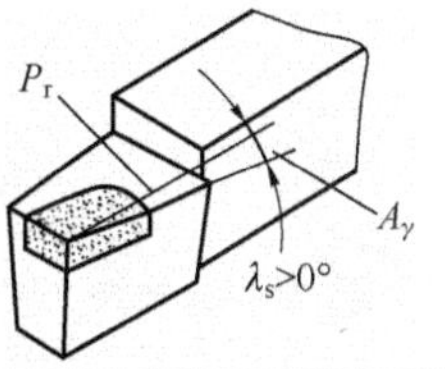 $P_r$ $A_\gamma$ $\lambda_s>0°$ | 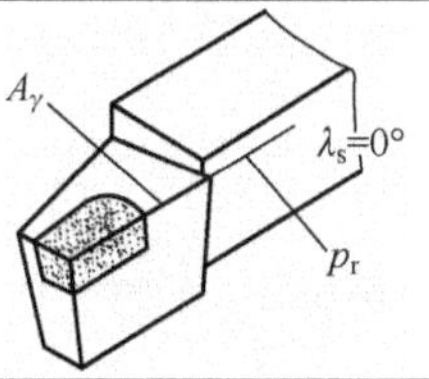 $A_\gamma$ $\lambda_s=0°$ $p_r$ | 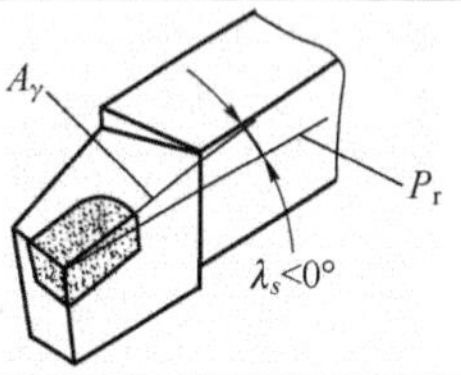 $A_\gamma$ $P_r$ $\lambda_s<0°$ |
| | 刀尖位于主切削刃 $S$ 的最高点 | 主切削刃 $S$ 和基面 $P_\gamma$ 平行 | 刀尖位于主切削刃 $S$ 的最低点 |
| 车削时排出切削的情况 | 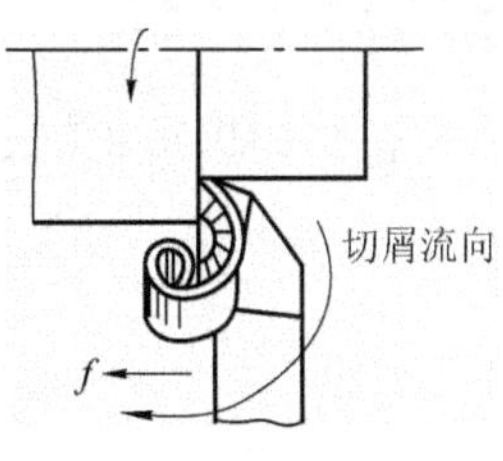 $f$ 切屑流向 $f$ | 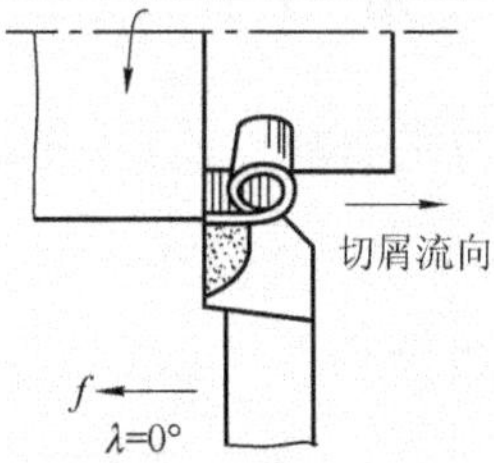 $f$ 切屑流向 $f$ $\lambda=0°$ | 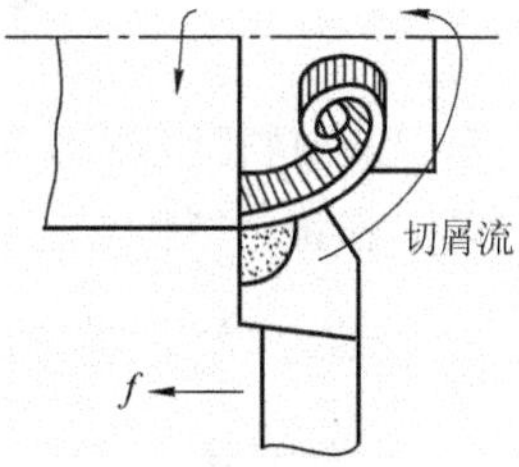 $f$ 切屑流向 $f$ |
| | 切屑排向工件的待加工表面方向，切屑不易擦毛已加工表面，表面粗糙度较好 | 切屑基本上垂直于主切削刃的方向排出 | 切屑排向工件的已加工表面方向，容易划伤已加工表面 |
| 刀尖强度和冲击点先接触车刀的位置 | 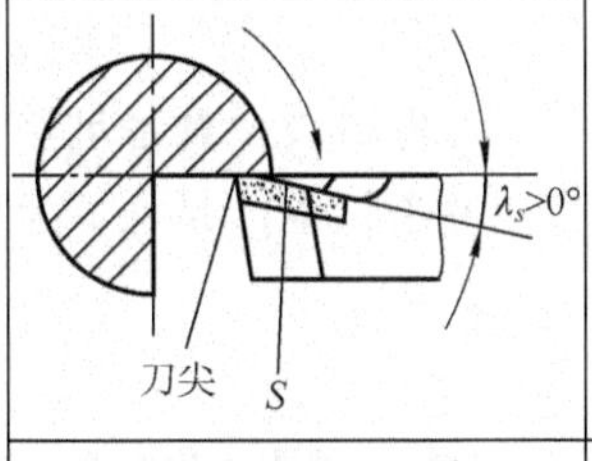 $\lambda_s>0°$ 刀尖 $S$ | 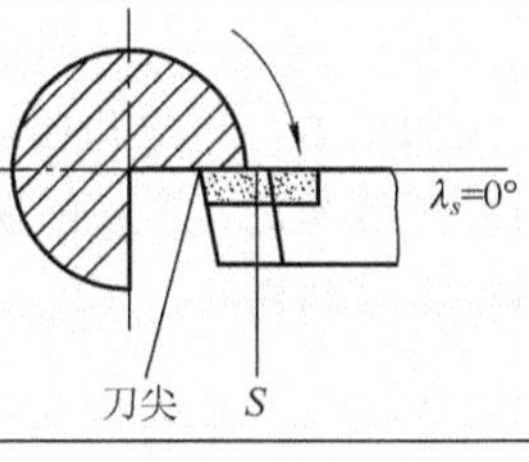 $\lambda_s=0°$ 刀尖 $S$ | 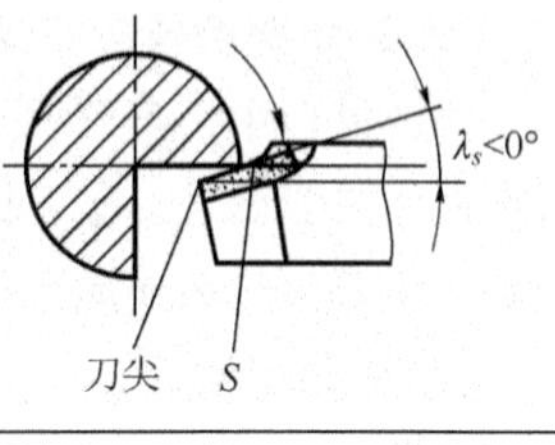 $\lambda_s<0°$ 刀尖 $S$ |
| | 刀尖强度较差，尤其是在车削不完整的工件时，冲击点先接触刀尖，刀尖易损坏 | 刀尖强度一般，冲击点同时接触刀尖和切削刃 | 刀尖强度高，在车削有冲击的工件时，冲击点先接触远离刀尖的切削刃处，从而保护了刀尖 |
| 适用场合 | 精车时，$\lambda_s$ 应取正值，$0° < \lambda_s < 8°$ | 工件完整，余量均匀的车削时，应取 $\lambda_s = 0°$ | 断续车削时，为了提高刀头强度，$\lambda_s$ 应取负值，$\lambda_s$ 取 $-15° \sim -5°$ |

### （四）车刀几何角度的标注

硬质合金外圆车刀切削部分几何角度的标注，如图 2–18 所示。

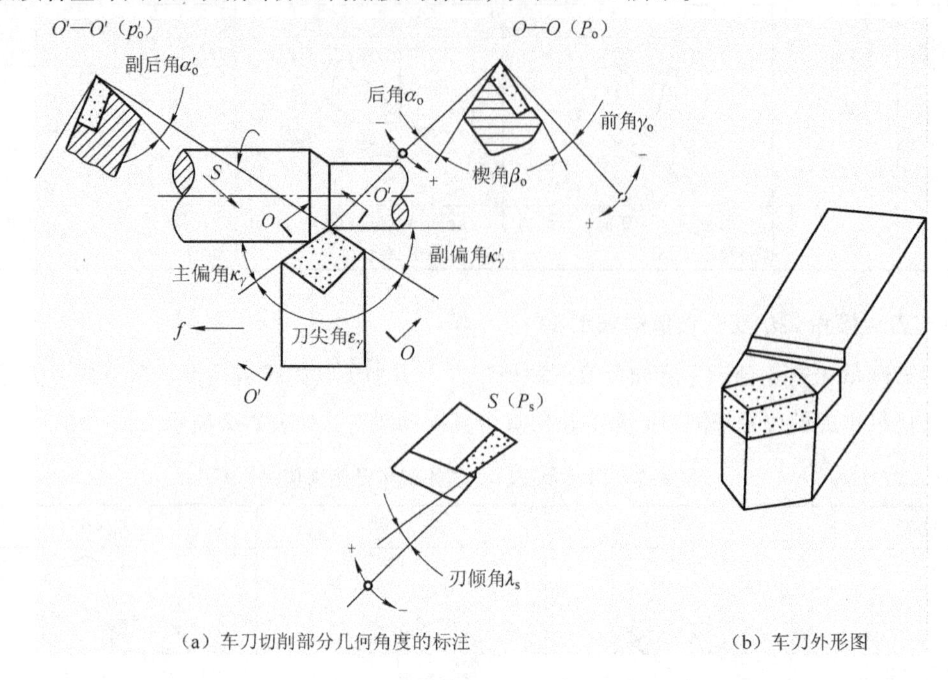


图 2–18　硬质合金外圆车刀切削部分几何角度的标注

## 2.4　常用车刀材料选择及应用

车刀的材料指车刀切削部分的材料，车刀材料性能的优劣对切削加工过程及精度、质量、生产效率有着直接影响。

### 一、车刀材料应具备的性能

#### （一）高硬度

高硬度是车刀材料应具备的最基本性能。一般认为，车刀材料应比工件材料的硬度高 1. 3 ~ 1. 5 倍，常温硬度高于 60HRC。

#### （二）足够的强度和韧度

切削过程中，车刀承受很大的压力、冲击和振动，车刀材料必须具备足够的抗弯强度和冲击韧性。一般说来，车刀材料的硬度越高，其抗弯强度和冲击韧性值越低。为了不产生崩刃和折断，车刀材料必须具有足够的强度和韧性。

#### （三）高耐磨性

在切削过程中，车刀要经受剧烈摩擦，所以作为车刀材料必须具备良好的耐磨性。耐磨性不仅与硬度有关，往往还与强度、韧度和金相组织结构等因素有关。一般认为，车刀材料的硬度越高、马氏体中合金元素越多、金属碳化物数量越多、颗粒越细、分布越均匀，耐磨性就越高。

#### （四）高耐热性

耐热性是衡量车刀材料切削性能优劣的主要指标，它是车刀材料在高温下保持或基本保持其硬度、强度和韧度、耐磨性的重要指标。工具钢车刀常用红硬性（加热 4 h 仍能保持 HRC58 时的温度值即为红硬性）来表示。例如，高速钢的红硬性为 550 ~ 650 ℃，即在此温度下，高速钢仍能保持或基本保持常温时的切削性能指标，硬质合金钢的红硬性约为 900 ℃。

**（五）工艺性**

车刀材料除应具备上述性能外，还应具备一定的可加工性能。如切削加工性、磨削性、焊接性能、热处理性能、高温塑性等。

## 二、常用刀具材料的类型及应用

刀具材料可分为工具钢（包括碳素工具钢、合金工具钢）、高速钢、硬质合金、陶瓷和超硬材料（包括金刚石、立方氮化硼等）五大类。目前用得最多的为高速钢和硬质合金。

**（一）工具钢**

工具钢分碳素工具钢与合金工具钢。

**1. 碳素工具钢**

碳素工具钢是含碳量为 0.65% ~1.3% 的优质碳素钢，常用钢号有 T7A、T8A、T10A、T12A 等。这类钢工艺性能良好，经适当热处理，硬度可达 60 ~64HRC，有较高的耐磨性，价格低廉。最大缺点是热硬性差，在 200 ~300 ℃时硬度开始降低，故允许的切削速度较低（5 ~10 m/min）。因此，只能用于制造手用刀具、低速及小进给量的机用刀具。

**2. 合金工具钢**

合金工具钢是在碳素工具钢中加入适当的合金元素铬（Cr）、硅（Si）、钨（W）、锰（Mn）、钒（V）等炼制而成的（合金元素总含量不超过 3% ~5%），提高了刀具材料的韧性、耐磨性和耐热性。其耐热性达 325 ~400 ℃，所以切削速度（10 ~15 m/min）比碳素工具钢提高了。合金工具钢用于制造细长的或截面积大、刃形复杂的刀具，如铰刀、丝锥和板牙等。

**（二）高速钢**

**1. 高速钢的性能**

高速钢是富含 W、Cr、Mo（钼）、V 等合金元素的高合金工具钢。在工厂中常称为白钢或锋钢。高速钢有良好的综合性能，其强度和韧性是现有刀具材料中最高的。高速钢的制造工艺简单，容易刃磨成锋利的切削刃；锻造、热处理变形小，目前在复杂的刀具（如麻花钻、丝锥、拉刀、齿轮刀具和成形刀具）制造中，仍占有主要地位。

高速钢的切削性能比工具钢好得多，而可加工性能又比硬质合金好得多，因此到目前为止，高速钢仍是世界各国制造复杂、精密和成形刀具的基本材料，是应用最广泛的刀具材料之一。

**2. 高速钢的分类**

高速钢分为普通高速钢、高性能高速钢和粉末冶金高速钢。

（1）普通高速钢：如 W18Cr4V 广泛用于制造刀具。其切削速度一般不太高，切削普通钢料时为 40 ~60 m/min。

（2）高性能高速钢：如 W12Cr4V4Mo 是在普通高速钢中再增加一些含碳量、含钒量及添加钴、铝等元素冶炼而成的。它的耐用度为普通高速钢的 1.5 ~3 倍。

（3）粉末冶金高速钢：是 20 世纪 70 年代投入市场的一种高速钢，其强度与韧性分别提高

30% ~40%和80% ~90%，耐用度可提高2~3倍。目前我国尚处于试验研究阶段，生产和使用尚少。

### （三）硬质合金

#### 1. 硬质合金的性能

硬质合金是将一些难熔的、高硬度的合金碳化物微米数量级粉末与金属黏结剂按粉末冶金工艺制成的刀具材料。常用的合金碳化物有WC、TiC、TaC、NbC等，常用的黏结剂有Co以及Mo、Ni等。硬质合金刀具有高硬度、高熔点和化学稳定性好等特点。因此，硬质合金的硬度、耐磨性、耐热性均超过高速钢，其缺点是抗弯强度低，冲击韧性差；由于硬质合金的常温硬度很高，很难采用切削加工方法制造出复杂的形状结构，故可加工性差。硬质合金的性能取决于化学成分、碳化物粉末粗细及其烧结工艺。

#### 2. 硬质合金的分类

硬质合金按化学成分可分为四类：钨钴类（YG类）、钨钴钛类（YT类）、含添加剂的硬质合金（YW类）、TiC基硬质合金（YN类）。其中前面三类的主要成分为WC，可统称为WC基硬质合金。

（1）钨钴类硬质合金。如YG3、YG6X和YG8等。YG代表钨钴类硬质合金，后面数字表示Co的含量，细颗粒的硬质合金有较高的抗弯强度和耐磨性。

主要应用于加工形成短切屑的铸铁、有色金属及非金属等脆性材料。加工铸铁等脆性材料时，切屑呈崩碎状，对切削刃的冲击较大，切削力与切削热都集中在刀尖附近。而YG类硬质合金抗弯强度和韧性及导热性较高，故可满足要求。

（2）钨钴钛类硬质合金。如YT5、YT14、YT15、YT30等。YT表示钨钴钛类硬质合金，数字表示TiC的含量，如YT15中TiC含量为15%。与YG类硬质合金相比，YT类硬质合金中由于含有硬度较高的TiC，故该类硬质合金的硬度、耐磨性和抗氧化能力较高，但其导热性能、抗弯强度和韧性、可磨削性和可焊性却有所降低。

YT类硬质合金主要用于加工形成长屑的钢材等塑性材料。通常，粗加工时选用韧性较高（含Co量多）的硬质合金；精加工时选用硬度较高（含Co量少）的硬质合金。当加工淬硬钢、高强度钢和奥氏体不锈钢等难加工材料时，由于切削力大，且集中在切削刃附近，如选用YT类硬质合金易造成崩刃，故选用YG类硬质合金更为合适。

（3）含添加剂的硬质合金。如YA6、YW1和YW2。是在YG类、YT类硬质合金的基础上加入适当的添加剂（合金碳化物TaC、NbC）所形成的硬质合金新品种。

这类硬质合金较YG类、YT类硬质合金有更高的硬度、高温硬度、韧性和耐磨性，故主要用于钢料和难加工材料的半精加工和精加工。

（4）TiC基硬质合金。如YN10和YN05。TiC基硬质合金是以TiC为主体，Ni与Mo为黏结剂，并加入少量其他碳化物而形成的一种硬质合金。

这类硬质合金具有比WC基硬质合金更高的耐磨性、耐热性和抗氧化能力，但热导率低和韧性较差，主要适用于工具钢的半精加工和精加工及淬硬钢的加工。

### （四）其他刀具材料

#### 1. 陶瓷材料

陶瓷材料是以氧化铝为主要成分在高温下烧结而成的。陶瓷材料有很高的硬度和耐磨性，有很好的耐热性，在1 200 ℃高温下仍能进行切削。陶瓷材料有很好的化学稳定性和较低的摩擦因数，抗扩散和抗黏结能力强，但强度低、韧性差，抗弯强度仅为硬质合金的1/3～1/2；导热系数低，仅为硬质合金的1/5～1/2。

陶瓷材料主要用于钢、铸铁及塑性大的材料（如紫铜）的半精加工和精加工，对于冷硬铸铁、淬硬钢等高硬度材料加工特别有效；但不适于机械冲击和热冲击大的加工场合。

**2. 金刚石**

金刚石刀具有三种：天然单晶金刚石刀具、人造聚晶金刚石刀具和金刚石复合刀具。天然金刚石由于价格昂贵等原因，应用很少。人造金刚石是在高温高压和其他条件配合下由石墨转化而成。金刚石复合刀片是在硬质合金基体上烧结上一层厚度约0.5 mm的金刚石，形成了金刚石与硬质合金的复合刀片。

金刚石刀具有很好的耐磨性，可用于加工硬质合金、陶瓷和高铝硅合金等高硬度、高耐磨材料，刀具耐用度比硬质合金提高几倍甚至几百倍；金刚石有非常锋利的切削刃，能切下极薄的切屑，加工冷硬现象较少；金刚石抗黏结能力强，不产生积屑瘤，很适于精密加工。但其耐热性差，切削温度不得超过700～800 ℃；强度低、脆性大，对振动很敏感，只宜微量切削；与铁的亲合力很强，不适于加工黑色金属材料。金刚石目前主要用于磨具及磨料，作为刀具多在高速下对有色金属及非金属材料进行精细切削。

**3. 立方氮化硼**

立方氮化硼（CBN）是由六方氮化硼在高温高压下加入催化剂转变而成的，是20世纪70年代出现的新材料，硬度高达8 000～9 000 HV，仅次于金刚石，耐热性却比金刚石好得多，在高于1 300 ℃时仍可切削，且立方氮化硼的化学惰性大，与铁系材料在1 200～1 300 ℃高温下也不易起化学作用。因此，立方氮化硼作为一种新型超硬磨料和刀具材料，用于加工钢铁等黑色金属，特别是加工高温合金、淬火钢和冷硬铸铁等难加工材料，具有非常广阔的发展前途。

**4. 涂层刀片**

涂层刀片是在韧性和强度较高的硬质合金或高速钢的基体上，采用化学气相沉积（CVD）、物理化学气相沉积（PVD）、真空溅射等方法，涂覆一薄层（5～12 μm）颗粒极细的耐磨、难熔、耐氧化的硬化物后获得的新型刀片。具有较高的综合切削性能，能够适应多种材料的加工。

## 思考与练习

**一、填空题**

1. 切削用量是切削加工过程中__________、__________和__________三者的总称，又称切削__________。合理地选用切削用量能最大程度的保证机床________，保证零件的________和有效地提高________。

2. 为了增加刀头的强度，粗车刀的前角应选取的____________一些。

3. 切削加工时刀刃上选定点相对于工件主运动的________称为切削速度，表面粗糙度值要求小的工件，切削速度应取________，用________车刀车削，切削速度应取小些，这样不容易产生积屑瘤。

4. 车刀按用途可分为________、________、________、________等几类。

5. 前刀面是__________的表面，主后刀面是____________的刀面，副后刀面是______相对的刀面。

6. 主偏角是______________的夹角，主偏角主要影响____________、____________和工艺系统____________性，一般情况下，在工艺系统刚性不足时，常取________主偏角，以________切削力。加工高强度、高硬度材料时，取________主偏角以提高刀具的耐用度。

7. 主切削刃与基面间的夹角称为__________角，它的作用是控制__________。当角度为正时，切屑排向工件的__________表面方向，角度为负时，切屑排向工件的__________表面方向，工件表面粗糙度差。在无冲击的正常车削时，角度一般取__________，如果切削时有间断冲击，选择__________能提高刀头强度，保护刀尖。

8. 硬质合金的硬度、耐磨性、耐热性均超过__________，其缺点是抗弯强度低，________差；由于硬质合金的常温硬度很高，很难采用__________制造出复杂的形状结构，故可加工性__________。

9. 高速钢刀具又称________，它制造工艺________，锻造、热处理________小，目前在复杂的刀具（如麻花钻、丝锥、拉刀、齿轮刀具和成形刀具）制造中，仍占有主要地位。

10. 刀具材料应具备的性能有__________、__________、__________、____________。目前常用的刀具材料有__________、__________、__________等。

11. 切削液的作用有________、________、________。

12. 用中等速度切削钢料或其他塑性金属，有时在车刀前刀面上牢固地粘着一小块金属，这就是________。

13. 车削过程中，影响表面粗糙度的因素有________、________、________。

**二、是非题**（正确的打√，错误的打×）

1. 为了增加刀头强度，一般外圆粗车刀的刃倾角应取负值。（　　）

2. 为了减少车刀和工件之间的摩擦，精车刀的后角应磨大一些。（　　）

3. 精车时，为了降低工件表面粗糙度值，进给量一般应取小值。（　　）

4. 使用硬质合金车刀应比使用高速钢车刀时切削速度低。（　　）

5. 车刀的前角越大，刀具越锋利，刀具耐用度高，散热好。（　　）

6. 硬质合金刀具比高速钢刀具的耐热性和韧性好。（　　）

7. 为了降低工件表面粗糙度值，精车时应选择较小切削速度和进给量。（　　）

8. 主后角 $\alpha_0$ 的作用是减小车刀主后面和工件过渡表面间的摩擦，因此，粗加工时应取较小的主后角，精加工时取较大的主后角。（　　）

9. 高速钢刀具制造简单，有较好的工艺性和足够的强度韧性，可制造形状复杂的刀具。（　　）

10. 粗加工时，一般允许积屑瘤存在；精加工时，由于工件的表面粗糙度要求较小，尺寸精度要求较高，因此必须避免产生积屑瘤。（　　）

11. 粗加工时，加注切削液主要是为了减少刀具与工件之间的摩擦，以保证工件的精度和表面质量。（　　）

12. 切削时保持车刀刃口的锋利，可以降低加工硬化的程度。（　　）

## 三、选择题

1. 偏刀指主偏角（　　）90°的车刀。

A. 大于　　B. 小于　　C. 等于　　D. 小于或等于

2. 精车刀的前角应取（　　）。

A. 正值　　B. 零度　　C. 负值

3. 主偏角是主刀刃在（　　）上的投影与走刀方向之间的夹角。

A. 基面　　B. 主后面　　C. 主截面

4. 冲击负荷较大的断续切削，应取负值的刃倾角；加工高硬度材料取（　　）刃倾角；精加工时取（　　）刃倾角。

A. 负值　　B. 正值　　C. 零度

5. 影响加工表面粗糙度的因素有（　　）

A. 切削用量　　B. 振动　　C. 刀具刃口的锋利程度

6.（　　）是在钢中加入较多的钨、钼、铬、钒等合金元素，用于制造形状复杂的切削刀具。

A. 硬质合金　　B. 高速钢　　C. 合金工具钢　　D. 碳素工具钢

7. 使主运动能够继续切除工件多余的金属，以形成工作表面所需的运动，称为（　　）。

A. 进给运动　　B. 主运动　　C. 辅助运动　　D. 切削运动

8. 刀具的前刀面和基面之间的夹角是（　　）。

A. 楔角　　B. 刃倾角　　C. 前角

9. 由外圆向中心处横向进给车端面时，切削速度是（　　）。

A. 不变　　B. 由高到低　　C. 由低到高

10. 粗加工时，切削液选用以冷却为主的（　　）。

A. 切削油　　B. 混合油　　C. 乳化油

11. 前角增大能使车刀（　　）。

A. 刃口锋利　　B. 切削费力　　C. 排屑不畅

12. 切削液中的乳化液，主要起（　　）作用。

A. 冷却　　B. 润滑　　C. 减少摩擦

## 四、问答题

1. 分别说出“三面两刃一尖”所指的内容及定义。

2. 简述车刀三个基准平面的定义。

3. 车刀切削部分的材料应满足什么条件？高速钢和硬质合金钢各有什么特点？

4. 切削加工中为什么要合理选择切削用量？简述切削用量的选择原则。

5. 简述前角、主后角、刃倾角和主偏角的定义和选择原则。

6. 切削液的作用是什么？切削液主要有哪两种？各用在什么场合？

7. 简述表面粗糙度对零件性能的影响。影响加工零件表面粗糙度的因素有哪些？有哪些措施可以减小零件加工时的表面粗糙度？

## 五、计算题

1. 在车床上车削一直径为 $\phi$60 mm 的轴，一次进给车至 $\phi$52 mm，选用的切削速度为 $v_c$ = 80 m/min，求背吃刀量 $a_p$ 和主轴转速 $n$ 各是多少？

2. 车削直径为 $\phi$40 mm 的工件外圆，选定的车床主轴转速为 500 r/min，求切削速度。

# 模块三 工件的定位、装夹与加工工艺基础

**知识要点：**

工件定位的基本原理；夹具的组成与作用；车削加工常用的夹具；定位基准的选择；机械加工工艺过程；金属切削的加工顺序；金属切削加工的方法。

**能力目标：**

能根据零件的结构和精度选择合理的装夹方式；能正确选择零件的加工方法并编制加工工艺。

## 3.1 定位与夹紧

### 一、工件定位的基本原理

#### （一）六点定位原理

工件在空间具有六个自由度，如图3-1所示。即沿$x$、$y$、$z$三个直角坐标轴方向的移动自由度（$\vec{x}$、$\vec{y}$、$\vec{z}$）和绕这三个坐标轴的转动自由度（$\widehat{x}$、$\widehat{y}$、$\widehat{z}$）。

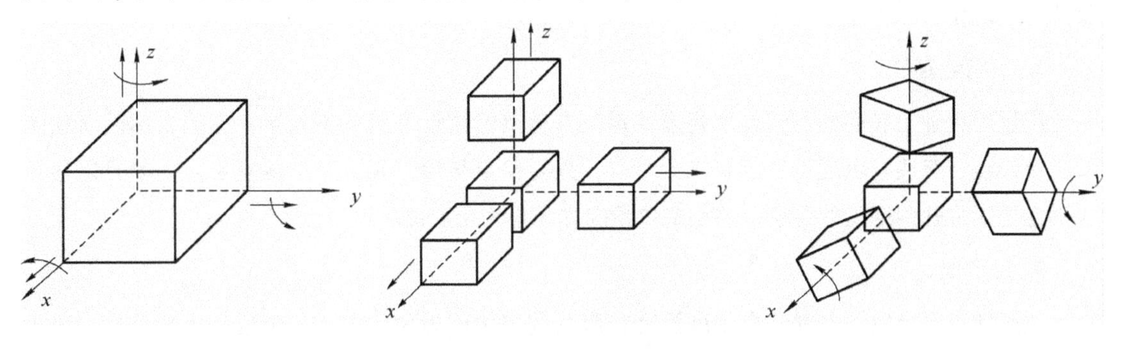


图3-1 工件的六个自由度

要完全确定工件的位置，就必须消除这六个自由度，通常用六个支承点（即定位元件）来限制工件的自由度，其中每一个支承点限制相应的一个自由度，如图3-2所示。在$xOy$平面上，不在同一直线上的三个支承点限制了工件$\vec{z}$、$\widehat{x}$、$\widehat{y}$三个自由度，这个平面称为主基准面；在$yOz$平面布置的两个支承点限制了工件$\vec{x}$、$\widehat{z}$两个自由度，这个平面称为导向平面；工件在$xOz$平面上，被一个支承点限制了$\vec{y}$一个自由度，这个平面称为止动平面。综上所述，若要使工件在夹

具中获得唯一确定的位置，就需要在夹具上合理设置相当于定位元件的六个支承点，使工件的定位基准与定位元件紧贴接触，即可消除工件的六个自由度，这就是工件的六点定位原理。

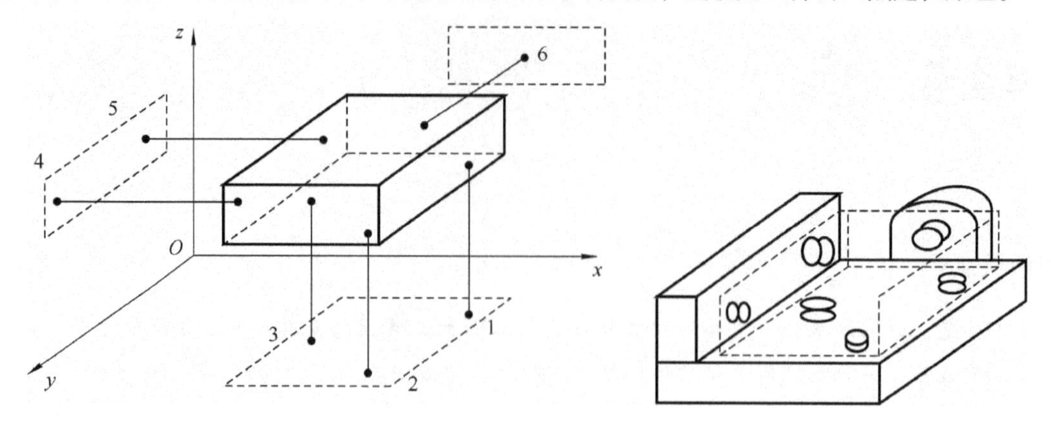


图 3-2　工件的六点定位

（二）六点定位原理的应用

六点定位原理对于任何形状工件的定位都是适用的，如果违背这个原理，工件在夹具中的位置就不能完全确定。用工件六点定位原理进行定位时，必须根据具体加工要求灵活运用。工件形状不同那么定位表面不同，定位点的分布情况会各不相同，宗旨是使用最简单的定位方法，使工件在夹具中迅速获得正确的位置。

定位可以划分为以下几种：

**1. 完全定位**

工件的六个自由度全部被夹具中的定位元件所限制，而在夹具中占有完全确定的唯一位置，称为完全定位。

**2. 不完全定位**

根据工件加工表面的不同加工要求，定位支承点的数目可以少于六个。有些自由度对加工要求有影响，有些自由度对加工要求无影响，只要确定与加工要求有关的支承点，就可以用较少的定位元件达到定位的要求，这种定位情况称为不完全定位。

**3. 欠定位**

按照加工要求应该限制的自由度没有被限制的定位称为欠定位。欠定位是不允许的，因为欠定位保证不了加工要求。

**4. 过定位**

工件的一个或几个自由度被不同的定位元件重复限制的定位称为过定位，如图 3-3 所示。当过定位导致工件或定位元件变形，影响加工精度时，应该严禁采用。但当过定位并不影响加工精度，反而对提高加工精度有利时，也可以采用，要具体情况具体分析。

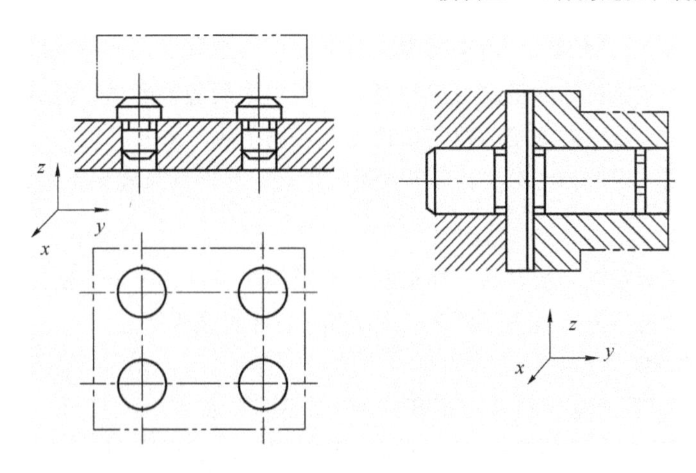


图 3-3 常见的几种过定位示例

## 二、定位与夹紧的关系

在机床上加工工件时，为了使该工序所加工的表面达到图样规定的尺寸精度、几何形状及相互位置精度等技术要求，在加工前，必须正确装夹工件，使工件在加工过程中始终与刀具保持正确的加工位置。

定位与夹紧的任务是不同的，两者不能互相取代。若认为工件被夹紧后，其位置不能动了，所以自由度都已限制了，这种理解是错误的。

定位时，必须使工件的定位基准紧贴在夹具的定位元件上，否则不称其为定位，而夹紧是使工件不离开定位元件。

定位是确定坐标位置，夹紧是保证夹紧瞬间的位置可靠锁定。所以定位不包含夹紧，夹紧包含定位。

# 3.2 夹具的基本概念

## 一、夹具的分类、组成和作用

将工件在机床上占有正确的加工位置并将工件夹紧的过程称为工件的安装。而用于安装工件的工艺装备称为机床夹具，简称夹具。

### （一）夹具的分类

夹具按通用化程度可分为通用夹具、专用夹具和组合夹具等。

#### 1. 通用夹具

能装夹两种或两种以上工件的夹具称为通用夹具。一般作为机床的附件，如车床上的三爪或四爪卡盘、顶尖、中心架和鸡心夹头等。此类夹具有很大的通用性，适用于装夹各种轴类、盘类、箱体类工件，应用相当广泛。这类夹具一般已标准化、系列化，由专门厂家生产。

#### 2. 专用夹具

专为某一工件的某一工序设计的夹具称为专用夹具。当工件结构变化或工序内容变更时，都可能使此类夹具失去应用价值。由于这类夹具不需要考虑其通用性，所以夹具的结构可以设计的较简单、紧凑。定位机构的精度可以很高，还可以采用各种省力、传力机构，使操作快捷方便。采用专用夹具，可以得到较高的定位精度和较高的生产效率，但产品的生产准备周期比较长，工装费用较高。因此，此类夹具适于产品较固定、生产批量较大工件的生产。

**3. 组合夹具**

组合夹具是由一套预先制造好的不同形状、不同规格并具有完全互换性及高耐磨性的标准元件组装而成。组合夹具主要适用于新产品试制和单件小批量生产。

**（二）夹具的作用**

机床夹具的作用可用车削工件偏心螺套的例子来说明。如图 3-4 所示，该工件毛坯为锻件。$\phi32^{+0.027}_{0}$ mm 孔和 $B$ 面已经加工完毕，现要求加工 M12 螺纹，加工中要保证偏心距(10 ± 0.02)mm，螺纹轴线要求与 $A$ 面垂直。

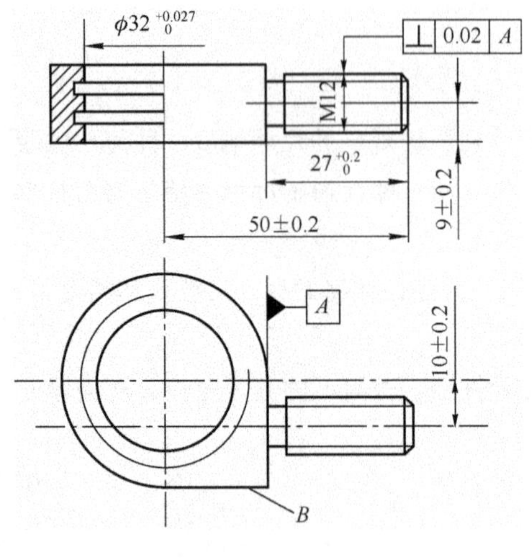


图 3-4　偏心螺套

车削偏心螺套螺纹的专用夹具如图 3-5 所示。使用时用工件将已加工好的 $\phi32^{+0.027}_{0}$ mm 孔套在心轴上，并使 $B$ 面紧贴偏心螺杆，插上开口垫圈，拧紧螺母，即可进行加工。加工完毕，稍松螺母抽出开口垫圈，就可以取出工件。工件的偏心距（10 ± 0. 2）mm 和位置尺寸（9 ± 0. 2）mm 由夹具本身保证。而螺纹外圆和 A 面在同一次装夹中车削而成，这样可以保证垂直度要求。夹具通过锥柄与车床主轴锥孔连接，这样既能保证圆锥面获得较高的定位精度，又能使装拆方便。

从上面的实例可以看出，专用夹具的作用主要有以下几点：

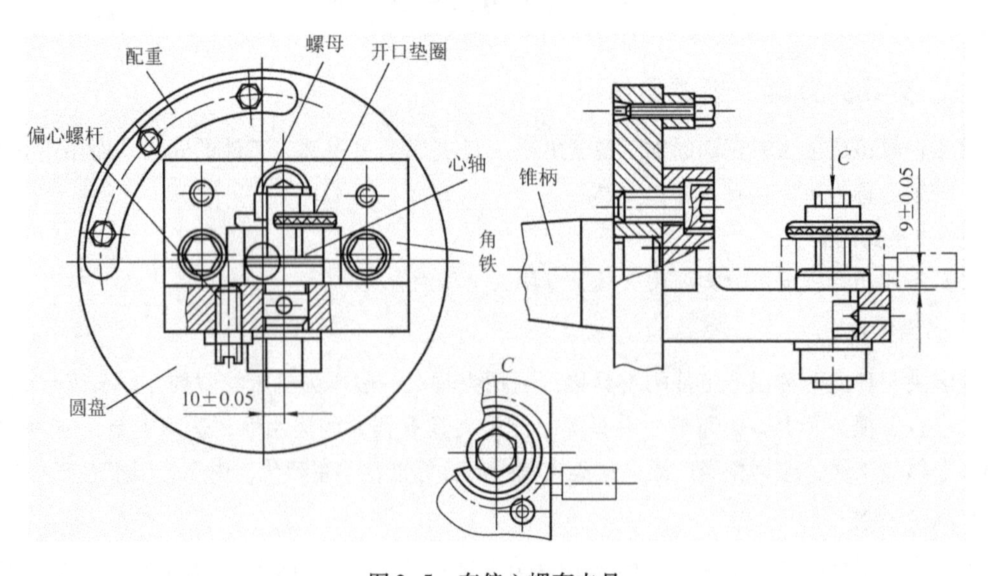


图 3-5　车偏心螺套夹具

(1）保证加工精度，稳定产品质量。采用夹具后，工件在加工中的正确位置由夹具来保证，不受工人的操作习惯和技术差别等因素的影响，使每一批工件基本上达到了相同的位置精度，从而使产品质量稳定。

(2）缩短辅助时间，提高劳动生产率。采用夹具后，可省去划线工序，减少定位、找正的辅助时间，因而提高了劳动生产率。

(3）解决车床装夹中的不便因素。图 3-4 所示的偏心螺套，若不用夹具安装，加工精度很难保证，因此，有些零件虽然数量少，如果不用专用夹具是无法保证加工质量的。

(4）扩大机床的加工范围。在单件小批量生产时，零件种类多而数量少，不可能为了加工要求而购置所有可能用到的机床，但如果采用夹具就可以扩大机床的加工范围。例如在车床上安装镗孔夹具后，车床就可以作为镗床使用。

(5）降低工人的技术要求和减轻劳动强度。使用夹具后，使复杂工件的安装简单化，降低了对工人的技术要求。如果采用气动、液压等高效率的夹紧装置，更能缩短辅助时间，减轻工人的劳动强度。

**（三）夹具的组成**

生产中使用的夹具很多，但按各元件在夹具中的作用归纳，可以分成下列组成部分，以图 3-6钻床夹具为例。

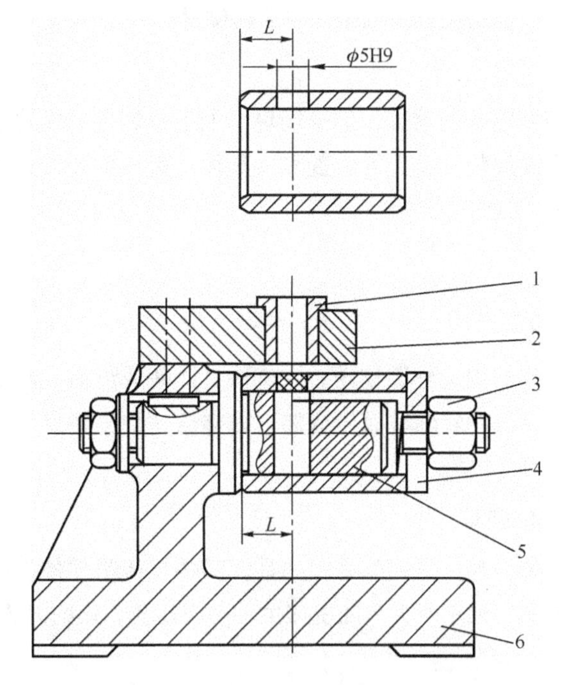


1—钻套；2—钻模板；3—螺母；4—开口垫圈；5—定位销；6—夹具体

图 3-6　钻床夹具

**1. 定位装置**

用以确定工件在夹具中的加工位置，使工件在加工时相对于刀具处于正确位置，定位装置是由定位元件组成的。定位元件就是在夹具中与工件定位表面相接触的零件，可用六点定位原理来分析其所限制的自由度，如图 3-6 中的定位销。

**2. 夹紧装置**

用于夹紧工件，保证工件在夹具中的位置和在加工过程中不发生变化。如图 3-6 中的螺母、开口垫圈等。

**3. 导向元件和对刀装置**

用于保证刀具相对于夹具的位置，对于钻头、扩孔钻、铰刀、镗刀等孔加工刀具，加工时用于确定刀具正确位置的基准元件称为导向元件，如图 3-6 中的钻套。而铣刀、刨刀等刀具，加工时用于确定刀具正确位置的基准元件称为对刀装置。

**4. 连接元件**

用于保证夹具和机床工作台之间的相对位置。对于铣床夹具，有定位键与铣床工作台上的T形槽相配以完成定位，再用螺钉夹紧。对于钻床夹具，由于孔加工刀具加工时只是沿轴向进给就可完成，用导向元件就可以保证相对位置，因此在将夹具装在工作台上时，用导向元件直接对刀具进行定位，不必再用连接元件定位了，所以钻床夹具一般没有连接元件。

**5. 夹具体**

夹具体是夹具配备的基础件，其作用是把夹具上的所有组成部分连接成一个整体，并用于与机床有关部件的连接，以确定夹具在机床中的正确位置。

**6. 辅助装置**

根据夹具实际使用需要配备的装置，如平衡块、上下料装置、气动或液压操纵机构等。要组成一个夹具，必定要有定位装置、夹紧装置和夹具体。而辅助装置是否配备是根据夹具实际需要决定的。

## 二、车床夹具

### （一）车床夹具的分类

车床主要用于加工零件的内、外圆柱面、圆锥面、回转成形面、螺纹以及端平面等。上述各种表面都是围绕机床主轴的旋转轴线而形成的，根据这一加工特点和夹具在机床上安装的位置，将车床夹具分为两种基本类型。

**1. 安装在车床主轴上的夹具**

这类夹具中，除了各种卡盘、顶尖等通用夹具或其他机床附件外，往往根据加工的需要设计各种心轴或其他专用夹具，加工时夹具随机床主轴一起旋转，切削刀具做进给运动。

**2. 安装在滑板或床身上的夹具**

对于某些形状不规则和尺寸较大的工件，常常把夹具安装在车床滑板上，刀具则安装在车床主轴上做旋转运动，夹具做进给运动。如加工回转成形面的靠模就属于此类夹具。

### （二）车床上常用的夹具

车床夹具按使用范围，可分为通用车夹具、专用车夹具和组合夹具三类。

按工件的形状、大小和加工批量不同，普通车床上常用的夹具有三爪自定心卡盘、四爪单动卡盘、顶尖、中心架、跟刀架、心轴、花盘等。

**1. 三爪自定心卡盘**

（1）三爪自定心卡盘的结构。三爪自定心卡盘的构造如图 3-7 所示。使用时，用卡盘扳手转动小锥齿轮 1，可使与其相啮合的大锥齿轮 2 转动，大锥齿轮 2 背面的平面螺纹使三个卡爪 3 同时做向心或离心移动，以夹紧或松开工件。当工件直径较大时，可换上反爪进行装夹。三爪卡盘定心精度不高（一般为 0.05 ~ 0.15 mm），夹紧力较小，仅适于夹持表面光滑的圆柱形或六角形等工件，而不适于单独安装质量大或形状复杂的工件。三爪卡盘由于三个卡爪是同时移动的，装夹工件时能自动定心，从而可省去许多校正工件的时间，因此，三爪自定心卡盘仍然是车床最常见的通用夹具。

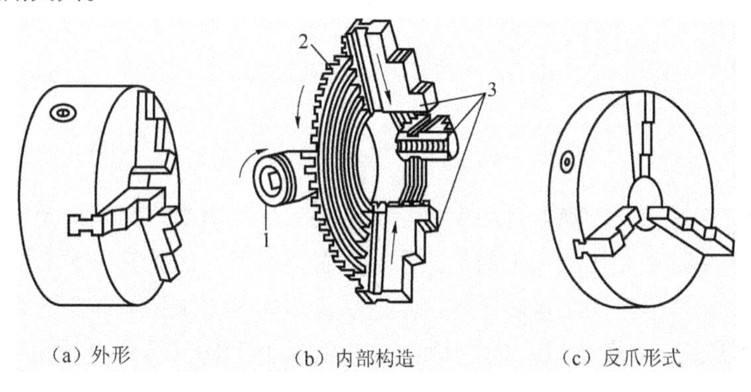


（a）外形　（b）内部构造　（c）反爪形式

1—小锥齿轮；2—大锥齿轮；3—卡爪

图 3-7　三爪自定心卡盘

（2）三爪自定心卡盘安装工件的基本步骤和要求。三爪自定心卡盘安装工件的基本步骤和要求如下。

① 在卡爪间放正工件，轻轻夹紧，夹持长度保证至少 10 mm。工件紧固后，随即取下扳手，以免开车时扳手飞出，砸伤人或砸坏车床。

② 打开安全罩，开动车床，使主轴低速旋转，检查工件有无偏摆，若有偏摆应停车，用小锤轻敲校正，然后紧固工件。紧固后，必须取下扳手，并放下安全罩。

③ 移动车刀至车削行程的左端，用手旋转卡盘，检查刀架是否与卡盘或工件碰撞。

**2. 四爪单动卡盘**

四爪单动卡盘是车床上另一种常用的夹具，如图 3-8 所示。它四个卡爪的径向位移由四个螺杆单独调整，不能自动定心，因此，在安装工件时找正时间较长，要求操作人员技术水平高。

用四爪单动卡盘安装工件时夹紧力大，既适于装夹圆形工件，还可夹持方形、长方形、椭圆形和其他形状不规则的工件。用四爪单动卡盘安装工件时，一般用划线盘按工件外圆或内孔进行找正，也可按事先划出的加工界线用划线盘进行划线找正。

四爪单动卡盘只适用于单件小批量生产。

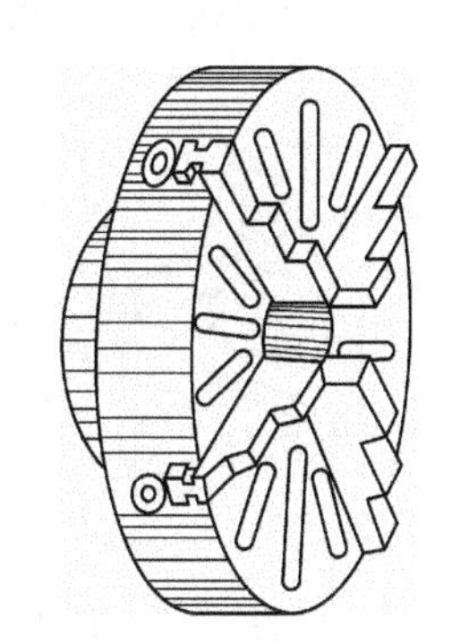

图 3-8　四爪单动卡盘

**3. 顶尖**

顶尖的作用是定中心和承受工件的质量以及刀具作用在工件上

的切削力，如图 3-9 所示。顶尖有前顶尖和后顶尖两种。插在主轴锥孔内随主轴一起旋转的称为前顶尖。前顶尖随同工件一起转动，无相对运动，也不发生滑动摩擦。插入车床尾座套筒内的称为后顶尖。

后顶尖又分为固定顶尖和回转顶尖两种。

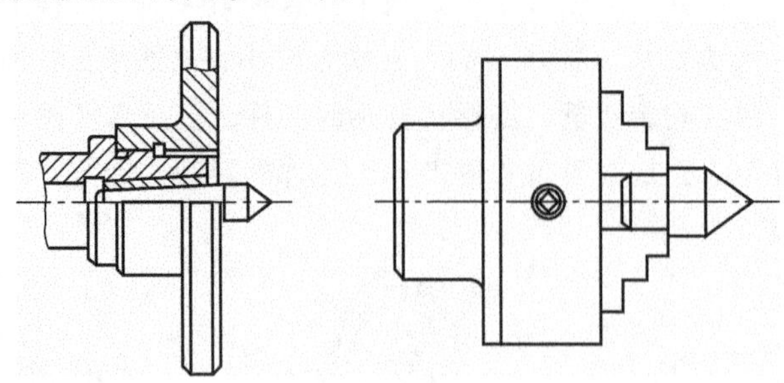

图 3-9　顶尖

固定顶尖的优点是定心正确而且刚度好，缺点是工件和顶尖之间是滑动摩擦，工作过程中发热较大，过热时会把中心孔或顶尖烧坏。因此，它适用于低速旋转、加工精度要求较高的工件，如图 3-10（a）所示。在高速切削时，碳钢顶尖和高速钢顶尖往往会退火，因此目前多数使用镶硬质合金顶尖，如图 3-10（b）所示。支承细小工件时可用反顶尖，如图 3-10（c）所示。

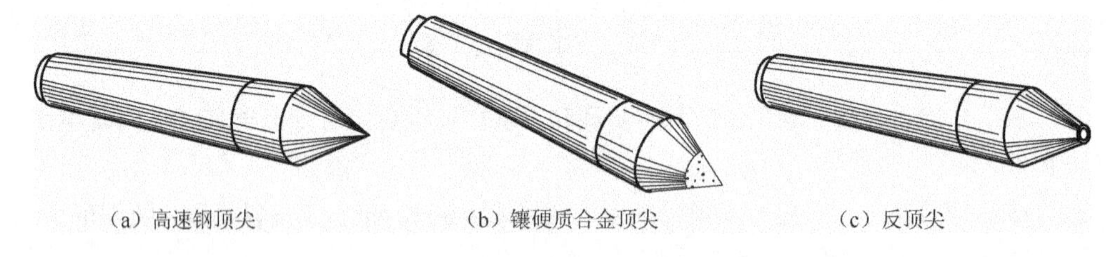

（a）高速钢顶尖　（b）镶硬质合金顶尖　（c）反顶尖

图 3-10　固定顶尖

**4. 中心架**

中心架安装在车床的导轨面上并固定在适当的位置，卡爪和工件外表面接触，如图 3-11 所示。中心架安装工件时也可以在中心架和工件之间加装一个过渡套筒，如图 3-12 所示。

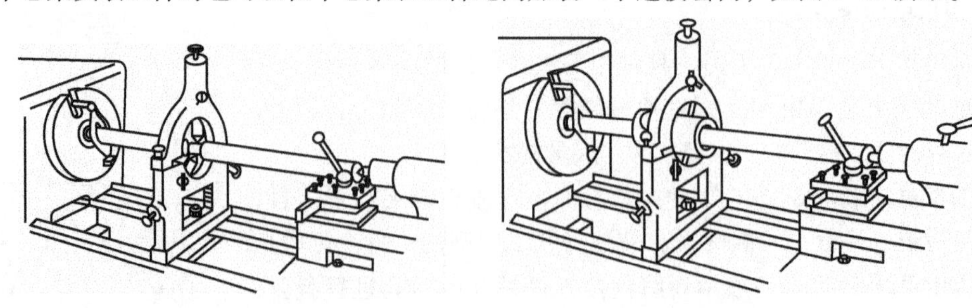

图 3-11　用中心架装夹细长轴　　图 3-12　用过渡套筒装夹细长轴

中心架使用时首先要调整各个卡爪，使其与工件接触，并保证工件轴线和主轴轴线同轴，还要注意保证卡爪和工件之间的充分润滑。必要时可使用带滚动轴承的中心架，如图 3-13 所示。

**5. 跟刀架**

跟刀架一般有两个或三个卡爪，三爪跟刀架的结构如图3–14所示。用手柄2转动锥齿轮1，经锥齿轮5转动丝杠4，即可使卡爪3做向心或离心运动，其他两个卡爪也可用同样方法移动。

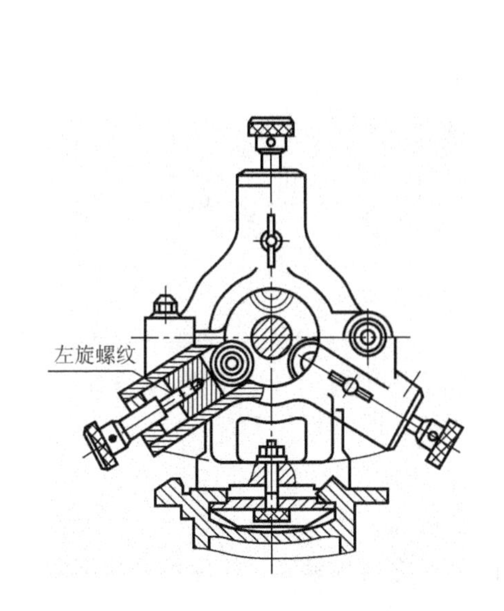


图3–13　带滚动轴承的中心架

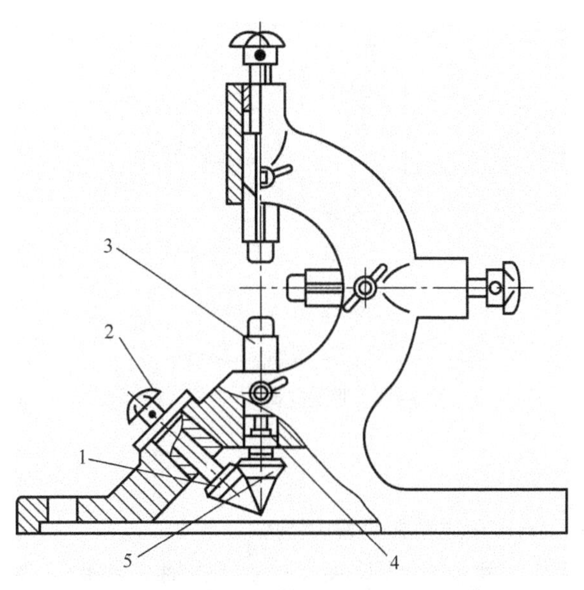


1，5—锥齿轮；2—手轮；3—卡爪；4—丝杠

图3–14　三爪跟刀架的结构

跟刀架主要用于精车或半精车细长光轴类工件，如丝杠和光杠等。如图3–15所示，跟刀架被固定在车床床鞍上，与刀架一起移动。使用时，先在工件上靠后顶尖的一端车出一小段外圆，根据车出的这一小段外圆调节跟刀架的两支承，然后再车出全轴长。使用跟刀架可以抵消径向切削力，从而提高精度和表面质量。

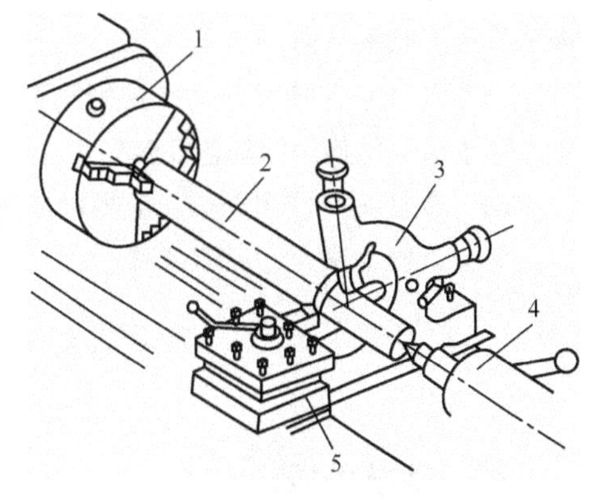


1—三爪卡盘；2—工件；

3—跟刀架；4—尾座；5—刀架

图3–15　跟刀架的使用

**6. 心轴**

形状复杂或同轴度要求较高的盘套类工件，常用心轴安装加工，以保证工件外圆与内孔的同轴度及端面与内孔轴线的垂直度要求，如图3–16所示。

用心轴安装工件，应先对工件的孔进行精加工（精度等级达IT8～IT7），然后以孔定位。

心轴用双顶尖安装在车床上，以加工端面和外圆。安装时，根据工件的形状、尺寸、精度要求和加工数量的不同，可以采用不同结构的心轴。

**7. 花盘**

当车削形状不规则或形状复杂的工件时，三爪、四爪卡盘或顶尖都无法装夹，必须用花盘进行装夹，如图3–17所示。用花盘装夹工件，将工件底面直接安放在花盘的端面上，找正后用螺钉、压板夹紧，再装上平衡块，即可加工工件的孔和端面。安装时，花盘端面应与主轴轴线垂直，花盘本身形状精度要求较高。

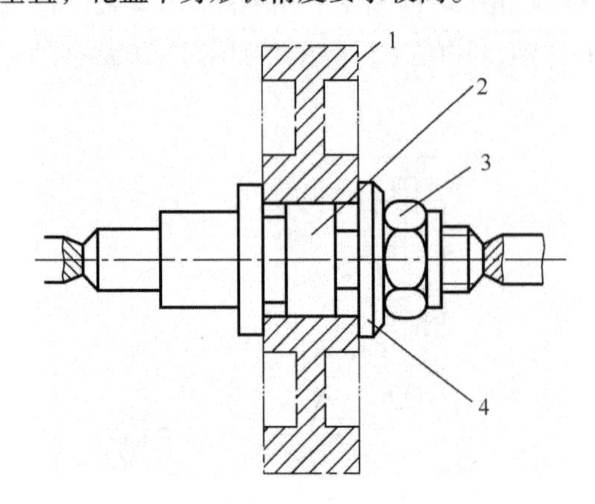


1—工件；2—心轴；3—螺母；4—垫片

图 3-16　圆柱心轴

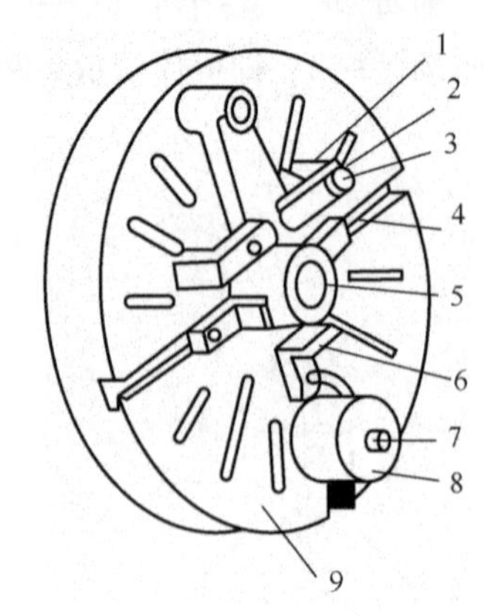


1—垫铁；2—压板；3—螺钉；4—T 形槽；5—工件；6—弯板；7—可调螺钉；8—平衡块；9—花盘

图 3-17　花盘

**（三）车床夹具的结构特点**

（1）因为整个车床夹具随车床主轴一起回转，所以要求它结构紧凑，轮廓尺寸尽可能小，质量要尽量轻，重心尽可能靠近回转轴线，以减小惯性力和回转力矩。

（2）应有消除回转中的不平衡现象的平衡措施，以减小震动等不利影响。一般设置配置块或减重孔消除不平衡。

（3）与主轴连接部分是夹具的定位基准，应有较准确的圆柱孔（或圆锥孔），其结构形式和尺寸依照具体使用的车床而定。

（4）为使夹具使用安全，应尽可能避免有尖角或凸起部分，必要时回转部分外面可加防护罩。夹紧力要足够大，自锁可靠。

## 3.3　工件定位基准选择

### 一、基准的概念

所谓基准就是用来确定生产对象上几何要素的几何关系所依据的那些点、线、面。根据基准功用的不同，又可分为设计基准和工艺基准两大类。

**（一）设计基准**

设计基准是零件设计图样上用来标注尺寸和表面相互位置关系的点、线、面，它是标注设计尺寸的起点。例如图 3-18 所示的钻套，轴线 $O-O$ 是各外圆表面及内孔的设计基准；端面 $A$ 是端面 $B$、$C$ 的设计基准；内孔表面 $D$ 的轴心线是 $\phi40$ h6 外圆表面的径向圆跳动和端面 $B$ 端面圆跳动的设计基准。

**（二）工艺基准**

工艺基准是指工艺过程中所采用的基准。按其作用不同，工艺基准可分为工序基准、定位基准、测量基准和装配基准。

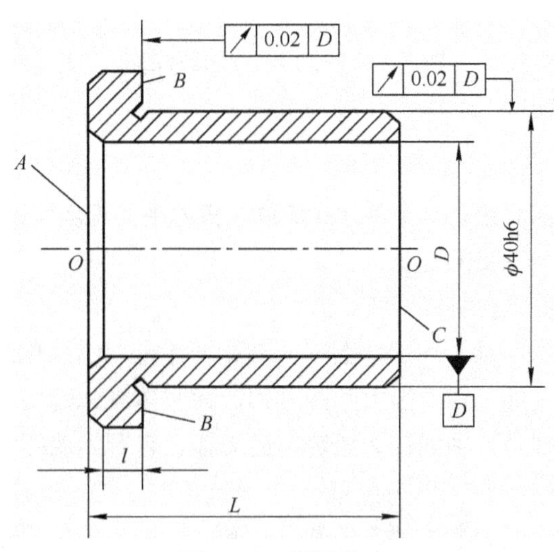


图 3-18　设计基准

**1. 工序基准**

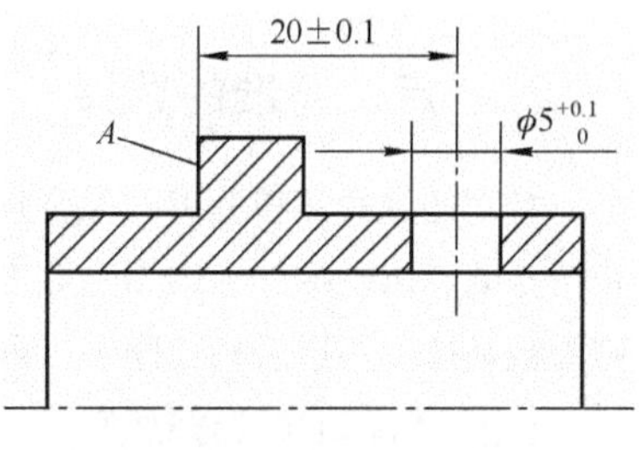


图3-19　工序基准

工序基准是指工序图上用来确定本工序所加工表面加工后的尺寸、形状和位置的基准。图 3-19 所示为钻孔工序的工序图，工序基准为 $A$ 面。某工序加工应达到的尺寸称为工序尺寸，如尺寸 20 ±0. 1mm 和 $\phi5^{+0.1}_{0}$ mm。

**2. 定位基准**

定位基准是指在加工过程中，用于确定工件在机床或夹具上位置的基准。它是工件上与夹具定位元件直接接触的点、线或面。如图 3-20（a）所示，为保证尺寸 $h$，可将工件放在一平面上定位，并加工 $A$ 面，因此，母线 $B$ 就是定位基准。如图 3-20（b）所示，加工 $\phi E$ 孔时，为保证 $A$ 面的垂直度，要用 $A$ 面作为定位基准，为保证 $L_1$、$L_2$的距离尺寸，要用 $B$、$C$ 面作为定位基准。

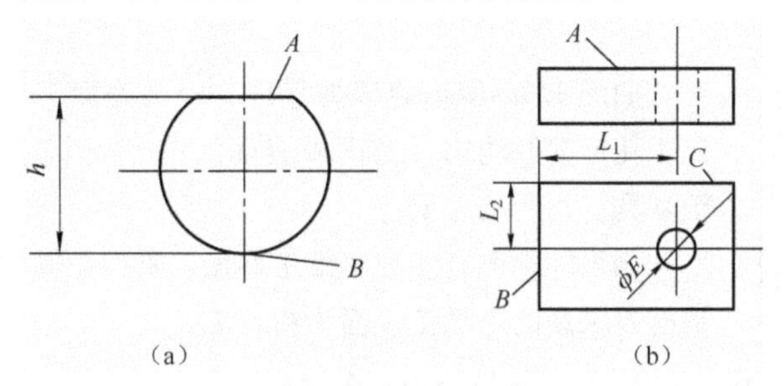


图 3-20　定位基准

定位基准除了是工件的实际表面外，也可以是表面的几何中心、对称线或对称面。

定位基准的选择与工艺过程的制定是密切相关的。对结构复杂或精度要求高的零件应该多设想几种定位方案，周密地考虑定位方案与工艺过程的关系，尤其是要考虑定位方案对加工精度的影响。

**3. 测量基准**

测量基准是指检验工件时，用于测量已加工表面的尺寸及各表面之间的位置精度的基准。如图 3-20（a）所示，测量尺寸 $h$ 时，是以轴上母线 $B$ 为基准，因此母线 $B$ 就是 $h$ 的测量基准。测量基准可以是点、线、面。

**4. 装配基准**

装配基准是指机器装配时用来确定零件或部件在机器中的正确位置的基准。如图 3-18 中的钻套，$\phi 40h6$ 外圆及端面 $B$ 为装配基准。

在分析基准问题时，必须注意以下两点。

（1）作为基准的点、线、面，在工件上不一定具体存在，例如孔的轴线、球心、槽的对称中心平面等。若选定定位基准，则必须由某些具体表面来体现，这些表面称为基面。如定位面为孔，它所体现的定位基准是孔轴线；又如定位面为槽，它所体现的定位基准是槽的对称中心平面。

（2）基准要确切，要分清是轮廓要素还是中心要素，两者有所不同。还要分清基准的区段，如阶梯轴的轴线必须指明是哪段圆柱面的轴线，因为牵涉哪段圆柱面作为定位基准的问题。

## 二、定位基准的选择

合理的选择定位基准对保证加工精度和确定加工顺序都有决定性影响。定位基准分为粗基准和精基准。在机械加工的第一道工序中，只能使用毛坯上未加工的表面作为定位基准，这种基准称为粗基准。在以后的工序中，可以采用已加工过的表面作为定位基准，这种基准称为精基准。

### （一）粗基准的选择原则

选择粗基准时，必须要达到以下两个基本要求，其一，要保证所有加工表面都有足够的加工余量；其二，应保证工件加工表面和不加工表面之间有一定的位置精度。具体可按下列原则选择。

**1. 相互位置要求原则**

选取与加工表面相互位置精度要求较高的不加工表面作为粗基准，以保证不加工表面与加工表面的位置要求。

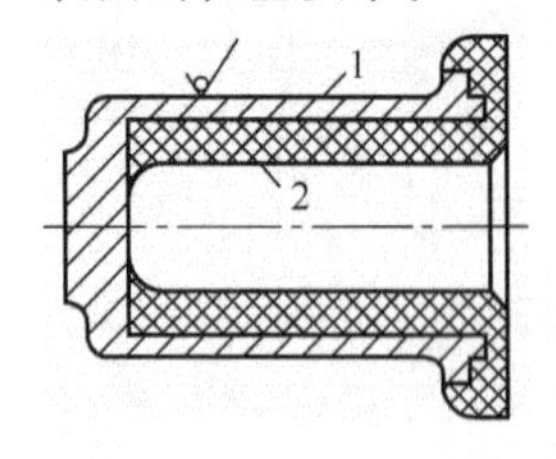


1—不加工表面；2—加工表面

图 3-21　套的粗基准选择

如图 3-21 所示的套类零件，外圆表面 1 为不加工表面，为了保证镗孔后壁厚均匀（及内外表面的偏心较小），应选择外圆表面 1 为粗基准。

如果零件上有多个不加工表面，则应以其中与加工表面相互位置精度要求高的不加工表面为粗基准。

**2. 加工余量合理分配原则**

对于全部表面都需要加工的零件，应该选择加工余量最小的表面作为粗基准，这样不会因为位置偏移而造成余量太小的部位加工不出来。如图 3-22 所示的阶梯轴零件，毛坯大小端外圆有 5 mm 的偏心，应以余量较小的 $\phi 58$ mm 外圆表面作粗基准。如果选 $\phi 114$ mm 外圆作粗基准加工 $\phi 58$ mm 外圆，则无法加工出 $\phi 58$ mm 外圆。

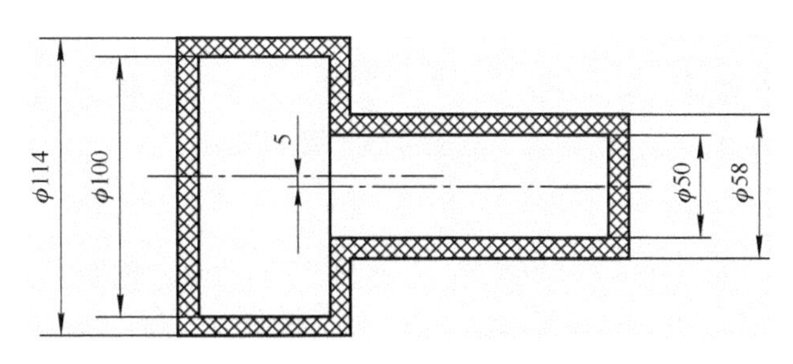


图 3-22　阶梯轴的粗基准选择

**3. 重要表面原则**

为保证重要表面的加工余量均匀，应选择重要加工面为粗基准。如图 3-23 所示床身导轨的加工，为了保证导轨面的金相组织均匀一致并且有较高的耐磨性，应使其加工余量小而均匀。因此，应先选择导轨面为粗基准，加工与床腿的连接面，如图 3-23（a）所示。然后再以床腿的连接面为精基准，加工导轨面，如图 3-23（b）所示。这样才能保证导轨面加工时被切去的金属层尽可能薄而且均匀。

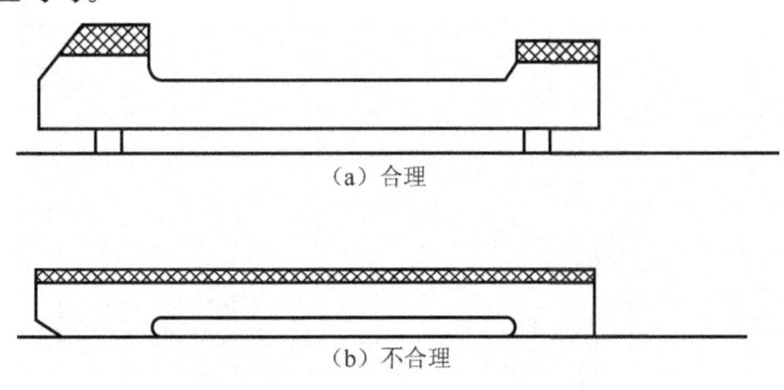


图 3-23　床身导轨加工粗基准的选择

**4. 不重复使用原则**

粗基准未经加工，表面比较粗糙且精度低，二次安装时，其在机床上（或夹具中）的实际位置可能与第一次安装时不一样，从而产生定位误差，导致相应加工表面出现较大的位置误差。因此，粗基准一般不应重复使用。如图 3-24 所示零件，若在加工端面 *A*、内孔 *C* 和钻孔 *D* 时，均使用未经加工的 *B* 表面定位，则钻孔的位置精度就会相对于内孔和端面产生偏差。当然，若毛坯制造精度较高，而工件加工精度要求不高，则粗基准也可重复使用。

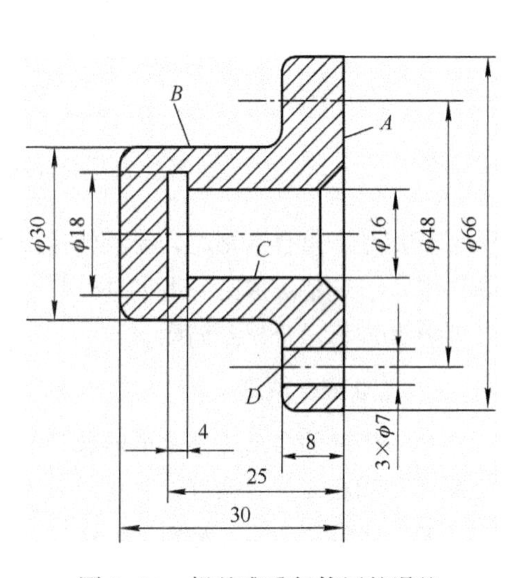


图 3-24　粗基准重复使用的误差

**5. 便于工件装夹原则**

作为粗基准的表面，应尽量平整光滑，没有飞边、冒口、浇口或其他缺陷，以便使工件定位准确、夹紧可靠。

### （二）精基准的选择原则

精基准选择考虑的重点是如何保证工件的加工精度和表面质量，并使工件装夹准确、可靠方便，以及夹具结构简单。选择精基准一般应遵循下列原则。

#### 1. 基准重合原则

直接选择加工表面的设计基准为定位基准，称为基准重合原则。采用基准重合原则可以避免由定位基准与设计基准不重合而引起的定位误差（基准不重合误差）。一般的套、齿轮和带轮在精加工时，多数利用心轴以内孔作为定位基准来加工外圆及其他表面，如图3-25（a）～（c）所示。这样，定位基准与装配基准重合，装配时容易达到设计所要求的精度。在车配卡盘的连接盘时，如图3-25（d）所示，一般先车好内孔和螺纹，然后把它旋在主轴上再车配安装卡盘的凸肩和端面，这样容易保证卡盘和主轴的同轴度。

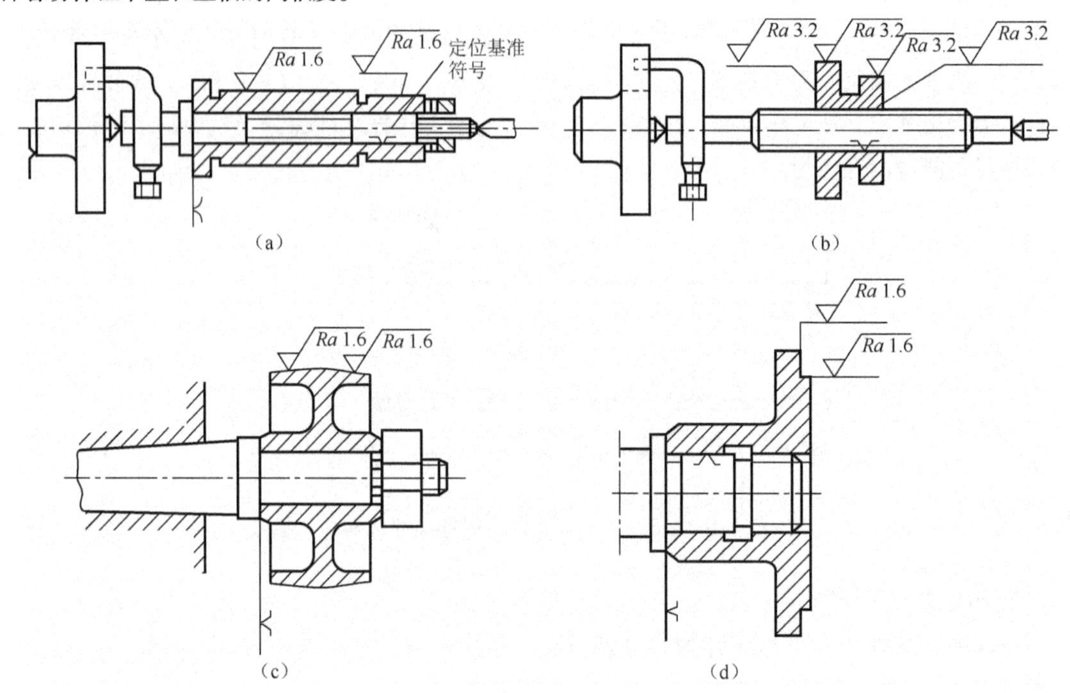


图3-25　设计基准（或装配基准）和定位基准重合

应用基准重合原则时，要具体情况具体分析。定位过程中产生的基准不重合误差，是在用夹具装夹、调整法加工一批工件时产生的。若用试切法加工，设计要求的尺寸一般可直接测量，不存在基准不重合误差问题。

#### 2. 基准统一原则

同一零件的多道工序尽可能选择同一个定位基准，称为基准统一原则。这样既可保证各加工表面间的相互位置精度，避免或减少因基准转换而引起的误差，而且简化了夹具的设计与制造工作，降低了成本，缩短了生产准备周期。例如，轴类零件以两中心孔定位加工各阶梯外圆表面，可保证各阶梯外圆表面的同轴度误差。

基准重合和基准统一原则是选择精基准的两个重要原则，但生产实际中有时会遇到两者相互矛盾的情况。此时，若采用统一定位基准能够保证加工表面的尺寸精度，则应遵循基准统一原则；若不能保证尺寸精度，则应遵循基准重合原则，以免使工序尺寸的实际公差值减小，增加加工难度。

### 3. 互为基准原则

为使各加工表面之间具有较高的位置精度，或为使加工表面具有均匀的加工余量，可采取两个加工表面互为基准反复加工的方法，称为互为基准原则。例如，图 3-26 所示的轴承座零件，外圆 $\phi C$ 的轴线对孔 $\phi D$ 轴线同轴度公差为 $\phi 0.02$ mm。在精加工时，首先以外圆定位磨削孔，然后再以孔定位磨削外圆，以达到同轴度要求。

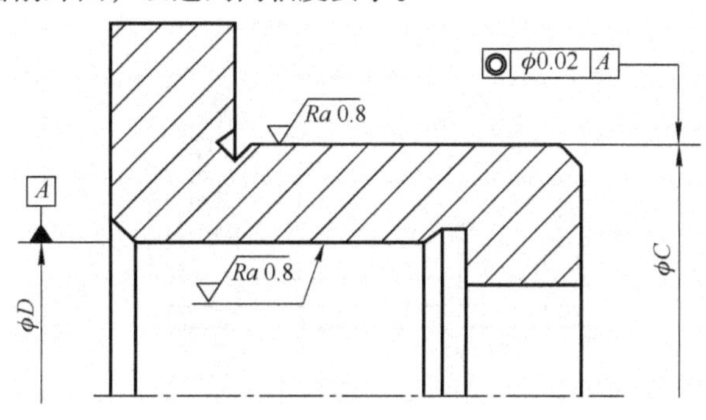


图 3-26　轴承座零件

### 4. 自为基准原则

有些精加工或是光整加工工序，只要求从加工表面上均匀地去掉一层很薄的余量时，应选用加工表面本身作为定位基准。如图 3-27 所示，磨削车床导轨面时，为保证导轨面上致密的耐磨层厚度均匀，常以导轨面本身作为精基准，用百分表和床身下面的可调支承将床身找正。

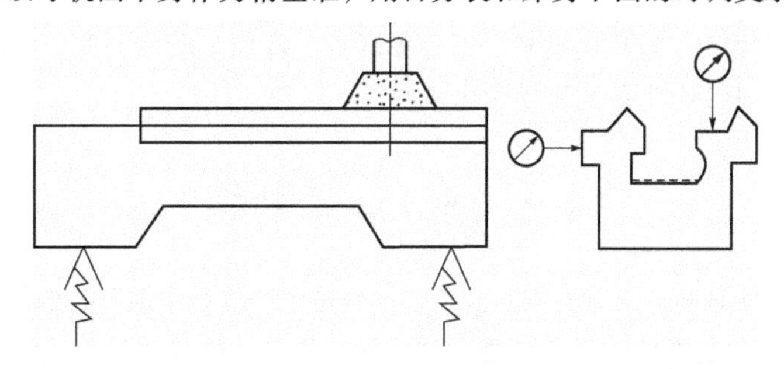

图 3-27　自为基准

### 5. 便于装夹原则

所选精基准应能保证工件定位准确稳定，装夹方便可靠，夹具结构简单适用，操作方便灵活。同时，定位基准应有足够大的接触面积，以承受较大的切削力。图 3-28（a）所示的内圆磨具套筒，外圆长度较长，形状简单，而两端要加工的内孔长度较短，形状复杂。在车削和磨削内孔时，应以外圆作为精基准。镗车内孔时，也以外圆作为精基准，一端用软卡爪夹住，一端搭中心架，如图 3-28（b）所示。磨削两端内孔时，把工件装夹在 V 形夹具，如图 3-28（c）所示，同样以外圆作为精基准。

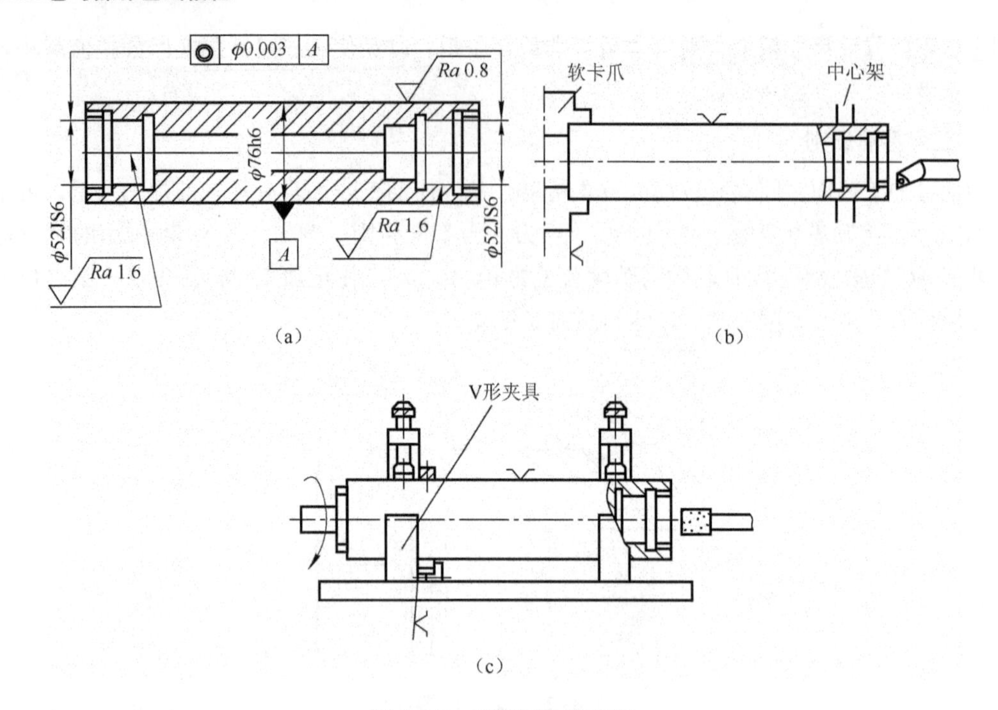


图 3-28　以外圆为精基准

**（三）辅助基准的选择**

在切削加工过程中，有时找不到合适的表面作为定位基准，为了方便装夹和易于获得所需要的加工精度，可在工件上特意做出供定位用的表面。这种为了满足工艺需要，在工件上专门设计的定位面称为辅助基准。

辅助基准在切削加工中应用的比较广泛，如轴类零件加工所用的两个中心孔，它不是零件的工作表面，只是出于工艺上的需要才做出来的。

# 3.4　加工工艺基础

所谓“工艺”，就是制造产品的方法。工艺过程是生产过程中最重要的部分，是指在生产过程中直接改变生产对象的形状、尺寸、相对位置和性能等，使其成为半成品或成品的过程。机械产品的工艺过程又可分为铸造、锻造、冲压、焊接、机械加工、热处理、电镀、装配等工艺过程。本节主要讨论机械加工的工艺过程。

机械加工的工艺过程是利用机械加工的方法、直接改变毛坯形状、尺寸、相对位置关系和性能等，使其转变为成品的过程。机械加工工艺过程直接决定零件产品的质量，对产品的成本和生产周期都有较大的影响，是整个工艺过程的重要组成部分。其中，机械加工工艺过程的核心是如何正确制定零件的加工工艺路线。

## 一、机械加工工艺过程

### （一）机械加工工艺过程的组成

为科学管理生产，需要把产品、零件、部件合理的制造工艺过程和操作方法等编写成文件，供管理人员和生产工人遵守执行，这种文件称为工艺规程。

工艺路线是指从毛坯制造开始经机械加工、热处理、表面处理生产出产品、零件所经过的工艺流程。工艺路线是工艺规程的总体布局，它主要涉及零件表面加工方法的选择、加工阶段的划分、加工工序的确定和工序的安排。

机械加工的工艺规程主要是规范了从毛坯到成品（半成品）的工艺过程。机械加工工艺过程的基本组成部分是工序，而工序又分若干次安装、工位、工步、走刀等。

**1. 工序**

1 名（或几名）工人在 1 台机床（或同一工作地点）上对 1 个（或几个）工件进行加工时，所连续完成的那一部分工艺过程叫一道工序。划分工序的主要依据是看机床和工作地有无变动和完成那一部分工艺内容是否连续。

**2. 安装**

工件在加工之前，在机床或夹具中首先占据一个正确位置称为定位，然后再夹紧的过程称为装夹。工件经一次装夹后所完成的那一部分工序称为安装。在一道工序中，工件可能安装一次，也可能安装几次，为了减少误差和辅助时间，在一个工序中尽可能减少安装次数。

**3. 工位**

工件在机床上所占据的每一个待加工位置称为工位。为了减少安装次数，常采用转位（移位）夹具、回转工作台，使工件安装后先后处于几个不同的位置进行加工。如图3-29所示为在回转工作台上一次安装完成工件的装卸、钻孔、扩孔、铰孔四个工位的加工实例。采用这种多工位加工方法，可以提高加工精度和生产效率。

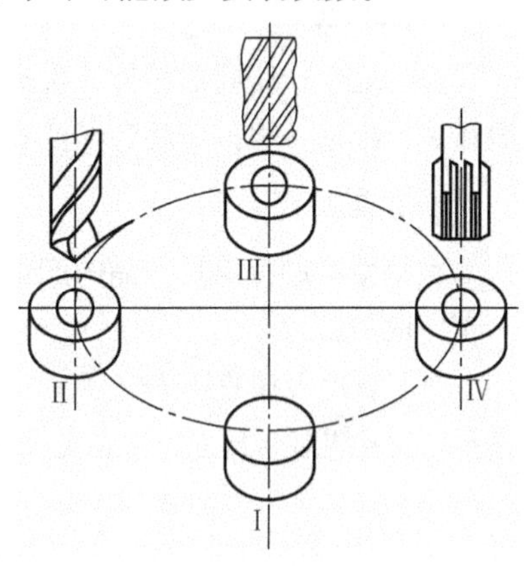


工位Ⅰ－装卸工件　工位Ⅱ－钻孔
工位Ⅲ－扩孔　工位Ⅳ－铰孔
图 3-29　多工位加工

**4. 工步**

在一道工序内，常常要使用不同的刀具，对不同的表面进行加工，为了分析和描述工序的内容，工序还可以进一步划分。工步是指加工表面（或装配时的连接表面）和加工（或装配）刀具不变、切削用量不变的情况下，连续完成的那一部分工序。以上三种因素任一因素改变后，即成为新的工步。一个工序可以只包含一个工步，也可以包含几个工步。如图 3-30 所示，在多刀车床上经常用一把车刀和一个钻头同时加工外圆和孔。这种用几把不同刀具同时加工一个零件的几个表面的工步，称为复合工步，在工艺文件中，对于一次安装中连续进行的若干个相同的工步，也视为一个工步。如图 3-31 所示，用一把钻头连续钻削四个 $\phi15$ mm 的孔，可写成一个工步。

**5. 走刀**

在一个工步内，若被加工表面需要切去的金属层很厚，则要分几次切削，那么每进行一次切削就是一次走刀。一个工步可包括一次或几次走刀。

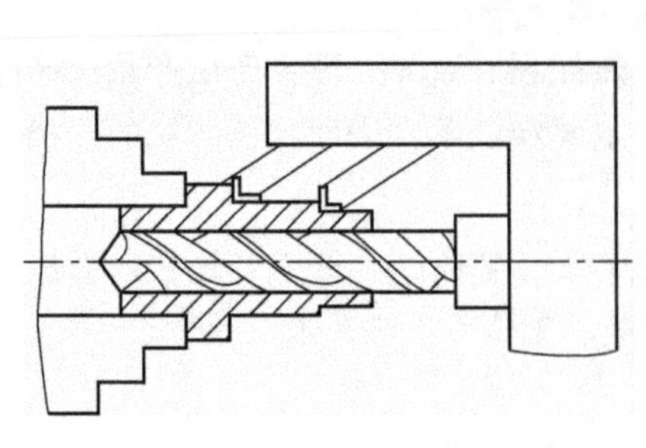

图 3-30　同时加工外圆和孔

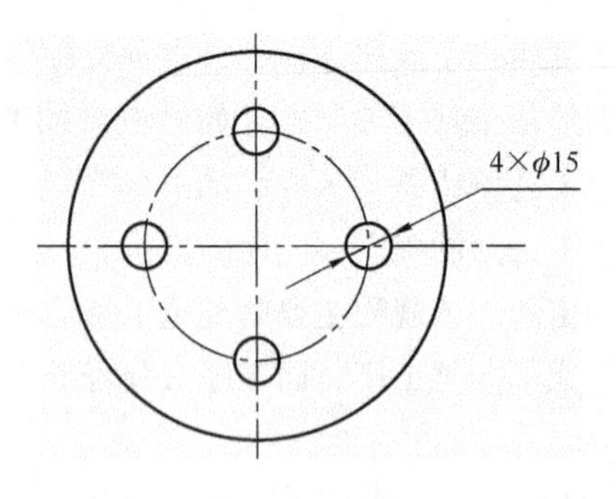


图 3-31　加工四个相同孔的工步

**（二）机械加工的生产类型**

企业（或车间、工段、班组、工作地）生产专业化程度的分类称为生产类型。一般可划分为单件生产、成批生产和大量生产三种类型。

**1. 单件生产**

每种产品只制造一个或少数几个。

**2. 成批生产**

分批地生产相同的零件，生产成周期性地重复。一次投入或产出的同一产品（或零件）的数量称为批量。根据产品的特征和批量的大小，成批生产又划分为小批、中批和大批生产。

**3. 大量生产**

大量生产的特点是产品的产量大、品种少，大多数生产设备长期重复地进行某一零件的某一工序的加工。

为了获得最佳的经济效益，对于不同的生产类型，其生产组织、生产管理、车间管理、毛坯选择、设备工装、加工方法和工人的技术要求均有不同，具有不同的工艺特点，如表 3-1 所示。

**表 3-1　各种生产类型的工艺特征**

| 特点 | 单件生产 | 成批生产 | 大量生产 |
| --- | --- | --- | --- |
| 加工对象 | 经常变换 | 周期性变换 | 固定不变 |
| 毛坯的制造方法及加工余量 | 木模手工造型或自由锻，毛坯精度低，加工余量大 | 金属模造型或模锻，毛坯精度余量中等 | 广泛采用模锻或金属模机器造型，毛坯精度高，余量少 |
| 机床设备 | 采用通用机床，部分采用数控机床。按机床的种类和大小采用“机群式”排列 | 通用机床及部分高生产率机床。按加工零件的类别分工段排列 | 专用机床、自动机床及自动化流水线，按流水线形式排列 |
| 夹具 | 通用或组合夹具 | 广泛采用专用夹具 | 采用高效率专用夹具 |
| 刀具与量具 | 通用刀具和万能量具 | 较多采用专用刀具和专用量具 | 采用高生产率刀具和量具，自动测量 |
| 对工人的要求 | 技术熟练的工人 | 一定熟练程度的工人 | 对操作工人的技术要求低，对调整工人的技术要求较高 |
| 工艺规程 | 简单的工艺路线卡 | 有比较详细的工艺规程 | 有详细的工艺规程 |

续上表

| 特点 | 单件生产 | 成批生产 | 大量生产 |
| --- | --- | --- | --- |
| 工件的互换性 | 零件不互换，主要靠钳工修配 | 多数互换，少数试配或修配 | 全部互换或分组互换 |
| 生产率 | 低 | 中 | 高 |
| 成本 | 高 | 中 | 低 |
| 发展趋势 | 箱体类复杂零件采用加工中心加工 | 采用成组技术、数控机床或柔性制造系统等进行加工 | 在计算机控制的自动化制造系统中加工，并可能实现在线故障诊断、自动报警和加工误差自动补偿 |

## 二、加工阶段的划分

当零件的加工质量要求较高时，往往不可能用一道工序来满足其要求，而要用几道工序逐步达到所要求的加工质量。为保证加工质量和合理地使用设备、人力，零件的加工过程通常按工序性质不同，可分为粗加工、半精加工和精加工三个阶段。有时在精加工之后还有专门的光整加工阶段。当毛坯余量特别大，表面非常粗糙时，在粗加工之前还要安排荒加工。

### （一）加工阶段的任务

各个加工阶段可归纳为如下几个方面的任务：

**1. 荒加工**

其任务是及时发现毛坯的缺陷，使不合格的毛坯不进入机械加工车间。为了减少运输量，荒加工阶段常在毛坯车间进行。

**2. 粗加工**

其任务是切除毛坯上大部分多余的金属，使毛坯在形状和尺寸上接近零件成品。因此，这个阶段的主要问题是如何获得高的生产率。

**3. 半精加工**

其任务是使主要表面达到一定的加工精度，保证一定的精加工余量，为主要表面的精加工（如精车、精磨）做好准备，并完成一些次要表面的加工，如扩孔、攻螺纹、铣键槽等。半精加工阶段一般安排在最终热处理之前进行。

**4. 精加工**

其任务是保证主要表面达到图样规定的尺寸精度和表面质量要求。在这个阶段中，各表面的加工余量都较小，主要考虑的问题是获得较高的加工精度和表面质量。

**5. 光整加工**

当零件加工精度（尺寸精度 IT6 级以上）和表面粗糙度（$Ra \leqslant 0.2\ \mu m$）要求很高时，在精加工阶段之后还要进行光整加工。其主要目标是提高尺寸精度、减小表面粗糙度，但一般不用来提高位置精度。

### （二）划分加工阶段的目的

#### 1. 有利于保证产品的质量

零件按阶段依次加工，有利于消除或减少变形对加工精度的影响。在粗加工阶段中切除的金属层较厚，产生的切削力和切削温度都较高，所需的夹紧力也较大，因而工件会产生较大的弹性变形和热变形。此外，从加工表面切除一层金属后，残余在工件中的内应力会重新分布，也会使工件产生变形。加工过程划分阶段后，粗加工工序的加工误差可以通过半精加工和精加工予以修正，使加工质量得到保证。

#### 2. 有利于合理使用设备

粗加工余量大，切削用量大，要求采用功率大、刚性好、效率高、精度要求不高的设备。精加工切削力小，对机床破坏小，采用精度高的设备。这样充分发挥了设备的各自特点，既能提高生产效率，又能延长精密设备的使用寿命。

#### 3. 便于及时发现毛坯的缺陷

毛坯的各种缺陷如气孔、砂眼和加工余量不足等，在粗加工或荒加工后即可发现，便于及时修补或决定报废，以免继续加工造成浪费。

#### 4. 便于热处理工序的安排

为了在机械加工工序中插入必要的热处理工序，同时使热处理发挥充分的效果，这就自然而然地把机械加工工艺过程划分为几个阶段，并且每个阶段各有其特点及应该达到的目的。如加工精密主轴时，在粗加工后，一般要安排去应力处理，半精加工后进行淬火，在精加工后进行冷处理及低温回火，最后再进行光整加工。

将精加工、光整加工安排在最后，可保护精加工和光整加工过的表面少受损伤或不受损伤。

加工阶段的划分也不应绝对化，应根据零件的质量要求、结构特点和生产纲领灵活掌握。当加工质量要求不高、刚性好的零件时，则可以不划分或少划分加工阶段；对于毛坯精度高、加工余量小的零件，也可以不划分加工阶段；单件生产也通常不划分加工阶段；有些刚性好的重型零件，由于搬运及装夹困难，常在一次装夹下完成全部粗、精加工。对于不划分加工阶段的工件，为了减小粗加工中产生的各种变形对加工质量的影响，在粗加工后，松开夹紧装置，停留一段时间，消除夹紧变形及热变形，然后再用较小的夹紧力重新夹紧工件，进行精加工。但是，对于精度要求高的重型零件，仍要划分加工阶段，并插入内应力处理工序。

应当指出，工艺过程划分加工阶段是针对整个工艺过程而言的，不能以某一工序的性质和某一表面的加工来判断。例如，有些定位基准面，在半精加工甚至在粗加工阶段中就需加工得很准确。有时为了避免尺寸链换算，在精加工阶段中，也可安排某些次要表面（如小孔、小槽等）的半精加工。

## 三、工序的划分

### （一）工序划分的原则

在制订工艺路线时，当选定了各表面的加工方法及划分加工阶段后，就可将同一加工阶段中各表面的加工组合成若干个工序。组合时可采用工序集中或工序分散的原则。

**1. 工序集中原则**

工序集中是指将工件的加工集中在少数几道工序内完成，而每一道工序的加工内容较多。采用工序集中原则的优点是：有利于采用高效的专用设备和数控机床，提高生产效率；减少工序数目，缩短工艺路线，简化生产计划和生产组织工作；减少机床数量、操作工人数和占地面积；减少工件装夹次数，不仅保证了各加工表面间的相互位置精度，而且减少了夹具数量和装夹工件的辅助时间。缺点是专用设备和工艺装备投资大、调整维修比较麻烦、生产准备周期较长，不利于转产。

**2. 工序分散原则**

工序分散是指将工件的加工分散在较多的工序内完成，每道工序的加工内容很少。采用工序分散原则的优点是：加工设备和工艺装备结构简单，调整和维修方便，操作简单，转产容易；有利于选择合理的切削用量，减少机动时间。缺点是工序数目多，工艺路线较长，所需设备及工人人数多，占地面积大，生产组织工作复杂，且工件装夹次数多，生产辅助时间长，工件的多次装夹会降低各表面的相互位置精度。

### （二）工序划分方法

工序划分主要考虑生产纲领、现场生产条件及零件本身的结构和技术要求等。大批量生产时，若使用多刀、多轴等高效机床，可按工序集中原则划分；若在组合机床组成的自动线上加工，工序可按分散原则划分。单件小批量生产时，工序划分通常采用集中原则。成批生产时，工序可按集中原则划分，也可按分散原则划分，应根据具体情况确定。对于尺寸大的重型零件，由于装卸和搬运困难，一般采用工序集中的原则；结构简单、尺寸小的零件，可以采用工序分散的原则。若零件的尺寸精度和形状精度要求较高，则采用工序分散原则，可以采用高精度的机床保证加工要求。若零件的位置精度要求较高，则采用工序集中的原则，可以一次装夹中加工，保证较高的位置精度。

## 四、加工顺序的安排

在选定加工方法、划分工序后，工艺路线拟定的主要内容就是合理安排这些加工方法和加工工序的顺序。零件的加工工序通常包括切削加工工序、热处理加工工序和辅助工序等，这些工序的顺序直接影响到零件的加工质量、生产效率和加工成本。因此，在设计工艺路线时，应合理安排好切削加工、热处理加工和辅助工序的顺序，并解决好工序间的衔接问题。

### （一）切削加工工序的安排

一个零件往往有多个表面需要加工，这些表面不仅本身有一定的精度要求，而且各表面间还有一定的位置精度要求。为了达到这些要求，各表面的加工顺序不能随意安排，一般应遵循以下原则。

**1. 基面先行原则**

加工一开始，总是把用作精基准的表面加工出来。因为定位基准的表面越精确，装夹误差就越小，所以任何零件的加工过程，总是首先对定位基准面进行粗加工和半精加工，必要时还要进行精加工。例如，轴类零件总是先加工中心孔，再以中心孔为精基准加工外圆表面和端面；箱体类零件总是先加工定位用的平面和两个定位孔，再以平面和定位孔为精基准加工孔系和其他平面。如果精基准面不止一个，则应该按照基面转换的顺序和逐步提高加工精度的原则来安排基准面的加工。

**2. 先粗后精原则**

即各表面的加工顺序按照粗加工→半精加工→精加工→光整加工的顺序依次进行，这样才能逐步提高零件加工表面的精度和减小表面粗糙度。

**3. 先主后次原则**

先安排主要表面，后安排次要表面。这里所谓主要表面是指装配基面、工作面等，次要表面是指非工作表面（如自由表面、键槽、紧固用的光孔和螺孔以及精度要求低的表面等）。由于次要表面的加工工作量比较小，而且它们又往往与主要表面有位置要求，因此次要表面的加工一般放在主要表面达到一定的精度之后，而在最后精加工或光整加工之前进行。

**4. 先面后孔原则**

对箱体类、支架类、机体类等零件，平面轮廓尺寸较大，用平面定位比较稳定可靠，故一般先加工平面，再加工孔和其他尺寸。这样安排加工顺序，一方面用加工过的平面定位，稳定可靠；另一方面在加工过的平面上加工孔，比较容易，并能提高孔的加工精度，特别是钻孔，孔的轴线不易偏斜。

**5. 先内后外原则**

对既有内表面又有外表面的零件，在制订其加工方案时，通常应安排先加工内形和内腔，后加工外形表面。即先以外表面定位加工内表面，再以精度高的内表面定位加工外表面，这样可以保证高的同轴度，并且使用的夹具简单。同时也是因为控制内表面的尺寸和形状比较困难，刀具刚性相应较差，刀尖（刃）的使用寿命易受切削热而降低，以及在加工中清除切屑比较困难等。

**（二）热处理工序的安排**

为提高零件材料的力学性能、改善材料的切削加工性能和消除残余内应力，在工艺过程中要适当安排一些热处理工序。热处理工序的安排，是由热处理的目的及方法决定的，并与工件的材料有关。热处理的目的是改善材料的力学性能、消除内应力和改善金属的加工性能。

根据热处理目的的不同，分为预备热处理和最终热处理。

**1. 预备热处理**

预备热处理的目的是改善切削性能、消除毛坯内应力，细化晶粒，均匀组织并为最终热处理准备良好的金相组织，其热处理包括退火、正火、时效和调质。

（1）退火和正火。主要用于铸件和锻件毛坯，以改善其切削性能。因此退火和正火一般安排在毛坯制造之后，粗加工之前进行。

（2）低温时效。低温时效处理，主要用于各种精密工件消除切削加工的内应力，保持尺寸的稳定性。通常安排在半精车后或粗磨、半精磨后，对于高精度的工件可以经过几次时效处理。

（3）调质。调质即淬火和高温回火的综合热处理工艺。一般说来，各种调质件都具有优良的综合力学性能，即高强度和高韧性的适当配合，以保证零件长期顺利工作。调质处理通常安排在粗加工后、半精加工之前进行。

**2. 最终热处理**

最终热处理的目的是提高工件材料的硬度、耐磨性和强度等力学性能，其热处理主要包括淬火、渗碳淬火、渗氮等。

（1）淬火。适用于中碳结构钢和合金钢。工件淬火后表面硬度高，除磨削外，一般方法难对其切削加工。所以淬火一般安排在半精加工之后、磨削加工之前。

（2）渗碳淬火。适用于低碳钢和低合金钢，先使工件表层碳含量增加，然后经淬火，使得表层获得高的硬度和耐磨性，而芯部仍保持不变的强度和较高的韧性和塑性。

（3）渗氮处理。使氮原子渗入金属表面，而获得一层含氮化合物的处理方法。渗氮层可以提高工件表面的硬度、耐磨性、疲劳强度和抗蚀性，渗氮后的表面硬度很高，不需要淬火。

### （三）辅助工序的安排

辅助工序主要包括：检验、清洗、去毛刺、去磁、倒棱边、涂防锈油和平衡等。

其中检验工序是主要的辅助工序，除了在每道工序中需要进行检验外，为了保证产品质量，必要时还应安排专门的检验工序，即中间检验和成品检验。中间检验通常安排在粗加工全部结束后、精加工之前，或重要工序前后，或工件从一个车间转向另一个车间前后。成品检验安排在工件全部加工结束之后，应按零件图的全部要求进行检验。

钳工去毛刺工序一般安排在检验工序之前，或易于产生毛刺的工序（如铣削、钻削、拉削等）之后，或下道工序作为定位基准的表面加工之后。对于形状复杂的工件，为了减少热处理变形，防止由于内应力集中而产生裂纹，应在热处理工序之前安排钳工去毛刺工序。为了保证表面处理质量，在表面处理之前也应安排钳工去毛刺工序。

有特殊使用要求的零件除常规的检验外，还需要进行特种检验。特种检验的种类较多，如无损检验、气密性试验、平衡性试验等。其中常见的是无损检验，如射线探伤（安排在机械加工工序之前进行）、超声探伤（安排在粗加工阶段进行）、磁粉探伤（安排在精加工阶段进行）、渗碳探伤（安排在工艺过程的最后阶段进行）等。

为了提高零件的抗腐蚀性、耐磨性、疲劳极限及外观的美观性等，还常采用表面处理的方法。表面处理工序一般安排在工艺过程的最后阶段进行。表面处理后，工件的尺寸和表面粗糙度变化一般均不大。但当零件的精度要求较高时，应进行工艺尺寸链的计算。

## 五、加工方法的选择

机械零件的结构形状是多种多样的，但它们都是由平面、外圆柱面、内圆柱面或曲面、成形面等基本表面所组成。每一种表面都有多种加工方法，具体选择时应根据零件的加工精度、表面粗糙度、材料、结构形状、尺寸及生产类型等因素，选用相应的加工方法和加工方案。

### （一）外圆表面加工方法的选择

外圆表面的主要加工方法是车削和磨削。当表面粗糙度 $Ra$ 值要求较小时，还要经光整加工。表3-2所示为外圆表面的典型加工方案。可根据加工表面所要求的精度和表面粗糙度，毛坯种类和材料性质，零件的结构特点以及生产类型，并结合现场的设备等条件予以选用。

**表 3-2 外圆表面的加工方案**

| 加工方案 | 经济角度等级 | 表面粗糙度 *Ra*（μm） | 适用范围 |
|---|---|---|---|
| 粗车 | IT11 ~ IT12 | 12.5 ~ 50 | 适用于淬火钢以外的各种金属 |
| 粗车→半精车 | IT9 | 3.2 ~ 6.3 | |
| 粗车→半精车→精车 | IT7 ~ IT8 | 0.86 ~ 1.0 | |
| 粗车→半精车→精车→滚压（或抛光） | IT6 ~ IT17 | 0.025 ~ 0.2 | |
| 粗车→半精车→磨削 | IT6 ~ IT7 | 0.1 ~ 0.8 | 主要用于淬火钢，也可用于未淬火钢，但不宜加工有色金属 |
| 粗车→半精车→粗磨→精磨 | IT6 | 0.2 ~ 0.8 | |
| 粗车→半精车→粗磨→精磨→超精加工（或轮式超精磨） | IT6 | 0.2 ~ 0.8 | |
| 粗车→半精车→粗磨→金刚石车 | IT6 ~ IT7 | 0.025 ~ 0.4 | 主要用于要求较高的有色金属加工 |
| 粗车→半精车→粗磨→精磨→超精磨（或镜面磨） | IT7 ~ IT9 | 0.006 ~ 0.025 | 极高精度的外圆加工 |
| 粗车→半精车→粗磨→精磨→研磨 | IT5 以上 | 0.006 ~ 0.1 | |

### （二）内孔表面加工方法的选择

内孔表面加工方法有钻孔、扩孔、铰孔、镗孔、拉孔、磨孔和光整加工。表 3-3 所示为常用的孔加工方案，应根据被加工孔的加工要求、尺寸、具体生产条件、批量的大小及毛坯上有无预制孔等情况合理选用。

**表 3-3 孔的加工方案**

| 加工方案 | 经济角度等级 | 表面粗糙度 *Ra*（μm） | 适用范围 |
|---|---|---|---|
| 钻 | IT11 ~ IT12 | 12.5 | 加工未淬火钢及铸铁的实心毛坯，也可用于加工有色金属，孔径小于 20 mm |
| 钻→铰 | IT9 | 1.6 ~ 3.2 | |
| 钻→铰→精铰 | IT7 ~ IT8 | 0.8 ~ 1.6 | |
| 钻→扩 | IT10 ~ IT11 | 6.3 ~ 12.5 | 同上，但是孔径大于 20 mm |
| 钻→扩→铰 | IT8 ~ IT9 | 1.6 ~ 3.2 | |
| 钻→扩→粗铰→精铰 | IT7 | 0.8 ~ 1.6 | |
| 钻→扩→机铰→手铰 | IT6 ~ IT7 | 0.2 ~ 0.4 | |
| 钻→扩→拉 | IT7 ~ IT9 | 0.1 ~ 1.6 | 大批量生产（精度由拉刀的精度决定） |
| 粗镗（或扩孔） | IT11 ~ IT12 | 6.3 ~ 12.5 | 除淬火钢外的各种材料，毛坯有铸出孔或锻出孔 |
| 粗镗（粗扩）→半精镗（精扩） | IT8 ~ IT9 | 1.6 ~ 3.2 | |
| 粗镗（扩）→半精镗（精扩）→精镗（铰） | IT7 ~ IT8 | 0.8 ~ 1.6 | |
| 粗镗（扩）→半精镗（精扩）→精镗（铰）→浮动镗刀精镗 | IT6 ~ IT7 | 0.2 ~ 0.4 | |
| 粗镗（扩）→半精镗→磨孔 | IT7 ~ IT8 | 0.2 ~ 0.8 | 主要用于淬火钢，也可用于未淬火钢，但不宜用于有色金属 |
| 粗镗（扩）→半精镗→粗磨→精磨 | IT6 ~ IT7 | 0.1 ~ 0.2 | |
| 粗镗（扩）→半精镗→精镗→金刚镗 | IT6 ~ IT7 | 0.05 ~ 0.2 | 主要用于精度要求高的有色金属 |

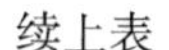

续上表

| 加工方案 | 经济角度等级 | 表面粗糙度 *Ra*（μm） | 适用范围 |
|---|---|---|---|
| 钻→扩→粗铰→精铰→珩磨<br>钻→扩→拉→珩磨<br>粗镗（扩）→半精镗→精镗→珩磨 | IT6 ~ IT7 | 0.025 ~ 0.2 | 精度要求极高的孔 |
| 以研磨代替上述方案中的珩磨 | IT6 以上 | 0.025 ~ 0.1 | |

**（三）平面加工方法的选择**

平面的主要加工方法有铣削、刨削、车削、磨削和拉削等，精度要求高的平面还需要经研磨或刮削加工。常见平面加工方案如表3-4 所示，其中尺寸公差等级是指平行平面之间距离尺寸的公差等级。

**表 3-4　平面的加工方案**

| 加工方案 | 经济角度等级 | 表面粗糙度 *Ra*（μm） | 适用范围 |
|---|---|---|---|
| 粗车→半精车 | IT9 | 3.2 ~ 6.3 | 适用于工件的端面加工 |
| 粗车→半精车→精车 | IT7 ~ IT8 | 0.8 ~ 1.6 | |
| 粗车→半精车→磨削 | IT6 ~ IT7 | 0.4 ~ 0.8 | |
| 粗刨（或粗铣）→精刨（或精铣） | IT8 ~ IT10 | 1.6 ~ 6.3 | 一般不淬硬的平面 |
| 粗刨（或粗铣）→精刨（或精铣）→刮研 | IT6 ~ IT7 | 0.1 ~ 0.8 | 精度要求较高的不淬硬平面，批量较大宜采用宽刃精刨方案 |
| 粗刨（或粗铣）→精刨（或精铣）→宽刃精刨 | IT6 | 0.2 ~ 0.8 | |
| 粗刨（或粗铣）→精刨（或精铣）→磨削 | IT6 | 0.2 ~ 0.8 | 精度要求较高的淬硬平面或不淬硬平面 |
| 粗刨（或粗铣）→精刨（或精铣）→粗磨→精磨 | IT5 ~ IT6 | 0.025 ~ 0.4 | |
| 粗刨→拉 | IT7 ~ IT9 | 0.2 ~ 0.8 | 适用于大批生产中加工较小的不淬硬平面 |
| 粗铣→精铣→磨削→研磨 | IT5 以上 | 0.006 ~ 0.1 | 适用于高精度平面的加工 |

**（四）加工方法选择的考虑因素**

零件加工方法的选择，除了该方法应能满足零件的质量要求之外，良好的加工经济性和高的生产效率也是选择加工方法必须考虑的重要因素。因此在编制零件加工工艺时，加工方法的选择还应当参考下列几点加以综合考虑。

（1）任何一种加工方法获得的加工精度和表面粗糙度都有一个相当大的范围，但只有在某一个较窄的范围内才是经济的，这一定范围内的加工精度即为该加工方法的经济加工精度。它是指在正常加工条件下（采用符合质量标准的设备、工艺装备和标准等级的工人，不延长加工时间）所能达到的加工精度，相应的表面粗糙度称为经济粗糙度。在选择加工方法时，应根据工件的精度要求选择与经济精度相适应的加工方法，例如，公差为 IT7 级、表面粗糙度 *Ra* 值为 0.4 μm 的外圆表面，采用精密车削可以达到精度要求，但不如采用磨削经济。

当精度达到一定程度后，要继续提高精度，成本会急剧上升。例如外圆车削，将精度从 IT7 级提高到 IT6 级，此时需要价格较高的金刚石车刀，很小的背吃刀量和进给量，增加了刀具费用，延长了加工时间，大大增加了加工成本。对于同一表面加工，采用的加工方法不同，加工成本也不一样。常用加工方法的经济精度及表面粗糙度，可查阅有关工艺手册。

（2）要考虑工件材料的性质。例如，对淬火钢应采用磨削加工，但对有色金属采用磨削加工就会发生困难，一般采用金刚镗削或高速精细车削加工。

（3）要考虑工件的结构和尺寸大小。例如，回转工件可以采用车削或磨削等方法加工孔，而箱体上 IT7 级公差的孔，一般不宜采用车削或磨削，而通常采用镗削或绞削加工。孔径小的宜采用铰孔，孔径大的或长度较短的孔则宜用镗孔。

（4）要考虑生产效率和经济性要求。选择加工方法一定要考虑生产类型，这样才能保证生产效率和经济性要求。大批量生产可采用高效的机床和先进的加工方法，而小批量生产只能用通用机床、通用设备和一般的加工方法。如平面和孔的加工采用拉削代替普通的铣、刨和镗孔等加工方法。甚至可以从根本上改变毛坯的制造方法，如用粉末冶金来制造油泵齿轮、用石蜡铸造柴油机上的小零件等，均可大大减少机械加工的劳动量。

（5）要考虑工厂或车间的现有设备情况和技术条件。选择加工方法时应充分利用现有设备，挖掘企业潜力，发挥工人的积极性和创造性。但也应考虑不断改进现有的加工方法和设备，采用新技术和提高工艺水平，此外还应考虑设备负荷的平衡。

## 思考与练习

### 一、填空题

1. 工件在空间具有六个自由度，即______、______、______、______、______与______。

2. 工件的__________全部被________________所限制，而在夹具中占有完全确定的__________位置，称为完全定位。

3. 工件的一个或几个自由度被不同的定位元件重复限制的定位称为__________。

4. 在机床上加工工件时，为了使该工序所加工的表面达到图样规定的__________、几何形状及__________等技术要求，在加工前，必须__________，使工件在加工过程中始终与刀具保持________________。

5. 将工件在机床上占有正确的加工位置并将工件夹紧的过程称为____________，而用于安装工件的工艺装备称为__________，简称_______。

6. 夹具按通用化程度又可分为____________、__________和__________等。

7. 生产中使用的夹具种类很多，按各元件在夹具中的作用，一般可分成____________和_________、_________、_________等。

8. 按工件的形状、大小和加工批量不同，普通车床上常用的夹具有__________、四爪单动卡盘、_______、__________、______________、_______、花盘及弯板等。

9. 用四爪单动卡盘安装工件时夹紧力____，既适于装夹圆形工件，还可夹持__________、_____________、_____________等其他形状不规则的工件。

10. 所谓基准就是用来确定生产对象上几何要素的几何关系所依据的那些点、线、面。根据基准功用的不同，又可分为____________和____________两大类。

11. 在机械加工的第一道工序中，只能使用毛坯上未加工的表面作为定位基准，这种基准称为＿＿＿＿＿＿＿＿＿＿。在以后的工序中，可以采用已加工过的表面作为定位基准，这种基准称为＿＿＿＿＿＿＿＿。

12. 精基准选择考虑的重点是＿＿＿＿＿＿＿＿＿＿＿＿＿＿＿＿，并使工件装夹准确、可靠方便，以及夹具结构简单。

13. 直接选择加工表面的设计基准为定位基准，称为＿＿＿＿＿＿＿＿＿＿。

14. 同一零件的多道工序尽可能选择同一个定位基准，称为＿＿＿＿＿＿＿＿＿＿。

15. 把产品、零件、部件合理的制造工艺过程和操作方法等编写成文件，供管理人员和生产工人遵守执行，这种文件称为＿＿＿＿＿＿＿＿。

16. 为保证加工质量和合理地使用设备、人力，零件的加工过程通常按工序性质不同，可分为＿＿＿＿＿＿、＿＿＿＿＿＿＿和精加工三个阶段。

17. 为提高零件材料的＿＿＿＿＿＿，改善材料的＿＿＿＿＿＿＿＿和消除残余内应力，在工艺过程中要适当安排一些＿＿＿＿＿＿＿＿。

18. 工件淬火后＿＿＿＿＿＿，除＿＿＿＿＿＿外，一般方法难对其切削加工。所以淬火一般安排在＿＿＿＿＿＿＿＿＿。

19. 在设计工艺路线时，应合理安排好＿＿＿＿＿＿＿＿、＿＿＿＿＿＿＿和辅助工序的顺序，并解决好工序间的衔接问题。

20. 低温时效处理，主要用于各种精密工件消除切削加工的＿＿＿＿＿＿，保持尺寸的稳定性。

**二、是非题**（正确的打√，错误的打×）

1. 工件的六个自由度全部被夹具中的定位元件所限制，而在夹具中占有完全确定的唯一位置，称为完全定位。（　）

2. 按照加工要求应该限制的自由度没有被限制的定位称为不完全定位。（　）

3. 工件被夹紧后，其位置不能动了，所以自由度都已限制了。（　）

4. 四爪单动卡盘是常见的通用夹具，四个卡爪的径向位移由四个螺杆单独调整，能自动定心。（　）

5. 使用跟刀架可以抵消轴向切削力，从而提高零件的加工精度和表面质量。（　）

6. 设计基准是零件设计图样上用来确定其他点、线、面的位置基准。（　）

7. 对于全部表面都需要加工的零件，应该选择加工余量最小的表面作为粗基准。（　）

8. 1 名工人在 1 台机床上对 1 个工件进行加工时，所连续完成的那一部分工艺过程叫一道工步。（　）

9. 热处理的目的是改善材料的力学性能、消除内应力和改善金属的加工性能。（　）

10. 精加工任务是保证主要表面达到图样规定的尺寸精度和表面质量要求。（　）

**三、问答题**

1. 六点定位原理是什么？

2. 过定位定义是什么？使用时有什么注意点？

3. 举例说明在机械加工工艺过程中，如何合理安排热处理工序的位置。

4. 机械加工中为何要使用夹具？夹具由哪几部分组成，各部分的作用是什么？

5. 简述工序、工步、走刀、安装、工位的定义。

6. 使用四爪单动卡盘、三爪自定心卡盘装夹轴类工件时，各有什么特点？分别适用什么场合？

7. 根据什么原则选择粗基准和精基准？

8. 简述工艺规程的定义。

9. 加工阶段划分的目的是什么？一般可以划分成哪些阶段？

10. 图3-32所示的小轴，加工 *A*、*C* 面时均以坯料表面B为粗基准，问是否恰当？为什么？

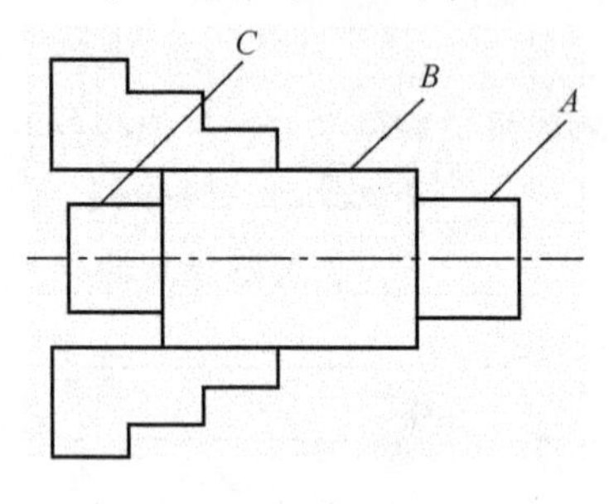


图3-32　小轴

# 实 践 篇

## 模块四 车削轴类零件

通常把横截面形状为圆形、长度大于直径三倍以上，用于支承传动零件和传递转矩的工件称为轴类零件。轴类零件一般带有倒角、沟槽、螺纹、圆锥和圆弧等结构。按轴的外部轮廓、形状和轴线的位置及轴的长度可分为光轴、台阶轴、套轴、偏心轴和细长轴等。车削轴类零件是普通车床加工最基本的技能要求。

## 4.1 光轴的车削

**任务描述**

光轴是指外圆只有一挡直径，并且 $L/d>5$ 的轴类工件。在普通车床上车削光轴是车工最基本的工作内容之一，也是初学者进行车削技能训练最基本训练内容之一。

本任务的训练目标是完成图 4-1 所示零件的车削任务。

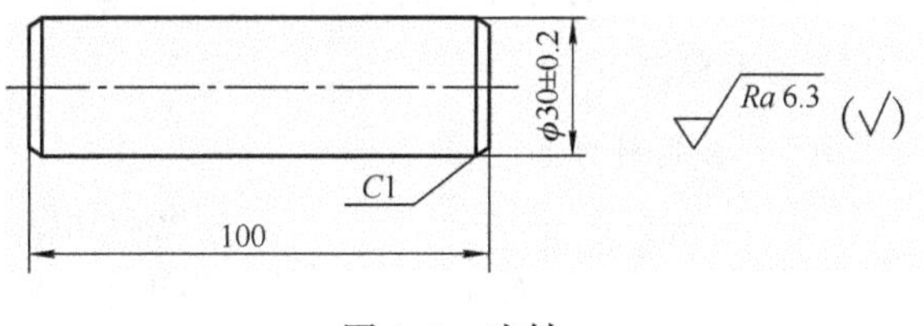


图 4-1　光轴

**知识要点**

外圆柱面的车削方法；端面与倒角的车削方法；切断的车削方法；外圆车刀的安装和刃磨方法。

**能力目标**

能正确分析光轴零件的图样，制定出合理的光轴零件的车削加工工艺；能根据零件材料和加工精度选择合适的刀具并正确安装；能选择合理的切削参数；能独立完成光轴零件的加工和检测；能独立完成外圆车刀和切断刀的刃磨；能完成车床的常规保养。

### 4.1.1 光轴车削的工艺准备

#### 一、轴类零件车削常用车刀

##### （一）常用外圆车刀的选用

车削轴类零件常用的有 90°偏刀（分左偏刀和右偏刀）、75°强力车刀和 45°弯头车刀（有左、右弯头两种形式）以及直头外圆车刀和圆弧车刀，如图 4-2 所示。

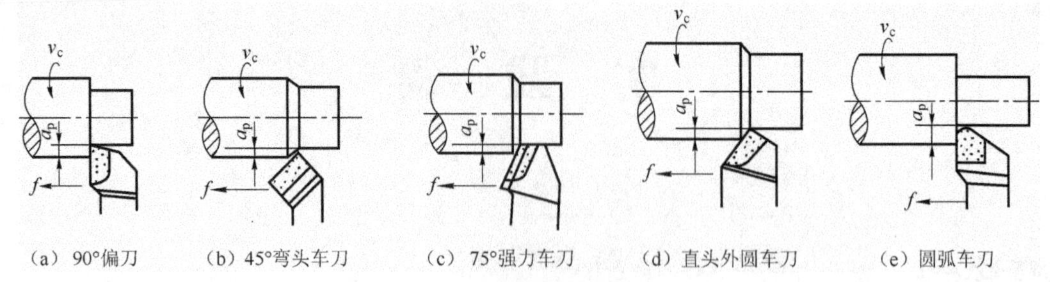


（a）90°偏刀　（b）45°弯头车刀　（c）75°强力车刀　（d）直头外圆车刀　（e）圆弧车刀

图 4-2　车削轴类零件的常用车刀

**1. 90°偏刀**

90°偏刀主偏角较大，车外圆时产生的背向力小，不易将工件顶弯，常用于车削工件的外圆、台阶和端面，特别适合车削细长轴。也是台阶轴精车加工时的首选刀具。

**2. 45°弯头车刀**

45°弯头车刀的刀尖角 $\varepsilon_\gamma = 90°$，刀尖强度和散热性好，用于车削倒角和端面，也可车削长度较短的外圆。

**3. 75°强力车刀**

75°强力车刀的刀尖角大于 90°，刀尖强度高，耐用性好，适合粗车轴的外圆，也可对加工余量较大的铸、锻件外圆进行强力车削。75°车刀还用于车铸、锻件大端面。

**4. 直头外圆车刀**

用于负荷较小时的外圆加工。

**5. 圆弧车刀**

用于车削圆弧台阶。

**（二）切断与切槽刀具**

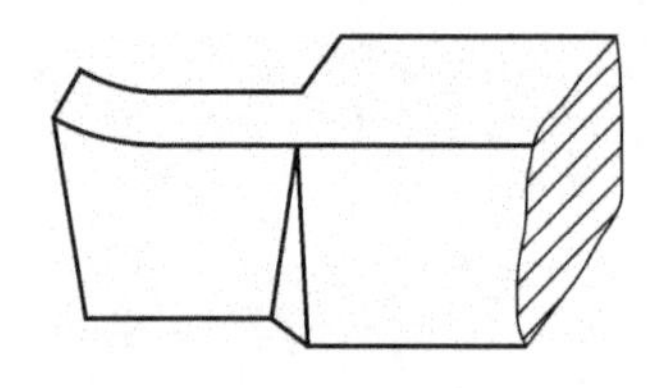

图 4-3　切断刀的几何形状

车槽刀用于车削槽，切断刀用于切断零件。车槽刀和切断刀的几何形状基本相似，只是刀头部分的宽度和长度有区别，有时也通用，如图 4-3 所示。

在车削后把工件从原材料上切除下来，这样的加工方法称为切断。

切断刀以横向进给为主，前端的切削刃为主切削刃，两侧的切削刃是副切削刃。切断刀主切削刃较窄，刀体较长，因此刀头强度比其他车刀差，所以在选择几何参数和切削用量时应特别注意。

**1. 高速钢切断刀**

高速钢切断刀的形状如图 4-4 所示。

（1）前角 $\gamma_o$。前角增大能使车刀刃口锋利，切削省力并使切屑排出顺畅。切断中碳钢工件时，前角取 20°～40°，切断铸铁工件时取 0°～10°。

（2）后角 $\alpha_o$。后角可减小切断刀后刀面和工件过渡表面间的摩擦，后角一般取 6°～8°。

（3）副后角 $\alpha_o'$。副后角可减小切断刀副后刀面和工件已加工表面间的摩擦，副后角一般取 $1^\circ \sim 2^\circ$。

（4）主偏角 $\kappa_\gamma$。切断刀以横向进给为主，所以主偏角为 $\kappa_\gamma = 90^\circ$。

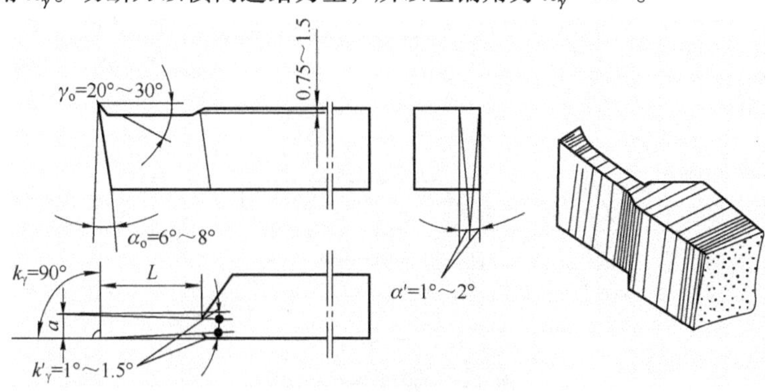


图 4-4　高速钢切断刀

（5）副偏角 $\kappa_\gamma'$。切断刀的两个副偏角必须对称，它的作用是减小副切削刃和工件已加工表面间的摩擦，为了不削弱刀头强度，副偏角取 $1^\circ \sim 1^\circ 30'$。

（6）主切削刃宽度。主切削刃太宽会因切削力大而引起振动，太窄又削弱了刀头强度，容易使刀头折断。主切削刃宽度可用下面的经验公式计算：

$$a \approx (0.5 \sim 0.6)\sqrt{d}$$

式中　$d$——工件直径（mm）。

（7）刀头长度。刀头太长也容易引起振动和使刀头折断。切断实心材料时，刀头部分的长度为被切工件半径加 2～3 mm，切断空心材料时，刀头部分的长度为被切工件壁厚加 2～3 mm，如图 4-5 所示。

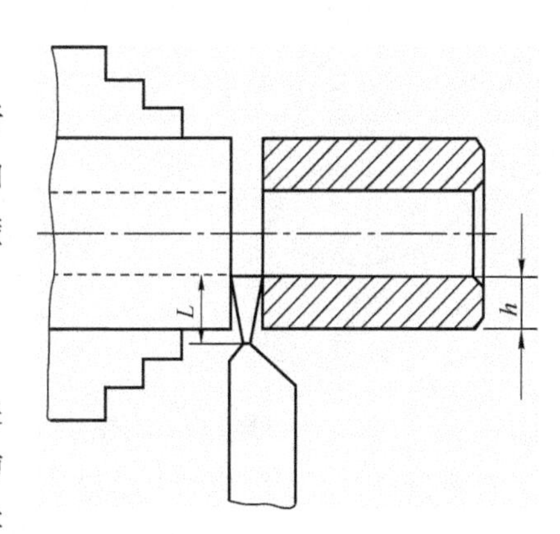


图 4-5　切断刀刀头长度选择

**2. 硬质合金切断刀**

由于高速切削的普遍采用，硬质合金切断刀应用越来越广泛。切槽时，由于切屑和工件槽宽相等容易堵塞在槽内，为了排屑顺利，可把主切削刃两边磨出倒角或呈人字形。在高速车削时会产生很大的热量，容易造成刀片脱焊，所以车削开始后应充分浇注切削液冷却。如发现切削刃磨钝，应及时刃磨。为了增加刀头的支撑强度，常将切断刀的刀头下部做成凸圆弧形。硬质合金切断刀形状如图 4-6 所示。

其他常用的切断刀还有弹性切断刀，反切法切断刀等。

**（三）外圆车刀几何参数的选择**

车削轴类工件时，一般可分为粗车和精车两个阶段。粗车是为了提高劳动生产率，高速度地将毛坯上的车削余量的大部分车去，所以除留一定的精车余量外，并不要求工件达到图样要求的尺寸精度的表面粗糙度。精车必须达到图样或工艺上规定的尺寸精度、形位精度和表面粗糙度。

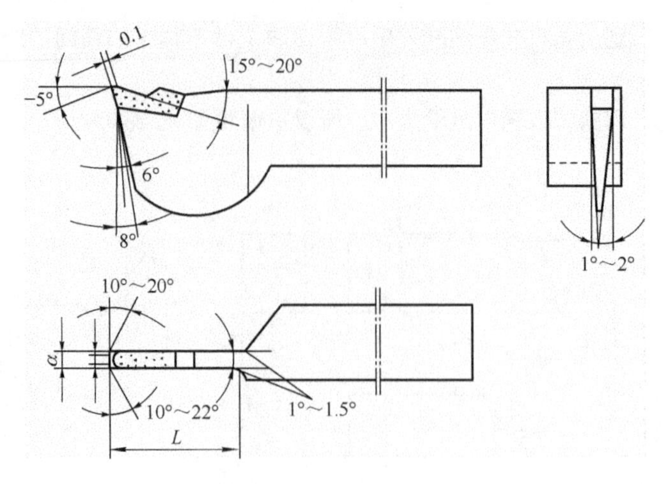


图 4-6　硬质合金切断刀

由于粗车和精车的目的不同，因此对车刀的要求也不一样。

**1. 粗车刀的要求**

粗车刀必须适应粗车时切削深、进给快的特点，主要要求车刀有足够的强度，能在一次进给时车去较多的余量。

选择粗车刀几何参数的一般要求如下：

（1）为了增加刀头强度，前角 $\gamma_o$ 和后角 $\alpha_o$ 应小些。但必须注意，前角过小会使切削力增大。

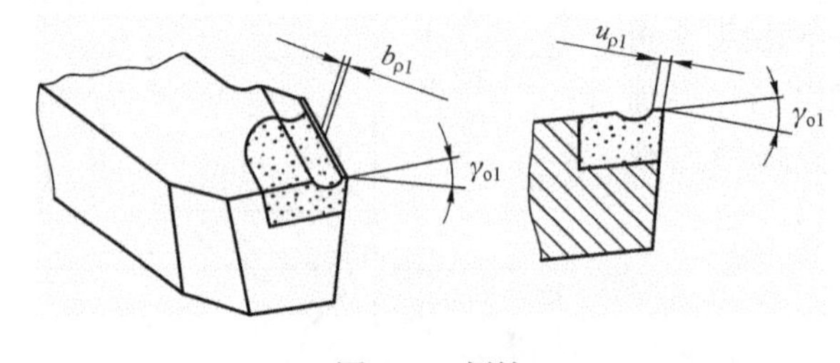


图 4-7　倒棱

（2）主偏角 $\kappa_\gamma$ 不宜过小，否则容易引起车削振动。当工件外圆形状许可时，主偏角最好选用75°左右，此时，刀尖角 $\varepsilon_\gamma$ 较大，能承受较大的切削力，而且有利于切削刃散热。

（3）一般粗车时采用 0° ~ 3° 的刃倾角 $\lambda_s$，以增强刀头的强度。

（4）为了增强切削刃强度，主切削刃上应磨有倒棱，其宽度应为进给量的 0.5 ~ 0.8 倍，倒棱前角一般取 -5° ~ -10°，如图 4-7 所示。

（5）为了增加刀尖的强度，改善散热条件，使车刀耐用，刀尖处可磨出直线形或圆弧形过渡刃，采用直线形过渡刃时，过渡刃偏角 $\kappa_{r\varepsilon}=\dfrac{1}{2}\kappa_r$，过渡刃长度 $b_\varepsilon = 0.5 \sim 2$ mm，如图 4-8 所示。

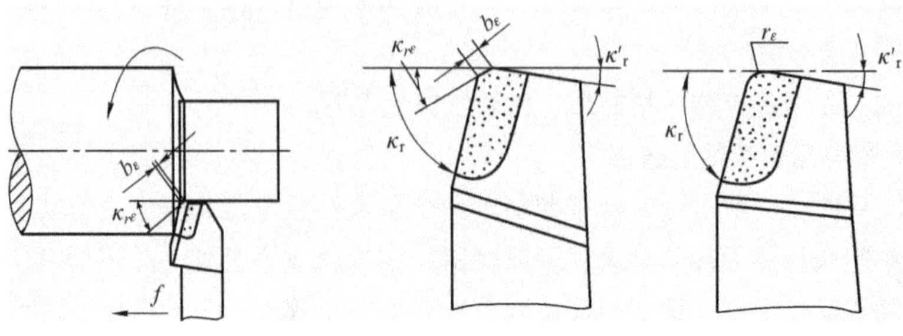


图 4-8　过渡刃

**2. 精车刀的要求**

精车时要求达到工件的尺寸精度和尽可能小的表面粗糙度，并且切去的金属较少，因此要求车刀锋利，切削刃平直光洁，刀尖处必要时还可磨修光刃。切削时必须使切屑排向工件的待切削表面。

选择精车刀几何参数的一般要求如下：

(1) 前角 $\gamma_o$ 应大些，使车刀锋利，切削轻快。

(2) 后角 $\alpha_o$ 也应大些，以减少车刀和工件之间的摩擦。

(3) 为了减小工件的表面粗糙度，应取较小的副偏角 $\kappa_\gamma'$ 或在刀尖处磨修光刃。修光刃长度一般为进给量的 1.2 ~ 1.5 倍。

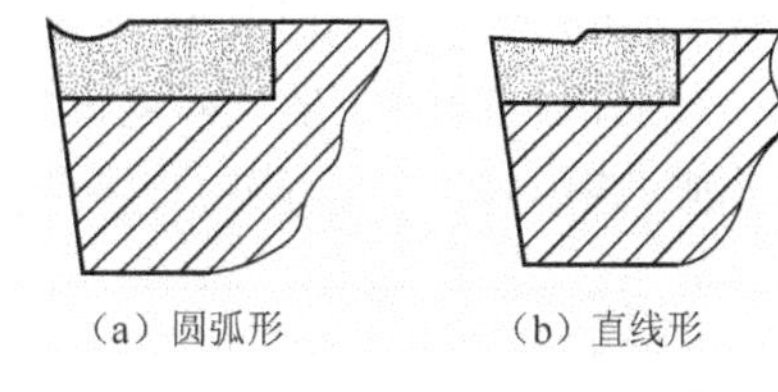


图 4-9　断屑槽的两种形式

(4) 为了控制切屑排向待切削表面，刃倾角取 3° ~ 8°。

(5) 精车塑性金属时，前刀面应磨有相应宽度的断屑槽。断屑槽的形状如图 4-9 所示。

**（四）车削轴类零件常用车刀的安装**

**1. 外圆车刀的安装**

将刃磨好的车刀装夹在车床的方刀架上，这一操作过程就是车刀的装夹，车刀装夹是否正确，直接影响车削能否顺利进行和工件的质量，所以，在装夹车刀时车刀的装夹一定要规范并符合装夹要求。

(1) 对车刀安装高度的要求。在安装车刀时，刀尖应对准工件的回转中心。

刀尖高于工件中心，前角增大，后角减小；刀尖低于工件中心，前角减小，后角增大。

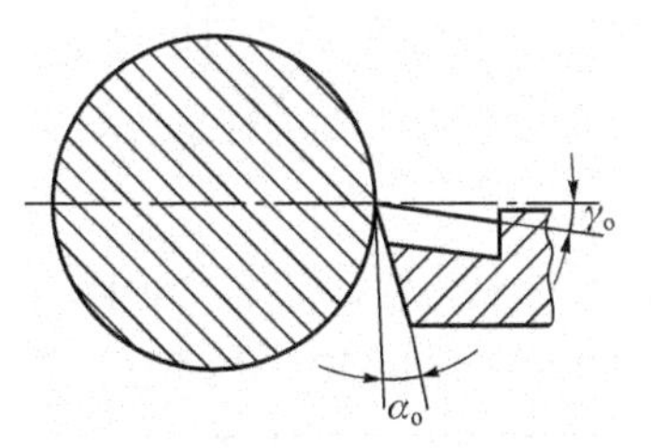


图 4-10　车刀正确安装高度

在实际加工中，如车削外圆或内孔，允许刀尖高于工件中心 0.01$d$（$d$ 为工件直径），对车削有利，对刚性差的轴类工件可减小振动。车削内孔时，由于刀柄尺寸受到内孔限制，刚性较差，可以防止“扎刀”，以及减小后刀面与孔壁的摩擦。

在车削端面、切断、车螺纹、车锥面和车成形面时，要求车刀对准工件中心，如图 4-10 所示。

如若车刀安装高度高于工件回转中心时，如图 4-11（a）所示。工件表面顶住车刀的后刀面，无法切削，若强行切削，将会顶偏工件或造成“崩刃”。当车刀安装低于工件回转中心时，如图 4-11（b）所示，无法车平端面，且在车刀接近工件回转中心时，会使车刀拖向工件使工件抬起引起打刀。

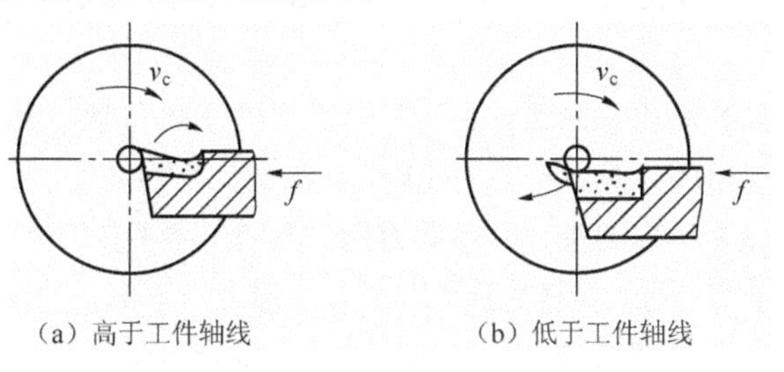


图 4-11　车刀安装高度对车端面的影响

因此，安装车刀时必须调整车刀高度，用于调整车刀高度的垫块要平，垫块尽可能厚，数量尽可能少，避免采用多块薄垫块。

（2）对刀杆伸出长度的要求。安装车刀时，车刀装夹在刀架上的伸出部分应尽量短些，以增强车刀刚度。一般情况下车刀伸出长度约等于刀柄厚度的1.5倍。

（3）对主偏角安装角度的要求。在车削台阶轴时，安装90°外圆车刀，应注意车刀实际主偏角安装角度，粗车时取85°～90°，精车时取90°～93°。

在安装车刀时，若实际主偏角 $\kappa_\gamma<90°$，无法加工垂直的台阶；若实际主偏角 $\kappa_\gamma>93°$，在切削过程中容易产生扎刀，且使实际副偏角变得过小。

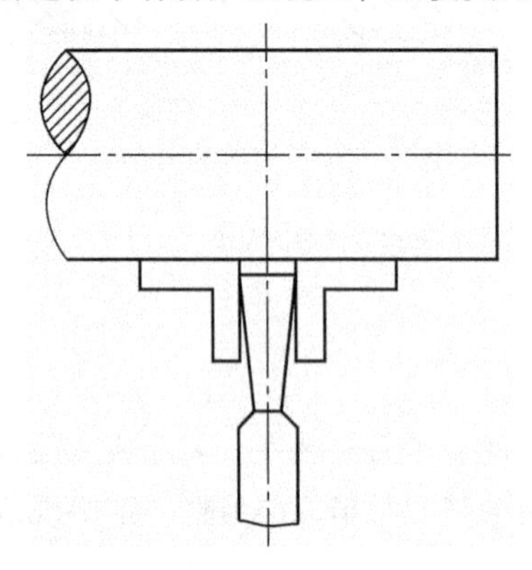

图4-12 用90°角尺检查切断刀副偏角

**2. 切断刀的装夹**

切断刀装夹是否正确，对工件的质量有直接影响，切断刀装夹应注意以下两点。

（1）切断刀伸出不宜太长，主切削刀高度位置等高于工件回转轴线，过高或过低都不能切到工件中心，容易使刀片崩裂。

（2）切断刀的中心线必须与工件轴线垂直，以保证两个副偏角对称。可用90°角尺检查副偏角，如图4-12所示。

### （五）轴类零件切削刀具的刃磨

**1. 外圆车刀的刃磨**

外圆车刀的刃磨一般有机械刃磨和手工刃磨两种。机械刃磨效率高、质量好、操作方便，在有条件的工厂应用较多。手工刃磨灵活，对设备要求低，目前仍普遍采用。

刃磨车刀的砂轮大多采用平形砂轮，按磨料的不同，常用的砂轮有氧化铝砂轮和绿色碳化硅砂轮两类。氧化铝砂轮砂粒韧性好，比较锋利，但硬度低，适用刃磨高速钢车刀和硬质合金车刀刀杆。绿色碳化硅砂轮砂粒硬度高，耐磨性好，但性较脆，用来刃磨硬质合金车刀。

外圆车刀的刃磨方法如图4-13所示。

以90°外圆车刀刃磨为例，具体步骤和操作姿态如下：

（1）磨主后面。人站在砂轮左侧面，两脚分开，要稍弯，右手捏刀头，左手握刀柄，刀柄与砂轮轴线平行，车刀放在砂轮的水平中心位置。磨出主后面、主后角（角度为5°～8°）、主偏角（角度大约为90°）。

（2）磨副后面。人站在砂轮左侧面，左手捏刀头，右手捏刀柄，其他与磨主后面相同，同时磨出副后面、副后角（角度为5°～8°），副偏角（角度为8°～12°）。

（3）磨前面。一般是左手捏刀头、右手握刀柄，刀柄保持平直，磨出前面。

（4）磨断屑槽。左手拇指与食指握刀柄上部，右手握刀柄下部，刀头朝上。刀头前面接触砂轮的左侧交角处，并与砂轮外圆周面形成一夹角（车刀的前角由此产生，前角为15°～20°）。

（5）磨负倒棱。刃磨时使主切削刃的后端向着刀尖方向逐渐轻触砂轮，使车刀前面与砂轮平面形成负倒棱的角度。

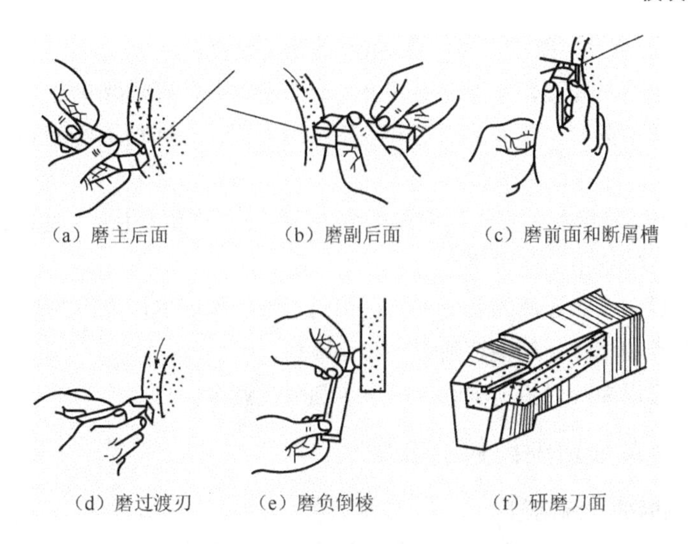

（a）磨主后面　（b）磨副后面　（c）磨前面和断屑槽

（d）磨过渡刃　（e）磨负倒棱　（f）研磨刀面

图 4-13　外圆车刀的刃磨方法与步骤

（6）磨刀尖过渡刃。过渡刃有圆弧形和直线形。以右手捏车刀前端为支点，左手握刀柄，刀柄后半部向下倾斜一些，车刀主后面与副后面交接处自下而上轻触砂轮，使刀尖处具有0.2 mm左右的小圆弧刃或短直线刃。

（7）研磨车刀。刃磨后的车刀，其切削刃有时不够平滑光洁，可用油石研磨。研磨时手持油石贴平各面平行移动，要求动作平稳，用力均匀。

（8）测量刀具角度。用万能角尺测量刀具角度。

**2. 切断刀的刃磨**

车槽刀和切断刀的几何形状基本相似，刃磨方法也基本相同，只是刀头部分的宽度和长度有区别，有时也通用。切断刀的刃磨分粗磨和精磨两步进行。

（1）粗磨切断刀。粗磨切断刀选用粒度号为 46 ~ 60，硬度为 H ~ K 的白色氧化铝砂轮。

粗磨切断刀的方法如图 4-14 所示。

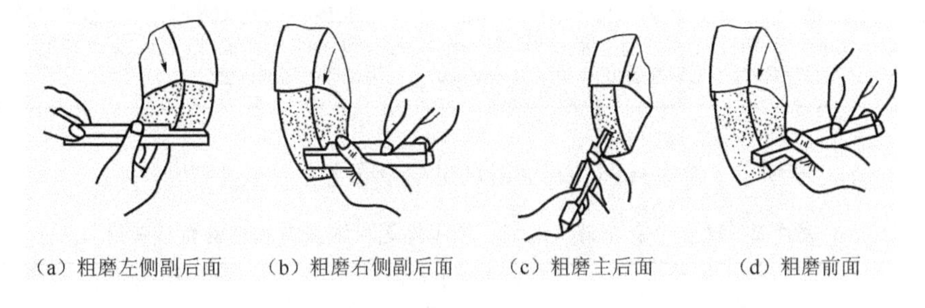

（a）粗磨左侧副后面　（b）粗磨右侧副后面　（c）粗磨主后面　（d）粗磨前面

图 4-14　切断刀粗磨的方法与步骤

具体步骤和操作姿态如下：

① 粗磨左侧副后面。两手握刀，车刀前面朝上，同时磨出左侧副后角 1° ~ 2° 和副偏角 1°30′。

② 粗磨右侧副后面。两手握刀，车刀前面朝上，同时磨出右侧副后角 1° ~ 2° 和副偏角

1°30′。对于主切削刃的宽度，要注意留出0.5 mm的精磨余量。

③ 粗磨主后面。两手握刀，车刀前面朝上，磨出主后面，后角取6°左右。

④ 粗磨前面。两手握刀，车刀前面对着砂轮磨削表面，刃磨前面和前角，刃磨卷屑槽，前角取25°左右。

（2）精磨切断刀。精磨切断刀选用粒度号为80～120，硬度为H～K的白色氧化铝砂轮。

① 修磨主后面，保证主切削刃平直。

② 修磨两侧副后面，保证两副后角和两副偏角对称，保证主切削刃的宽度。

③ 修磨前面和卷屑槽，保持主切削刃平直、锋利。

④ 修磨刀尖，可以在两刀尖上各磨出一个小圆弧过渡刃。

## 二、轴类零件车削切削用量的选择

### （一）车削外圆时的切削用量

切削用量是表示主运动及进给运动大小的参数，是背吃刀量、进给量和切削速度三者的总称，又称为切削三要素。合理选择切削用量，是指在车刀角度确定后，合理确定背车刀、进给量和切削速度三个参数值，以便在车削时充分发挥车床、车刀的效能，在保证工件质量的前提下，尽可能提高生产效率。轴类零件加工切削用量的选择参考表4-1。

**表4-1　切削用量的选择**

| 加工阶段 | 粗车 | 半精车和精车 |
|---|---|---|
| 原则 | 考虑提高生产效率并保证合理的刀具寿命，然后再选择较大的进给量，最后根据刀具寿命选择合理的切削速度 | 必须保证加工精度和表面质量，同时还必须兼顾必要的刀具寿命和生产效率 |
| 背吃刀量 | 在保留半精车余量（1～3 mm）和精车余量（0.1～0.8 mm）后，尽可能一次车去 | 由粗加工后留下的余量确定。用硬质合金车刀车削时，最后一刀的背吃刀量不宜太小，以 $a_p > 0.1$ mm为宜 |
| 进给量 | 在工件刚度和强度允许的情况下，可选用较大的进给量 | 一般多采用较小的进给量 |
| 切削速度 | 车削中碳钢时，平均切削速度为80～100 mm/min；切削合金钢时，平均切削速度为50～70 mm/min；切削灰铸铁时平均切削速度为50～70 mm/min | 用硬质合金车刀精车时，一般多采用较高的切削速度（80～100 mm/min以上）；用高速钢车刀精车时宜采用较低的切削速度 |

硬质合金车刀半精车、精车外圆和端面时的进给量参考值见表4-2。

**表4-2　硬质合金车刀半精车、精车外圆和端面时的进给量参考值**

| 工件材料 | 表面粗糙度 $Ra$（μm） | 切削速度范围（mm/min） | 刀尖圆弧半径 $r_\varepsilon$（mm） | | |
|---|---|---|---|---|---|
| | | | 0.5 | 1.0 | 2.0 |
| | | | 进给量 $f$（mm/r） | | |
| 铸铁<br>青铜<br>铝合金 | 6.3<br>3.2<br>1.6 | 不限 | 0.25～0.40<br>0.15～0.25<br>0.10～0.15 | 0.40～0.50<br>0.25～0.40<br>0.15～0.20 | 0.50～0.60<br>0.40～0.60<br>0.20～0.35 |

续上表

| 工件材料 | 表面粗糙度 $Ra$（μm） | 切削速度范围（mm/min） | 刀尖圆弧半径 $r_\varepsilon$（mm） | | |
|---|---|---|---|---|---|
| | | | 0.5 | 1.0 | 2.0 |
| | | | 进给量 $f$（mm/r） | | |
| 碳钢、合金钢 | 6.3 | <50<br>>50 | 0.30～0.50<br>0.40～0.55 | 0.45～0.60<br>0.55～0.65 | 0.55～0.70<br>0.65～0.70 |
| | 3.2 | 50<br>>50 | 0.18～0.25<br>0.25～0.30 | 0.25～0.30<br>0.30～0.35 | 0.30～0.40<br>0.35～0.50 |
| | 1.6 | <50<br>50～100<br>>100 | 0.10<br>0.11～0.16<br>0.16～0.20 | 0.11～0.15<br>0.16～0.25<br>0.20～0.25 | 0.15～0.22<br>0.25～0.35<br>0.25～0.35 |

**（二）车槽和切断时的切削用量**

由于车槽和切断刀的刀头强度较差，在选择切削用量时，应适当减小其数值。总的来说，硬质合金切断刀比高速钢切断刀选用的切削用量要大些，车削钢料时的切削速度比车削铸铁材料时的切削速度要高些，而进给量略小一些。

**1. 背吃刀量 $a_p$**

车槽和切断为横向进给车削，背吃刀量是垂直于加工表面方向量的切削层宽度的数值，所以，车槽和切断的背吃刀量等于车槽刀（切断刀）主切削刃的宽度。

**2. 进给量 $f$ 和切削速度 $v_c$**

车槽时进给量 $f$ 和切削速度 $v_c$ 的选择见表4-3。

**表4-3　车槽时进给量和切削速度的选择**

| 刀具材料 | 高速钢车槽刀 | | 硬质合金钢车槽刀 | |
|---|---|---|---|---|
| 工件材料 | 钢料 | 铸铁 | 钢料 | 铸铁 |
| 进给量 $f$（mm/r） | 0.05～0.1 | 0.1～0.2 | 0.1～0.2 | 0.15～0.25 |
| 切削速度 $v_c$（mm/min） | 30～40 | 15～25 | 80～120 | 60～100 |

切断时的切削用量和车槽时的切削用量基本相同。由于切断刀的刀头刚度比车槽刀更差些，在选择切削用量时，应适当减小其数值。

## 4.1.2　光轴的车削方法

### 一、端面的车削方法

端面车削常使用45°弯头车刀。车削方法如下。

（1）启动车床，移动床鞍至工件右端，使车刀刀尖缓慢接触工件端面，移动中滑板使车刀横向退出工件表面。使用大滑板纵向进到1 mm左右，如图4-15所示。

（2）手动或自动横向走刀车削工件端面，当车刀即将车至工件回转中心时，自动走刀停止，手动缓慢走刀车平中心凸台后停止，避免车刀走过工件回转中心引起崩刃。

（3）端面车削完毕后先退大滑板，后退中滑板，完成退刀操作。

采用90°偏刀车削端面时，如果车刀由工件外缘向中心进给，则是用副切削刃车削，当背吃刀量较大时，因切削力的作用会使车刀扎入工件形成凹面，如图4–16（a）所示。

为防止车削时产生凹面，用90°偏刀车削端面时，可采用由中心向外缘进给的方法，利用主切削刃车削，但背吃刀量应较小，如图4–16（b）所示。

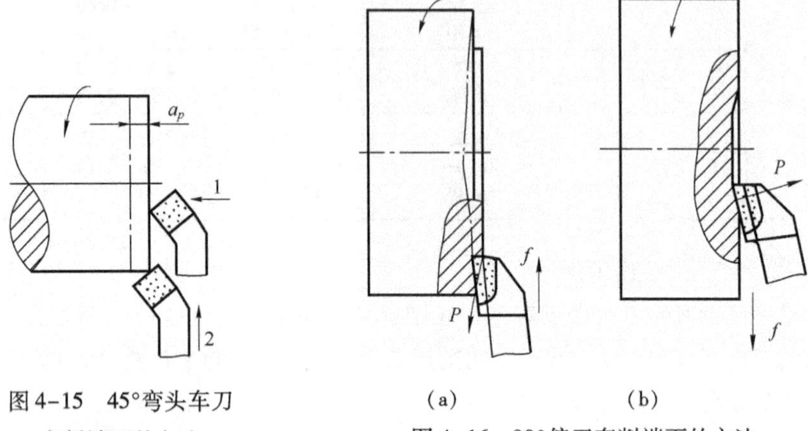


图4–15　45°弯头车刀车削端面的方法

（a）　（b）

图4–16　90°偏刀车削端面的方法

## 二、外圆柱面和倒角的车削方法

外圆柱面的车削常使用90°偏刀，粗加工时也可用75°强力车刀车削，车削方法如下。

**1. 对刀**

启动机床，使工件回转，左手摇动床鞍手轮，右手摇动中滑板手柄，使车刀刀尖趋近并轻轻接触工件的待加工表面，以此作为确定背吃刀量的零点位置，然后反向摇动床鞍手轮（此时中滑板手柄不动），使车刀向右离开工件3 ~ 5 mm。

**2. 进刀**

摇动中滑板手柄，使车刀横向进给一定距离（即背吃刀量，背吃刀量大小通过中滑板上的刻度盘调整）。

**3. 试车削**

车刀沿纵向移动切削工件2 mm左右时，纵向快速退出车刀（横向不动），停车测量，根据测量结果相应调整背吃刀量，直至尺寸符合要求为止，如图4–17所示。

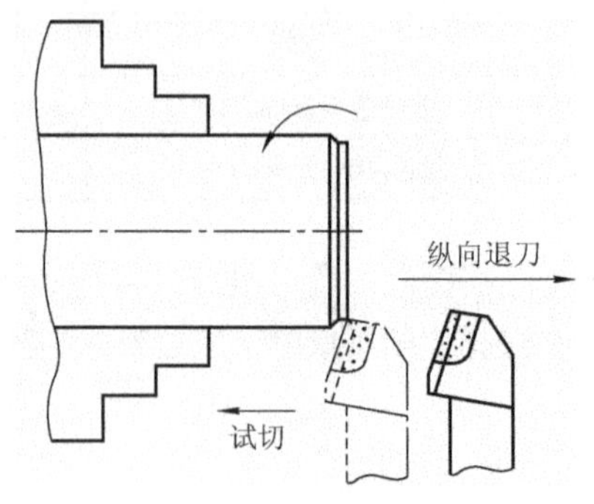


图4–17　试切外圆

**4. 正常车削**

选择手动或机动纵向进给方式车削，当车削到所要求的位置时，横向退出车刀，停车测量，如此多次进给，直到被加工表面达到图样要求为止。

当端面、外圆柱面车削完成后，通常采用45°弯头车刀或90°偏刀车倒角。倒角时，若使用90°偏刀倒角，应使切削刃与外圆形成45°夹角。

## 三、工件的切断方法

工件切断的方法有直进法、左右借刀法和反切法。直进法切断时车刀垂直于工件轴线方向进给切断工件，靠双手均匀摇动中滑板手柄来实现。直进法操作简便，效率高，应用广泛。但对车床、刀具的刃磨和安装有着较高的要求，否则容易造成切断刀的折断。

左右借刀法是指切断刀在工件轴线方向反复地往返摇动，即车刀横向和纵向轮番进给，直至工件被切断。左右借刀法常用在切削系统（刀具、机床、工件）刚度不足以及工件直径大时采用该方法，如图 4-18 所示。

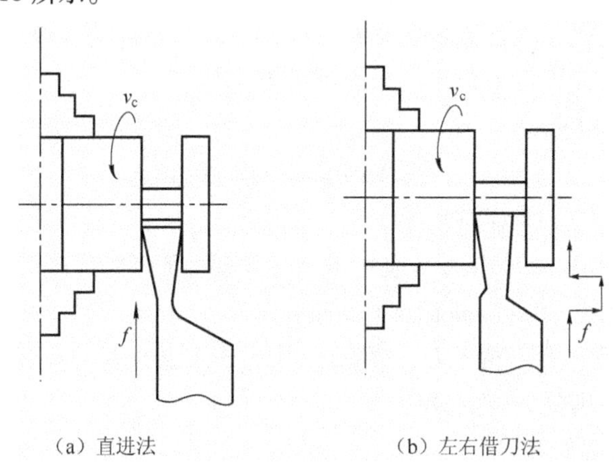


图 4-18　切断方法

直进法车削操作方法如下。

（1）用力夹紧工件，要求从切断刀与卡盘之间的距离为 5 ~ 6 mm 处开始进刀。

（2）调整主轴转速，用高速钢切断刀切断碳钢材料，切削速度一般选择为 20 ~ 25 m/min，用硬质金切断刀切断碳钢材料，切削速度为 45 ~ 60 m/min。

（3）将中、小滑板镶条尽可能调整得紧些。

（4）用钢尺一端靠在切断刀的侧面，移动床鞍，将钢尺上工件要求的长度刻线与工件的端面对齐，确定切断位置。

（5）加注切削液，开动车床，移动中滑板进给，速度要均匀而不间断，直至将工件切下。

当工件的直径较大或长度较长时，一般不切到中心，剩 2 ~ 3 mm 时将车刀退出，停车后用手将工件扳断。

**操作提示：**

（1）床鞍、中小滑板导轨的间隙和车床主轴轴承间隙调整得应尽可能小。

（2）适当地加大前角和减小后角，使排屑顺利，增强刀头刚度。

（3）手动进给切断时，摇动手柄应连续、均匀，以避免因切断刀与工件表面摩擦增大，使工件表面产生冷硬现象，而使刀具加快磨损。如切断中途需要停止，应先退刀后停车。

（4）切断用卡盘装夹的工件时，切断位置应尽可能靠近卡盘，否则容易引起振动，或使工件抬起而压断车刀。

（5）切断用一夹一顶的方式装夹的工件时，工件还未被完全切断时就应停止，并应卸下工件，再用手将工件折断。

（6）切断时工件不能用两顶尖装夹，否则切断后工件会飞出而发生事故。

（7）用高速钢切断刀切断工件时，应浇注切削液；用硬质合金刀切断工件时，中途不准停车，以免刀刃碎裂。

## 4.1.3 光轴的车削加工

### 一、零件的工艺分析

#### （一）光轴的技术要求

该零件为圆柱形光轴，工件直径为 $\phi30\pm0.2$mm，总长度为 100 mm，表面粗糙度 $Ra\leqslant$ 6.3 μm。两端倒角均为 *C*1，毛坯材料 45 钢。批量为 60 件。

#### （二）光轴的工艺分析

为了保证加工质量，采用粗车、精车两阶段完成零件加工。

粗车、精车均采用三爪卡盘装夹工件。

粗车外圆时用 75°车刀或 90°硬质合金粗车刀，车端面用 45°车刀。

精车时直径尺寸应留 0.8～1 mm 的精车余量。

精车外圆采用 90°硬质合金精车刀，要保证 90°精车刀装夹时的实际主偏角为 93°左右。注意粗、精加工阶段切削用量的合理选择。

光轴加工的工艺过程如下。

下料—粗车端面—粗车外圆—精车端面—精车外圆—倒角—预切断—倒角—切断—检查。

### 二、光轴加工工艺准备

（1）材料：45 钢，毛坯尺寸为 $\phi35$ mm 长棒料。

（2）量具：钢直尺、0.02 mm/0～150 mm 游标卡尺、0.01 mm/25～50 mm 千分尺。

（3）刃具：45°车刀、90°外圆车刀（分粗车刀和精车刀）。

（4）工具、辅具：三爪自定心卡盘、润滑和清扫工具等。

（5）设备：CA6140 型卧式车床。

### 三、光轴的加工

#### （一）光轴的加工步骤

（1）检查毛坯，毛坯从车床主轴箱后端放入，穿过主轴孔，伸出长度 110 mm，用三爪卡盘夹紧。

（2）用 45°端面车刀车平端面。

（3）用 90°外圆粗车刀粗车外圆，直径为 31 mm，长度为 105 mm。

（4）用 45°端面车刀精车端面，保证粗糙度 *Ra* 为 6.3 μm

（5）用 90°外圆精车刀精车 $\phi31$ mm 的外圆，直径为 $\phi30\pm0.2$mm，长度为 105 mm，粗糙度 *Ra* 为 6.3 μm。

（6）用 45°端面车刀车轴头倒角 *C*1。

（7）用游标卡尺（千分尺）检查外圆尺寸。

（8）用切断刀切槽深 5 mm，保证长度为 100 mm。

（9）用 45°端面车刀车轴头倒角 *C*1。

（10）用切断刀，将工件从棒料上切除。

（11）检查光轴直径和长度。

**（二）光轴加工的实施**

（1）检查机床和毛坯。

（2）装夹工件和车刀。

（3）按加工步骤进行车削加工，检查各部分尺寸和形位误差符合图样要求。

（4）清扫机床，擦净刀具、量具等工具并摆放到位。

**（三）光轴的质量评定**

检查零件的加工质量，并按表4-4进行零件质量评定。

**表4-4　零件质量检测评定表**

| 零件编号： | | 学生姓名： | | 成绩： | |
|---|---|---|---|---|---|
| 序号 | 检测项目 | 配分 | 评分标准 | 检测结果 | 得分 |
| 1 | $\phi30\pm0.2$ | 30 | 超差扣15分 | | |
| 2 | $\phi100\pm0.3$ | 20 | 超差扣10分 | | |
| 3 | $Ra=6.3\ \mu m$（两处） | 20 | 一处超差扣5分 | | |
| 4 | 安全文明生产：<br>①无违章操作情况；<br>②无撞刀及其他安全事故；<br>③机床清洁与维护 | 30 | 按检测项目3项要求检查并酌情扣分 | | |

## 四、零件加工质量分析

如果在车削过程中产生废品，应按照表4-5所示进行加工质量分析。

**表4-5　车削轴类工件产生废品的原因和预防措施**

| 废品种类 | 产生原因 | 预防方法 |
|---|---|---|
| 尺寸精度达不到要求 | 1. 看错图样或刻度盘使用不当；<br>2. 没有进行试车削；<br>3. 量具有误差或测量不正确；<br>4. 由于切削热的影响，使工件尺寸发生变化；<br>5. 机动进给没有及时关闭，使车刀进给长度超过阶台长度；<br>6. 车槽时，车槽刀主切削刃太宽或太窄，使槽宽不正确；<br>7. 尺寸计算错误，使槽的深度不正确 | 1. 必须看清图样的尺寸要求，正确使用刻度盘，看清刻度值；<br>2. 根据加工余量算出背吃刀量，进行试车，然后修正背吃刀量；<br>3. 量具使用前，必须检查和调整零位，掌握正确测量方法；<br>4. 不能在工件温度较高时测量，如要测量应掌握工件的收缩情况，或浇注切削液，降低工件温度；<br>5. 注意及时关闭机动进给，或提前关闭机动进给，再用手动进给到所要求的长度尺寸；<br>6. 根据槽宽刃磨车槽刀主切削刃宽度；<br>7. 对留有磨削余量的工件，车槽时要考虑磨削余量 |

续上表

| 废品种类 | 产生原因 | 预防方法 |
| --- | --- | --- |
| 产生锥度 | 1. 用一夹一顶或两顶尖装夹工件时，后顶尖轴线与主轴轴线不重合；<br>2. 用小滑板车外圆，小滑板的位置不正，即小滑扳的基准刻线跟中滑板的“0”刻线没有对准；<br>3. 用卡盘装夹纵向进给车削时，床身导轨与车床主轴轴线不平行；<br>4. 工件装夹时悬伸较长，车削时因切削力的影响使前端让开，产生锥度；<br>5. 车刀中途逐渐磨损 | 1. 车削前必须通过调整尾座找正锥度；<br>2. 必须事先检查小滑板基准刻线与中滑板的“0”刻线是否对准；<br>3. 调整车床主轴，使其轴线与床身导轨平行；<br>4. 尽量减少工件的伸出长度，或另一端用后顶尖支顶，以提高装夹刚度；<br>5. 选用合适的刀具材料，或适当降低切削速度 |
| 圆度超差 | 1. 车床主轴间隙太大；<br>2. 毛坯余量不均匀，车削过程中背吃刀量变化太大；<br>3. 工件用两顶尖装夹时。中心孔接触不良，或后项尖顶得不紧，或前、后顶尖产生径向圆跳动 | 1. 车削前检查主轴间隙，并将其调整合适，如主轴轴承磨损严重，需更换轴承；<br>2. 半精车后再精车；<br>3. 工件用两顶尖装夹时必须松紧适当，若回转顶尖产生径向跳动，需及时更换或修理 |
| 表面粗糙度达不到要求 | 1. 车床刚度不够，如滑板镶条太松，传动工件（如带轮）不平衡或主轴太松引起振动；<br>2. 车刀刚度不够或伸出太长引起振动；<br>3. 工件刚度不够引起振动；<br>4. 车刀几何参数不合理，如选用过小的前角、后角和主偏角；<br>5. 切削用量选用不当 | 1. 消除或防止由于车床刚度不足而引起的振动（如调整车床各部分的间隙）；<br>2. 增加车刀刚度和正确装夹车刀；<br>3. 增加工件的装夹刚度；<br>4. 选用合理的车刀几何参数（如适当增大前角，选择合理的后角和主偏角）；<br>5. 进给量不宜太大，精车余量和切削速度应选择恰当 |

## 五、拓展训练

车削加工如图 4-19 所示的光轴零件，材料为 HT200，毛坯为 $\phi$55 mm × 125 mm 铸件棒料，件数为 20 件。试编制加工步骤，并上机床完成零件的加工。

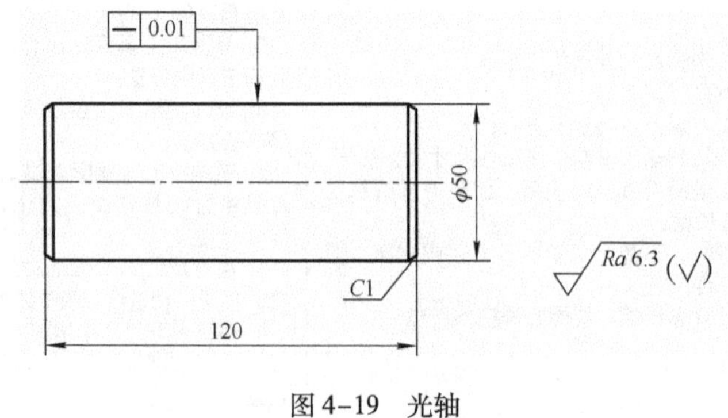


图 4-19 光轴

**加工要点分析：**

工件毛坯长度余量较少或一次装夹不能完成切削的光轴，通常采用调头装卡，再用接刀法车削。调头接刀车削的工件，一般表面有接刀痕迹，对零件表面质量和美观程度有影响。因而工件装夹时，必须对工件进行找正，否则会造成工件表面有接刀偏差。

找正时，将工件先车的一端车的长一些，使得找正的两点 *A*、*B* 间的距离尽可能大一些，如图 4-20 所示。需要特别注意的是，在工件的第一端精车到最后一刀时，车刀不能直接碰到台阶，应稍离台阶处退刀，以防车刀碰到台阶后突然增加切削量，产生扎刀现象。调头精车另一端时，车刀要锋利，最后一刀的精车用量要少。

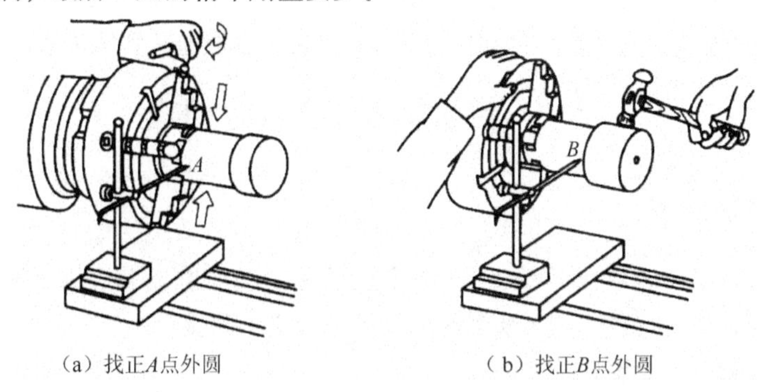


（a）找正*A*点外圆　　（b）找正*B*点外圆

图 4-20　找正位置

# 4.2　台阶轴的车削

## 任务描述

台阶轴零件一般由圆柱面、台阶、端面和沟槽构成。台阶轴的加工是车削加工中最常见的加工类型之一，加工时，除了要保证图样上标注的尺寸和粗糙度要求外，还应注意形状和位置精度要求，比如各台阶外圆轴线的同轴、台阶端面与工件轴线垂直等。

本任务的训练目标是完成图 4-21 所示零件的车削任务。

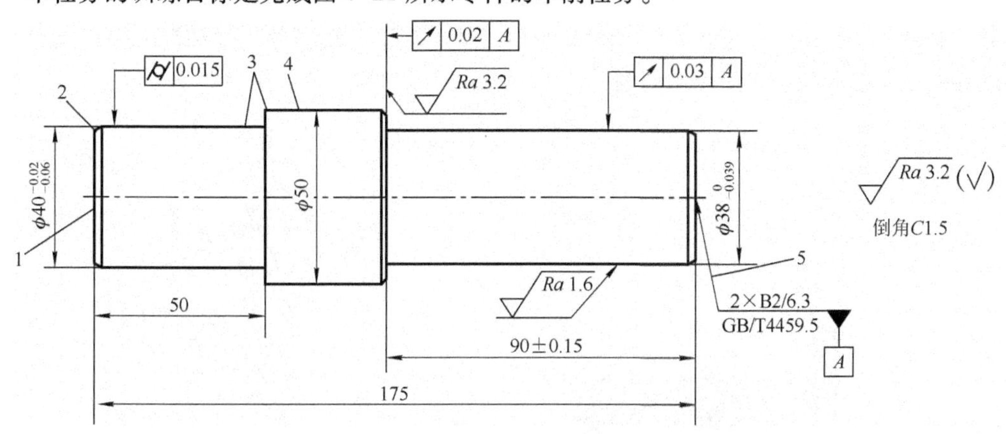


1—端面；2—倒角；3—台阶；4—外圆柱面（外圆）；5—中心孔

图 4-21　台阶轴

台阶的车削方法；中心孔和顶尖的类型；中心孔加工方法；轴类零件的装夹、找正方法。

能力目标

能正确分析台阶轴零件的图样，编制出合理的加工工艺文件；能根据零件材料和加工精度选择合适的刀具并正确安装；能选择工件正确的定位方式并完成工件的安装；能选择合理的切削参数并独立完成零件的加工；能根据零件几何特征和精度要求合理选择量具并完成零件的测量。

## 4.2.1 台阶轴车削的工艺准备

### 一、台阶轴的装夹

台阶轴车削时，工件必须在车床夹具中定位并夹紧，台阶轴的装夹方法有许多种，装夹方法选择的是否合理，将直接影响加工质量和生产效率，应十分重视。

**（一）用三爪自定心卡盘装夹**

三爪自定心卡盘三个卡爪同步运动，能自动定心，工件装夹后一般不需要找正，但是，在装夹较长的工件时，工件离卡盘远端的旋转轴线不一定与车床主轴轴线重合，这时就必须找正。当三爪自定心卡盘使用时间较长其精度下降，而工件加工精度（特别是形位精度）要求较高时，也需对工件机械找正。

三爪自定心卡盘装夹工件方便、迅速，但夹紧力较小，适用于装夹外形规则的中、小型工件。三爪自定心卡盘装夹工件如图4-22所示。

三爪自定心卡盘装夹工件通常采用以下几种方法找正：

**1. 粗加工时可用目测和划针找正工件毛坯表面（见图4-23）**

用划针找正工件的方法如下：

用卡盘夹住工件，将划线盘放置在适当的位置，使针尖端接触工件悬伸处外圆表面，将主轴变速手柄置于空挡位置，用手拨转卡盘，观察划针尖与工件表面的接触情况，根据情况用铜棒轻轻敲击工件悬伸端，直至全圆周划针与工件表面间隙均匀一致。最后夹紧工件。

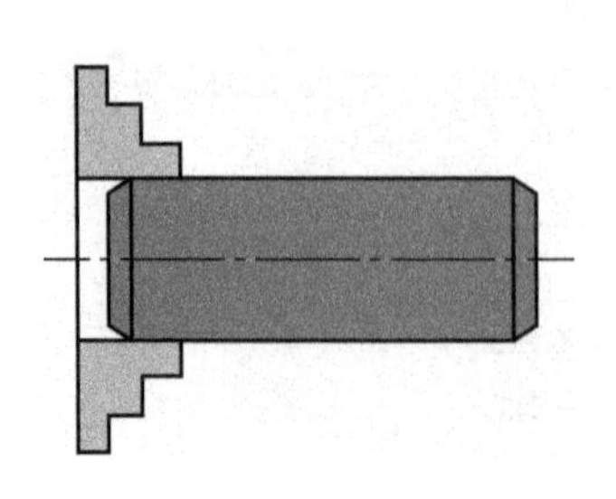

图4-22 三爪自定心卡盘装夹

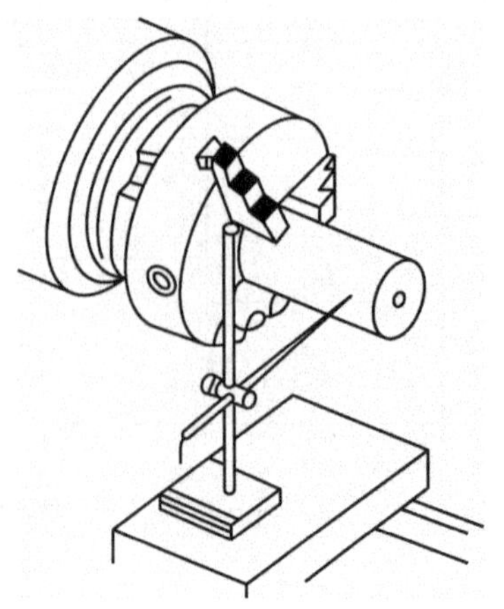

图4-23 用划针找正工件外圆

**2. 半精车、精车时可用百分表找正工件外圆和端面（见图 4–24）**

用百分表找正工件外圆和端面的方法如下：

用卡盘轻轻夹住工件，将磁性表座吸在车床导轨面上，调整表架位置使百分表表头垂直指向工件悬伸一端外圆表面，如图 4–24 所示。对于直径较大而轴向长度不长的盘形工件，则可将百分表表头垂直指向其端面，如图 4–25 所示。用手拨转卡盘，找正工件，使每转中百分表读数的最大差值控制在要求的精度范围以内。最后夹紧工件。

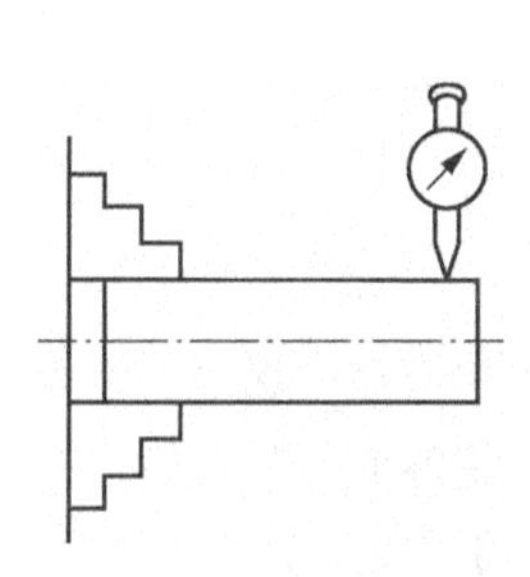

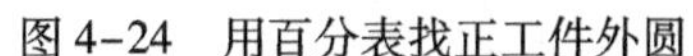

图 4–24　用百分表找正工件外圆

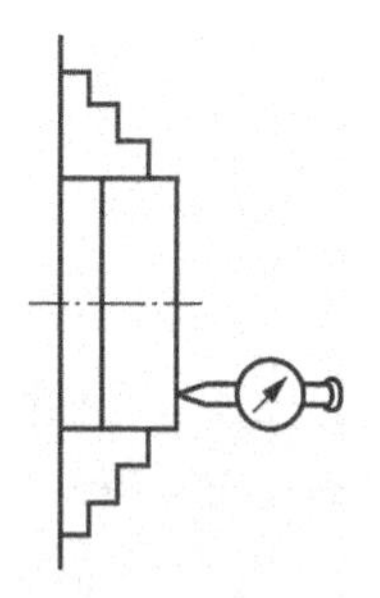

图 4–25　用百分表找正工件端面

**3. 装夹轴向尺寸较小的工件时的工件找正（见图 4–26）**

在刀架上装夹一圆头铜棒，再轻轻夹紧工件，然后使卡盘低速带动工件转动，移动床鞍，使刀架上的圆头棒轻轻接触已粗加工的工件端面，观察工件端面大致与轴线垂直后即停止旋转，并夹紧工件。

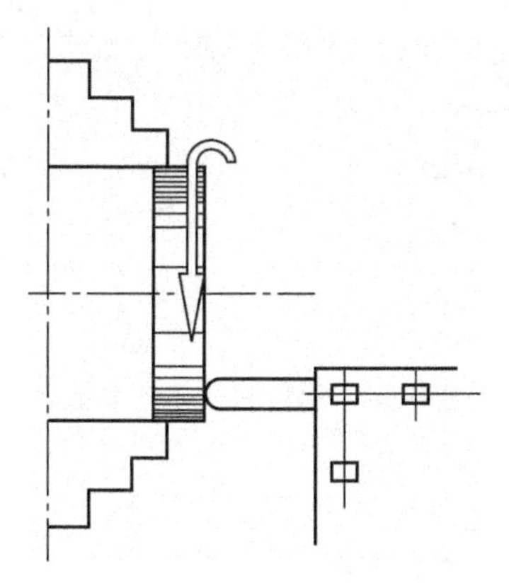

图 4–26　用圆头棒找正工件的端面

**（二）用四爪单动卡盘装夹**

四爪单动卡盘装夹工件时，由于是四个卡爪各自单独运动，不能自动定心，工件装夹后必须找正，且找正较麻烦。优点是夹紧力大，装夹精度高，不受卡爪磨损的影响。适用于装夹大型或形状不规则的工件。四爪单动卡盘如图 4–27 所示。

四爪单动卡盘装夹工件通常采用以下几种方法找正。

**1. 用划针找正轴类工件的外圆**

用划针找正轴类工件外圆的操作方法如下：

找正工件时，通常要找正外圆柱面上的 $A$ 点（短工件）或 $A$、$B$ 两点（较长工件），如图 4-28所示。

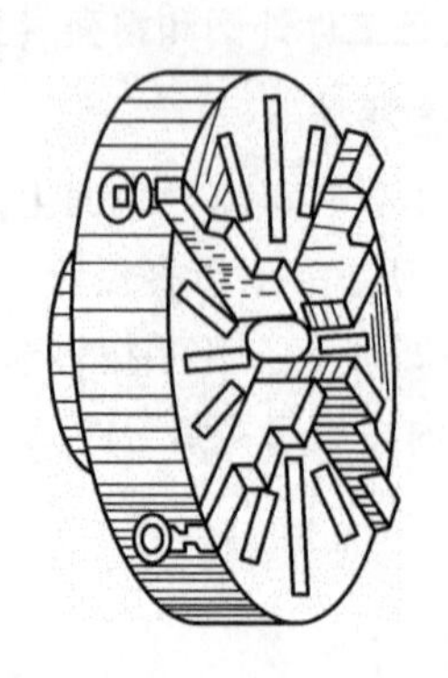

图 4-27　四爪单动卡盘

将划针靠近工件 *A* 点，如图 4 - 28（a）所示，用手拨转卡盘，观察工件表面与划针尖间的间隙，根据情况移动间隙最大一方的卡爪，调整量为间隙差值的一半，经过几次反复，直到工件转动一周，划针与工件表面之间的距离基本相同为止，均匀夹紧工件。

对较长工件，在找正 *A* 点后，将划针移至 *B* 点，如图 4 - 28（b）所示，不调整卡爪的位置，而是用铜棒轻轻敲击工件端角，至间隙均匀一致，均匀夹紧工件。

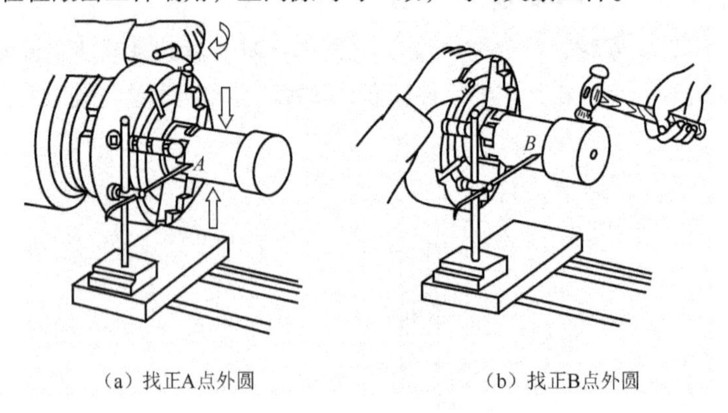


（a）找正A点外圆　　（b）找正B点外圆

图 4-28　用划针找正轴类工件

**2. 用划针找正盘类工件**

用划针找正盘类工件的操作方法如下：

划针靠近工件 *C* 点，如图 4-29（a）所示，用手拨转卡盘，观察工件表面与划针尖间的间隙，根据情况调整相对卡爪的位置，调整量为间隙差值的一半。经过几次反复，直到工件转动一周，划针与工件表面之间的距离基本相同为止，均匀夹紧工件。

对于盘类工件，不仅要找正外圆柱面（*C* 点），还要找正端面（*D* 点），如图 4-29（b）所示。

将划针尖靠近端面边缘 *D* 点处，用手拨动卡盘，观察划针尖与端面之间的间隙。找出端面上离划针最近的位置，根据情况用铜锤轻轻敲击端面，调整量为间隙差值的一半，反复调整，直到划针与工件端面之间的距离基本相同为止，均匀夹紧工件。

用四爪卡盘装夹工件精加工时，如找正要求高，此时可使用百分表对工件进行找正。

**操作提示：**

在四爪单动卡盘上找正调整时，不能同时松开两只卡爪，以防止工件掉落。用铜锤敲击时用力不能过大，同时也应边敲击边找正。对于要求较高的工件，则应用百分表进行找正。

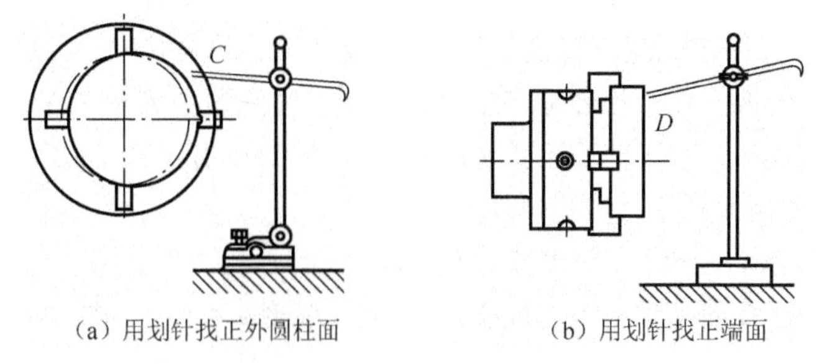


（a）用划针找正外圆柱面　　（b）用划针找正端面

图 4-29　用划针找正盘类工件

**（三）用两顶尖装夹**

对于轴向尺寸大或必须经过多次装夹才能加工好的工件，如长轴、丝杠等工件的车削，或工序较多，在车削后还要铣削或磨削的工件的定位，为了保持每一次的装夹精度（如同轴度等），可用两顶尖装夹工件。用两顶尖装夹工件之前必须先在工件端面钻出中心孔。

用两顶尖装夹工件如图 4-30 所示，工件由前、后顶尖定位，用鸡心夹头（见图 4-31）夹紧并带动工件同步运动。

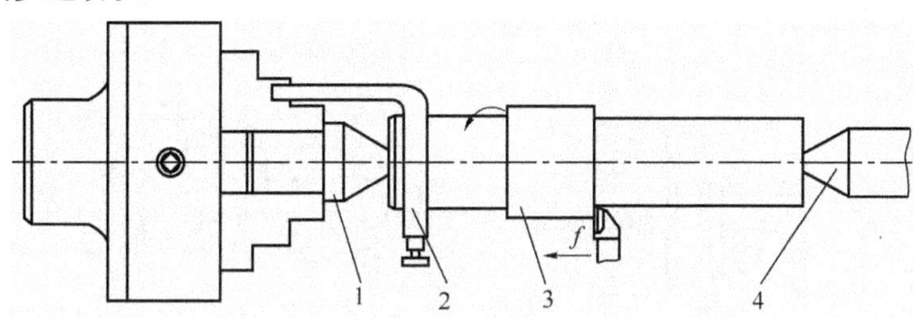


1—前顶尖；2—鸡心夹头；3—工件；4—后顶尖

图 4-30　两顶尖装夹工件

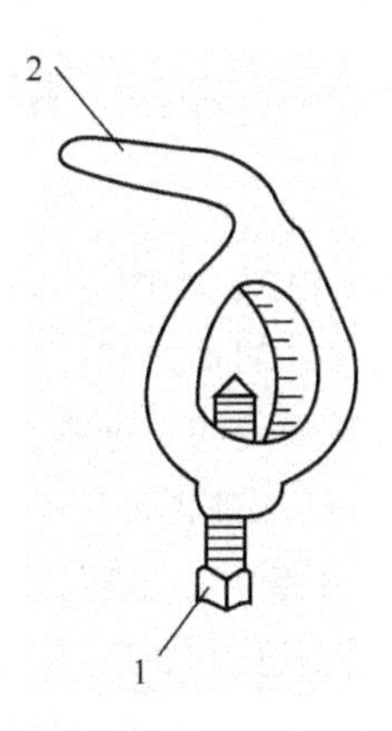


1—锁紧螺钉；2—拨杆

图 4-31　鸡心夹头

**1. 中心孔**

（1）中心孔的作用。中心孔是轴类零件的定位基准。轴类零件的尺寸都是以中心孔定位车削的，中心孔能在各个工序中重复使用，其定位精度不变。采用两端中心孔作为定位基准，与轴的设计基准、测量基准一致，符合基准重合的原则。用两顶尖装夹工件，定位精度高。因此在车削细长轴或工序较多，在车削后还要铣削或磨削的工件的定位，为了保持每一次的装夹精度（如同轴度等），普遍采用中心孔定位的方式。

（2）中心孔的类型。国家标准 GB/T 145—2001《中心孔》规定，中心孔有 A 型（不带护锥）、B 型（带护锥）、C 型（带护锥和螺纹）、R 型（弧形）4 种，如图 4-32 所示。

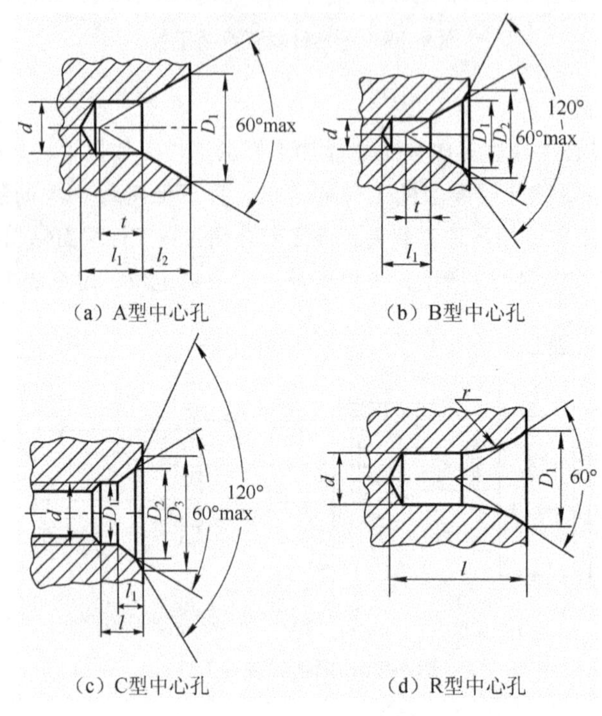


图 4-32　中心孔的类型

A 型中心孔由圆锥孔和圆柱孔两部分组成，圆锥孔的圆锥角为 60°，重型工件用 75°或 90°，它与顶尖锥面配合，起定心作用并承受工件的重力和切削力。A 型中心孔的结构和加工较简单，适用于精度要求一般的工件定位，是最常采用的一种中心孔形式。

B 型中心孔带有护锥（在 A 型中心孔的端部再加工一个 120°的圆锥面），用以保护 60°锥面不被碰毛，并使得工件的端面更容易加工，B 型中心孔应用于精度要求较高或工序较多的工件定位。

C 型中心孔在 B 型中心孔的 60°锥孔后面又加工了一短圆柱孔（保证攻制螺纹时不碰毛 60°锥孔），后面还用丝锥攻制成内螺纹。当加工需要把其他零件轴向固定在台阶轴的轴上时，采用 C 型中心孔定位。

R 型中心孔形状与 A 型中心孔相似，只是将 A 型中心孔的 60°圆锥面改成圆弧面，这样使其与顶尖的配合变成了线接触。线接触的圆弧面在轴类零件的装夹时，能自动纠正少量的位置偏差。R 型中心孔适用于轻的和高精度轴类零件加工的定位。

中心孔的基本尺寸为圆柱孔的直径，它是选取中心钻的依据。中心孔中圆柱孔的作用是储存润滑脂，防止顶尖头部触及工件，保证了顶尖锥面和中心孔锥面的配合贴切，以达到正确定心的目的。圆柱孔直径 $d \leqslant 6.3$ mm 的中心孔常用高速钢制成的中心钻直接钻出，$d > 6.3$ mm 的中心孔常用锪孔或车孔的方法加工。

**2. 顶尖**

顶尖的作用是确定中心，承受工件重力和切削力，根据其位置分为前顶尖和后顶尖。

（1）前顶尖。前顶尖装在主轴箱一侧，随工件一起转动。前顶尖的类型有两种，如图 4-33 所示。一种是插入主轴孔内的前顶尖，它装夹牢固，适用于批量生产；另一种是用 45 钢夹在卡盘上自制的前顶尖，一端车出台阶做夹位夹在卡盘上，另一端车成 60°圆锥做顶尖。这种顶尖的优点是制造装夹方便，定位准确。缺点是顶尖硬度不够，在车削过程中如受冲击，易发生变形而影响定位精度，只适用于小排量生产。

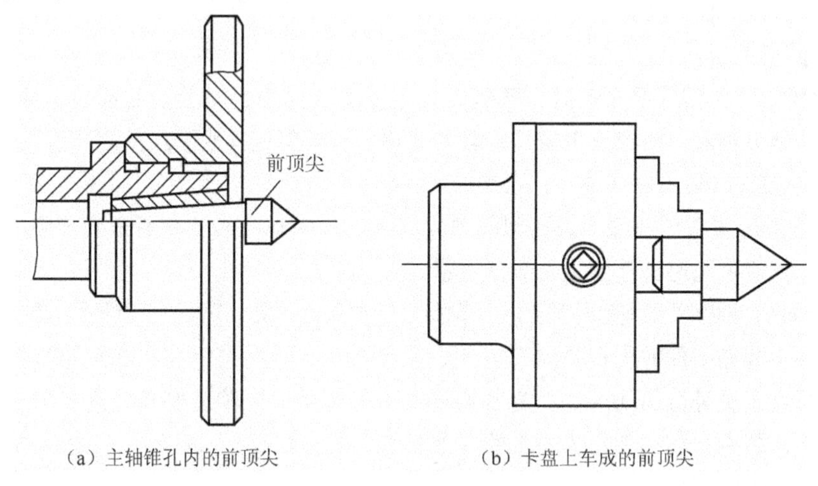


（a）主轴锥孔内的前顶尖　（b）卡盘上车成的前顶尖

图 4-33　前顶尖

采用第二种前顶尖在进行第二次装夹时，需要重新车去一层 60°顶尖。即用小滑板摆动 30°角重新车出顶尖的锥面。

（2）后顶尖。后顶尖是装在尾座锥孔中的顶尖，分固定顶尖和活动顶尖两种。

固定顶尖的优点是定心准确，精度好，刚性好，切削时不容易产生振动，缺点是中心孔与顶尖产生摩擦，在高速车削时，碳钢顶尖和高速钢顶尖（见图 4-34（a））易发生高热，会把中心孔或顶尖烧坏，只适用于低速精车。因此，目前多数使用镶硬质合金的顶尖（见图 4-34（b））。

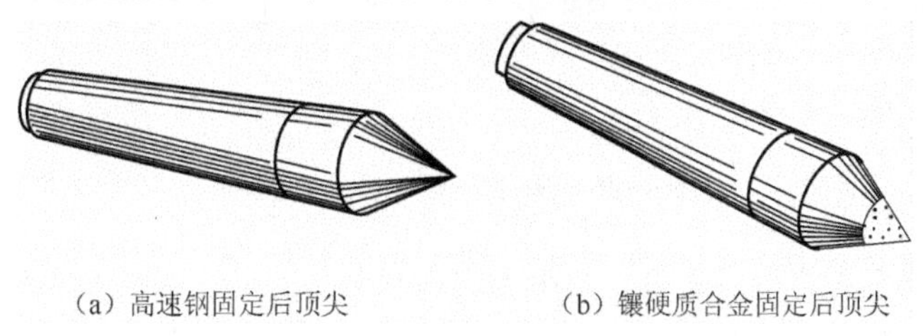

（a）高速钢固定后顶尖　（b）镶硬质合金固定后顶尖

图 4-34　固定后顶尖

活动后顶尖（见图4-35）的优点是与工件中心孔无滑动摩擦，其内部装有滚动轴承承受很高的转速，缺点是精度和刚性较差，适用于高速车削精度要求不高的轴类零件，或工件的粗加工、半精加工。

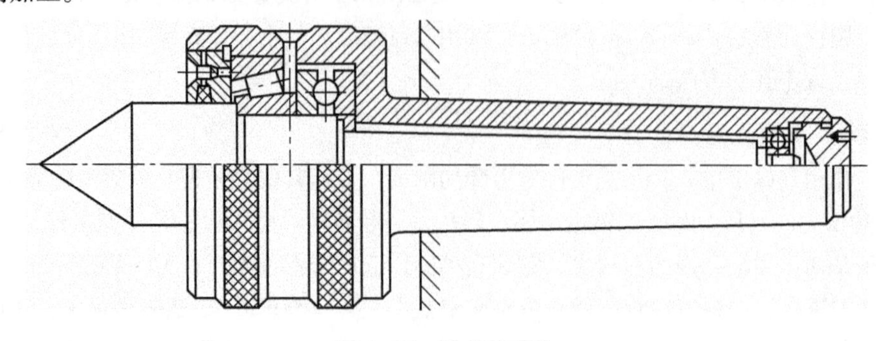

图4-35　活动后顶尖

两顶尖装夹工件的方法如下：

① 安装前顶尖。

② 擦净尾座锥孔和后顶尖锥柄，把顶尖装入尾座套筒内，安装好后顶尖，然后移动尾座，使后顶尖与前顶尖相对，检查是否偏移，若有偏移，需调整尾座水平或高度位置使其对齐。

③ 用鸡心夹头夹住工件一端，拧紧螺钉。

④ 将夹有鸡心夹头的一端中心孔用前顶尖支承，另一端中心孔用后顶尖支承，检查后顶尖的松紧程度，然后将尾座套筒的紧固螺钉压紧。

⑤ 粗车外圆，调整尾座消除外圆锥度（调整方法与采用一夹一顶方法车削时的调整方法相同）。

采用两顶尖装夹工件的优点是装夹方便，无须找正，装夹精度高，缺点是装夹刚度低，只能用较小的背吃刀量进行切削加工。两顶尖装夹工件适用于同轴度要求较高且较长的工件定位或必须经过多次装夹才能加工完成的工件（如长轴、长丝杠等），以及工序较多，在车削后还要铣削或磨削的工件的定位。

**（四）用一夹一顶装夹**

将工件的一端用三爪自定心卡盘或四爪单动卡盘夹紧，另一端用后顶尖支顶，这种装夹方法称为一夹一顶装夹。

为了防止由于进给切削力的作用而使工件轴向位移，可以在主轴前端锥孔内安装一限位支撑，也可利用工件的工艺台阶进行限位，如图4-36所示。

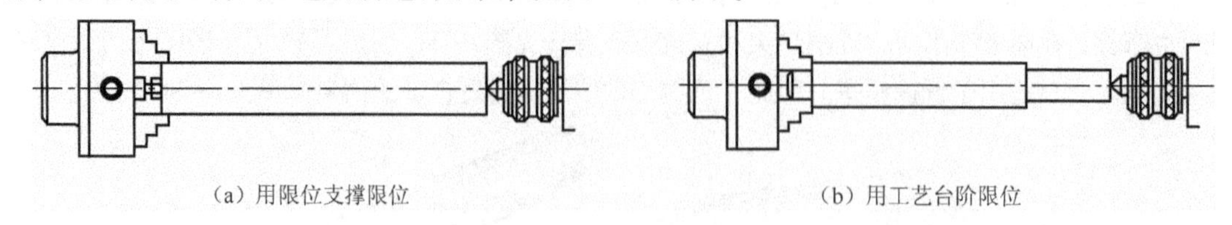

（a）用限位支撑限位　　（b）用工艺台阶限位

图4-36　采用一夹一顶装夹工件

工件安装时，必须先定位后夹紧，及用顶尖先顶住中心孔，后夹紧工件。并注意检查顶尖的松紧程度，对较小的工件，单手轻摇尾座手轮，感觉顶尖刚接触中心孔即可。对重量较重的工件，需要稍加点力支顶。

圆柱度的调整：用一夹一顶安装车削工件时，顶尖与主轴的旋转中心形成工件的回转轴线，如果车刀运动轨迹与回转轴线不平行，车出的外圆直径会出现锥度，即圆柱度误差。此时，必须通过偏移尾座的方法，来调整圆柱度，俗称“调锥”。调锥的方法如下：

**1. 尾座调整量的确定**

当工件安装后，把外圆粗车一刀，测量工件两端的直径，两端直径之差的一半即为尾座调整量。

**2. 尾座调整方向的确定**

当工件左端的直径大于右端直径时称为顺锥，相反则称为倒（逆）锥。若是顺锥，则把尾座顺操作者的方向偏移；若为倒（逆）锥，则把尾座逆操作者的方向偏移。为方便记忆，简称“顺则顺”“逆则逆”。尾座调整方向如图 4-37 所示。

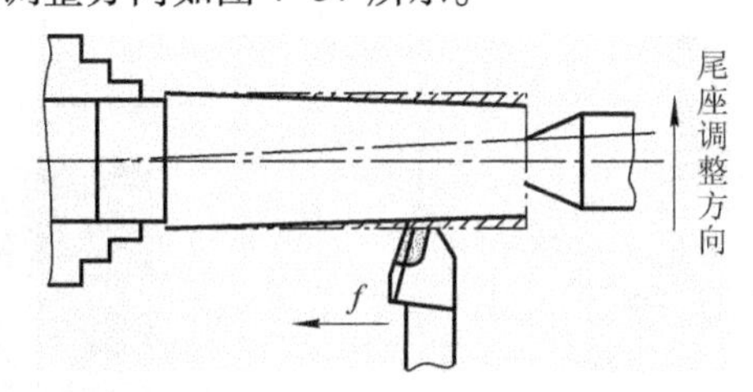


图 4-37　尾座的调整方向

**3. 尾座调整量的控制**

调整时用百分表控制尾座移动量最为快捷，可能要经过多次调整才能符合要求。

为了节省时间，往往先将工件部分的直径车小，如图 4-38 所示（外径不能小于图样要求），再车削两端外圆，检测两端外圆尺寸。圆柱度调整到符合要求后再按图样加工至尺寸。

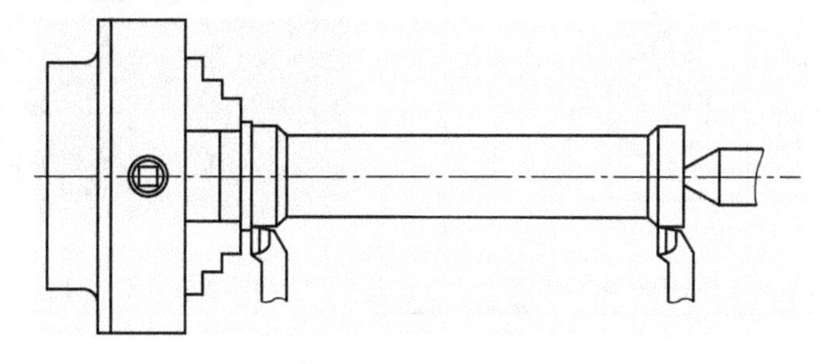

图 4-38　一夹一顶装夹工件时圆柱度的调整

一夹一顶装夹工件安全可靠，能承受较大的进给力，因此应用很广泛，适用于装夹较长并需要粗车的工件，尤其是重的工件。

## 二、台阶轴常见的检测项目和方法

精度要求一般的台阶轴其外圆柱直径用游标卡尺或千分尺测量，台阶轴的其他常见检测项目和检测方法如表 4-6 所示。

**表 4-6　台阶轴的测量**

| | |
|---|---|
| 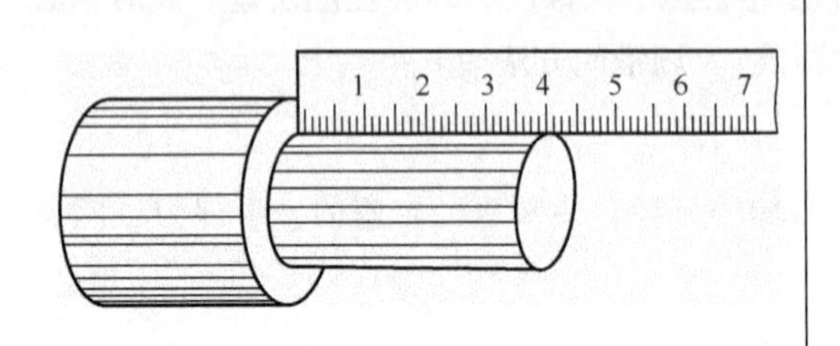 | 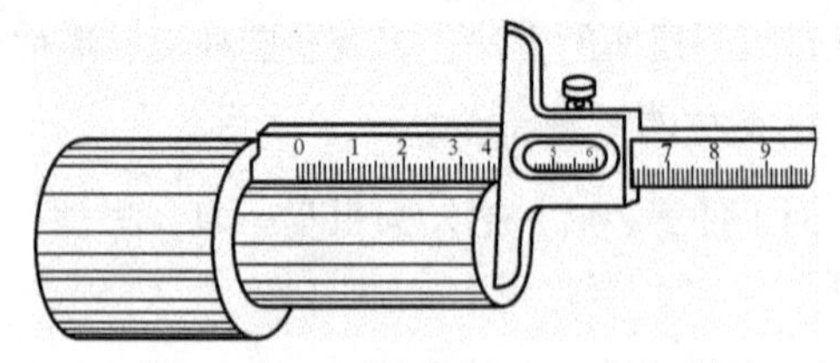 |
| 钢直尺测量台阶长度 | 深度游标卡尺测量台阶长度 |
| | 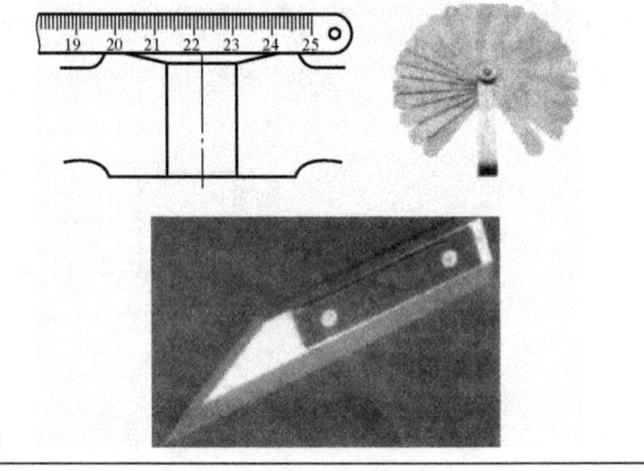 |
| 对于批量生产或精度要求较高的台阶轴，可用样板测量 | 用钢直尺、刀口尺或塞尺测量端面的平面度 |
| 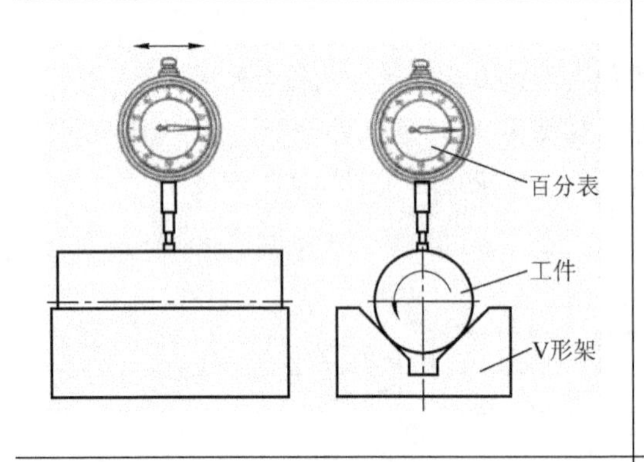 |  |
| 在 V 形架上测量工件的圆柱度 | 用两顶尖测量工件的径向圆跳动 |
| 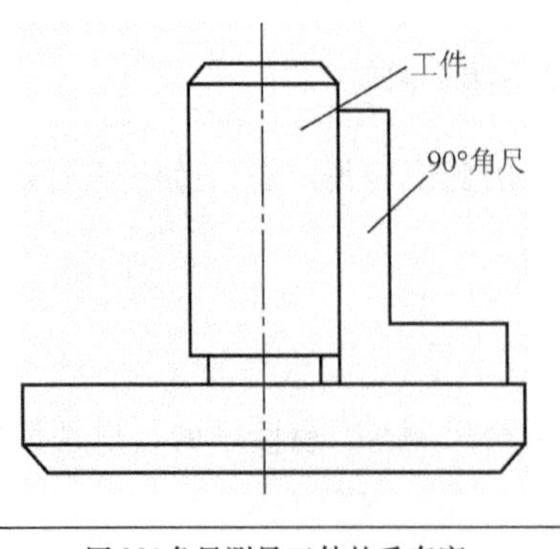 | 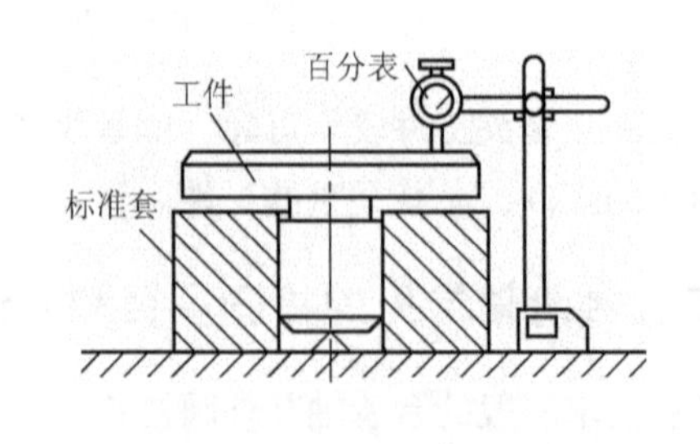 |
| 用 90°角尺测量工件的垂直度 | 用标准套和百分表测量工件的垂直度 |

## 4.2.2　台阶轴的车削方法

### 一、台阶的车削方法

台阶车削的难点是台阶长度的控制，台阶长度的控制在粗车时可采用划线的方法或大滑板刻度控制长度的方法，划线法是先用钢板尺或样板量出台阶的长度，然后用车刀刀尖在台阶所在位置车刻出一圈细线，车削时，台阶长度按线痕位置车削，如图 4-39 所示。CA6140 型车床床鞍（大滑板）的刻度盘 1 格为 1 mm，也可利用床鞍刻度盘转动格数来控制台阶长度。

如安排精车加工，台阶长度需留 0.5 mm 左右的精加工余量。精车前用钢板尺、游标深度尺测量出准确的余量，再根据精度要求，采用大滑板刻度盘或小滑板刻度盘控制长度。

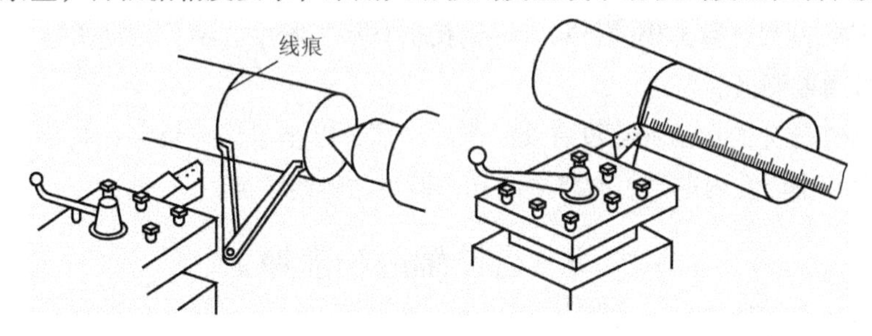


图 4-39　刻线法确定台阶长度

### 二、中心孔的钻削

中心孔的钻削加工采用中心钻完成，不同类型中心孔加工使用的中心钻类型也不同。中心孔加工如图 4-40 所示。

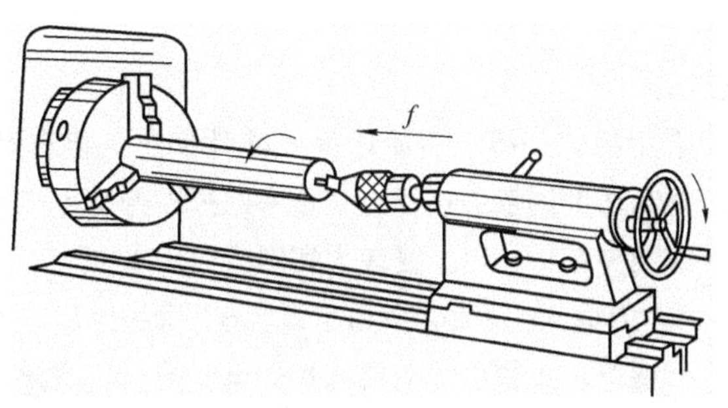


图 4-40　钻中心孔

#### （一）中心孔钻削的操作方法

（1）先车平工件端面，不能留有凸台，然后校正尾座中心。启动机床，使主轴带动工件回转，使中心钻接近工件端面，观察中心钻头部是否与工件回转中心一致，校正并紧固尾座。

（2）切削用量的选择和钻削。由于中心钻直径较小，钻削时应取较高的钻速（一般取900 ~ 1120 r/min），进给量应小而均匀（一般为 0.05 ~ 0.2 mm/r），手摇尾座手轮时切勿用力过猛，当中心钻钻入工件时应及时加冷却液冷却、润滑。中心孔钻好后，中心钻在孔中应稍作停留，然后退出，以修光中心孔，提高中心孔的形状精度和表面质量。

**（二）钻中心孔的质量分析**

由于中心钻的直径较小，钻中心孔时极易出现各种问题，其产生的原因如下：

（1）中心钻轴线与工件旋转中心不一致，使中心钻受到一个附加力而折断，这通常是由于车床尾座偏移，或装夹中心钻的钻头锥柄弯曲及与尾座套筒孔配合不准确而引起偏移等原因造成的。预防方法是在钻中心孔前，必须严格找正中心钻的位置。

（2）工件端面没有车平，或中心处留有凸台，使中心钻不能准确定心而折断。预防方法是要保证钻中心孔处的端面必须平整。

（3）切削用量选择不恰当，如工件转速太低而中心钻钻进太快，使中心钻折断。中心钻的直径很小，即使选用较高的工件转速，切削速度仍然很低。如果手摇尾座手轮过快，相对进给量就太大了，会使中心钻折断。预防方法是减少相对进给量，即均匀缓慢摇动尾座手轮。

（4）中心钻切削刃已磨钝仍强行对工件钻孔也容易折断中心钻，预防方法是在中心钻磨钝后，必须及时修磨或调换。

（5）没有浇注充分的切削液或没有及时清除切屑，以至于切屑堵塞而折断中心钻。解决方法是将折断部分从中心孔内取出，并将中心孔修磨后才能继续加工。

## 4.2.3　台阶轴的车削加工

### 一、零件的工艺分析

**（一）台阶轴的技术要求**

如图4-21所示，台阶轴由外圆柱面、端面、台阶、倒角和中心孔等结构要素构成。

两挡外圆尺寸分别为$\phi 40_{-0.06}^{-0.02}$和$\phi 38_{-0.039}^{0}$，台阶长度尺寸为90±0.15mm。

轴颈和端面对台阶轴轴线跳动度误差小于0.02 mm，轴颈圆柱度误差小于0.015 mm，表面粗糙度$Ra \leqslant 1.6\ \mu m$。

**（二）台阶轴的工艺分析**

为了保证加工质量，采用粗车、精车两阶段完成零件加工。粗车对工件的精度要求不高，在工件装夹方式、车刀选择和切削用量的选择上着重考虑提高劳动生产率等因素。

粗车采用一夹一顶方式装夹工件，以承受较大切削力。

粗车外圆时用75°强力车刀或90°硬质合金粗车刀，车端面用45°车刀。

台阶轴粗车后还要进行精车，直径尺寸应留0.8～1 mm的精车余量，台阶长度留0.5 mm的精车余量。

在粗车阶段，还应校正好车床锥度，以保证工件对圆柱度的要求。

精车采用两顶尖方式装夹工件，以保证零件的精度要求，特别是形位精度的要求。

精车外圆采用90°硬质合金精车刀，要保证90°精车刀装夹时的实际主偏角为93°左右。

精车前要修研中心孔。

注意粗、精加工阶段切削用量的合理选择。

## 二、阶台轴加工的准备

（1）材料：45 钢，毛坯尺寸 $\phi55\times178$ mm，数量为 1 件/人。

（2）量具：钢直尺、0.02 mm/0 ~ 150 mm 游标卡尺、0.01mm/25 ~ 50 mm 千分尺、0.01 mm 百分表（表架）。

（3）刃具：45°车刀、90°外圆车刀（分粗车刀和精车刀）、B2 mm/6.3 mm 中心钻。

（4）工具、辅具：三爪自定心卡盘、钻夹头、呆扳手、圆柱形油石、前顶尖、后顶尖、鸡心夹头、润滑和清扫工具等。

（5）设备：CA6140 型卧式车床。

## 三、台阶轴的加工

### （一）台阶轴的加工步骤

（1）检查毛坯，毛坯伸出三爪自定心卡盘约 40 mm，利用划针找正后夹紧。

（2）用 45°车刀车右端面 *A*，钻中心孔。

（3）试车削，粗车 35 mm 左右长度限位台阶。

（4）工件调头找正后夹紧。

（5）车左端面并保证总长 175 mm，钻中心孔。

（6）一夹一顶装夹工件。

（7）粗车整段 $\phi51$ mm 的外圆并校正外圆圆柱度。

（8）粗车左端 $\phi41$ mm $\times$ 49.5 mm 的外圆。

（9）调头一夹一顶装夹工件。

（10）粗车右端外圆 $\phi39$ mm $\times$ 89.5 mm。

（11）修研中心孔。

（12）采用两顶尖装夹工件。

（13）精车 $\phi50$ mm 至图纸尺寸，精车左端外圆至 $\phi40^{-0.02}_{-0.06}$ mm，长度至 50 mm，表面粗糙度 $Ra\leqslant1.6\ \mu m$，倒角 *C*1。

（14）调头两顶尖装夹工件，精车右端外圆至 $\phi38^{\ 0}_{-0.039}$ mm，长度保证 $90\pm0.15$ mm，表面粗糙度 $Ra\leqslant1.6\ \mu m$，倒角 *C*1。

（15）检查左端圆柱度误差，右端端面跳动和径向跳动误差，合格后卸下工件。

### （二）台阶轴加工的实施

（1）检查机床和毛坯。

（2）装夹工件和车刀。

（3）按加工步骤进行车削加工，检查各部分尺寸和形位误差符合图样要求。

（4）清扫机床，擦净刀具、量具等工具并摆放到位。

### （三）台阶轴的质量评定

检查零件的加工质量，并按表 4-7 进行零件质量评定。

表 4-7　零件质量检测评定表

| 零件编号： | | 学生姓名： | | 成绩： | |
|---|---|---|---|---|---|
| 序号 | 检测项目 | 配分 | 评分标准 | 检测结果 | 得分 |
| 1 | $\phi 40_{-0.06}^{-0.02}$ | 15 | 超差扣 7 分 | | |
| 2 | $\phi 38_{-0.039}^{0}$ | 15 | 超差扣 7 分 | | |
| 3 | $Ra=1.6\ \mu m$（两处） | 15 | 一处超差扣 5 分 | | |
| 4 | $(90\pm0.15)$ mm | 10 | 超差扣 5 分 | | |
| 5 | 检测尺寸 50 mm | 5 | 超差不得分 | | |
| 6 | 检测尺寸 175 mm | 5 | 超差不得分 | | |
| 7 | 两处跳动 | 5 | 一处超差扣 2 分 | | |
| 8 | 两处倒角 | 5 | 不合格不得分 | | |
| 9 | 圆柱度误差 | 5 | 超差扣 2 分 | | |
| 10 | 跳动误差（两处） | 10 | 超差 1 处扣 2 分 | | |
| 11 | 安全文明生产：<br>① 无违章操作情况；<br>② 无撞刀及其他安全事故；<br>③ 机床维护 | 10 | 按检测项目 3 项要求检查并酌情扣分 | | |

## 四、安全操作与注意事项

（1）车床主轴轴线必须在前后顶尖的连线上，否则车出的工件会产生锥度。

（2）在不影响车刀切削的前提下，尾座套筒伸出应尽量短，以增强刚性，减少振动。

（3）中心孔形状应正确，表面粗糙度要小。装入顶尖前，应清除中心孔内的切屑或异物。

（4）由于中心孔与顶尖之间会产生滑动摩擦，如果后顶尖用固定顶尖，应在中心孔内加入工业润滑脂（黄油），以防止温度过高而烧坏顶尖。

（5）中心孔与顶尖配合必须松紧适度，如果顶得太紧，不仅细长工件会弯曲变形，而且对于固定顶尖而言会增加摩擦，对于活动顶尖来说，则容易损坏顶尖内的滚动轴承。如果顶得太松，工件不能准确确定中心，甚至会掉落。

## 五、拓展训练

图 4-41 所示为变速箱输出轴零件，材料为 45 钢，毛坯尺寸为 $\phi 50\times250$ mm，加工数量为 10 件。试编制加工步骤，并上机床完成零件的加工。

**加工要点分析**

$\phi 30.5$ mm 外圆对左、右两端外圆柱公共轴心线的径向圆跳动公差为 0.02 mm，精车时，应采用两顶尖装夹方式。粗车时，为了增加装夹刚性，提高切削效率，采用一夹一顶的装夹方式。夹持端需车出限位支撑，车削时需先校正锥度。

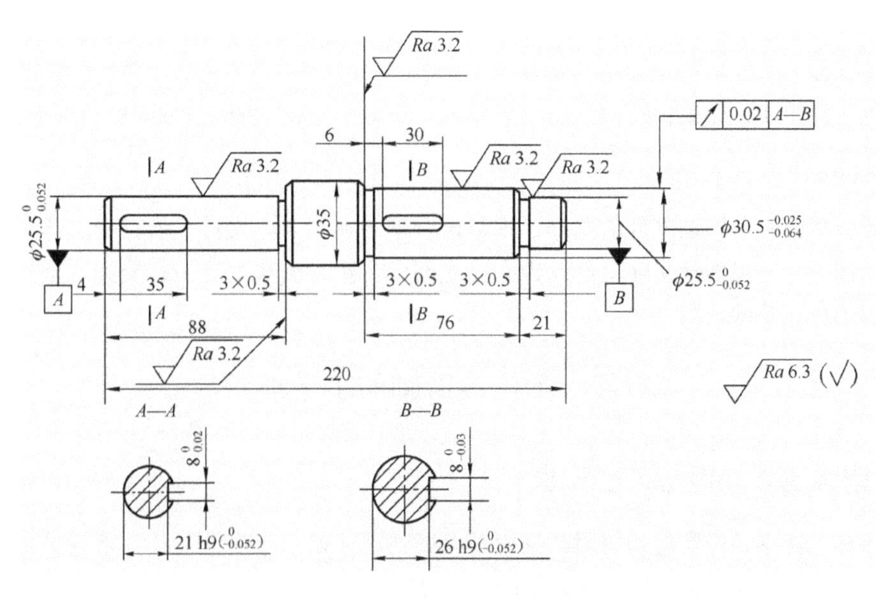


图 4-41　变速箱输出轴

# 4.3　圆锥台阶轴的车削

## 任务描述

在机床和工具中，有许多使用圆锥面配合的场合，如车床主轴锥孔与顶尖的配合，车床尾座锥孔与麻花钻锥柄的配合等。常见的圆锥零件有圆锥齿轮、锥形主轴、锥形手柄等。圆锥面配合同圆柱面配合相比配合紧密、装拆方便，并能在多次装拆或调换零件后仍能保持精度和同轴度，而不影响使用。

加工圆锥面时，除了尺寸精度、形位精度和表面粗糙度具有较高的要求外，还有角度（或锥度）的精度要求。

本任务的训练目标是完成含外圆、台阶、外沟槽、外圆锥等结构的车削任务，该工件的加工图样如图 4-42 所示。

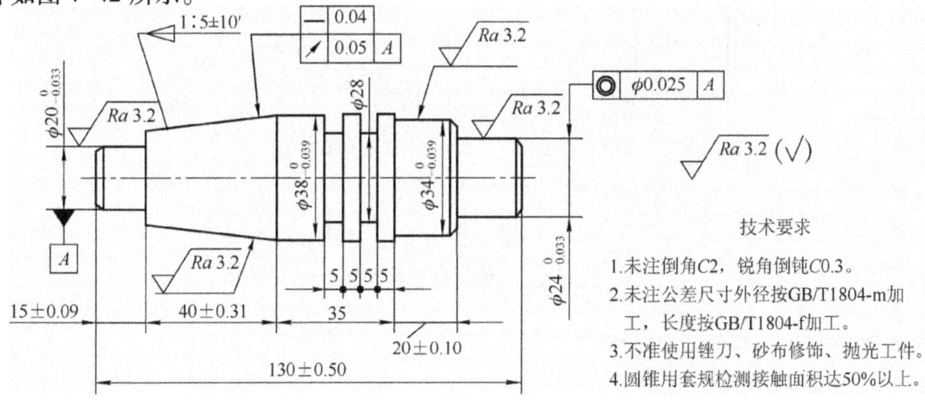


图 4-42　圆锥台阶轴

**知识要点**

锥体轴的加工工艺知识；外沟槽的车削方法；外圆锥的车削方法；外圆锥的测量方法。

**能力目标**

能正确分析圆锥台阶轴零件的图样，编制出合理的加工工艺文件；能正确选择圆锥台阶轴零件的加工刀具；正确选择切削用量并独立完成圆锥台阶轴的车削加工；能完成圆锥台阶轴尺寸、锥度和形位误差的检测。

## 4.3.1 圆锥台阶轴的工艺准备

### 一、圆锥基础知识与工艺要求

在机床和工具中，经常遇到使用圆锥面配合的情况，如车床主轴锥孔与前顶尖锥柄的配合及车床尾座锥孔与麻花钻锥柄的配合，如图 4-43 所示。

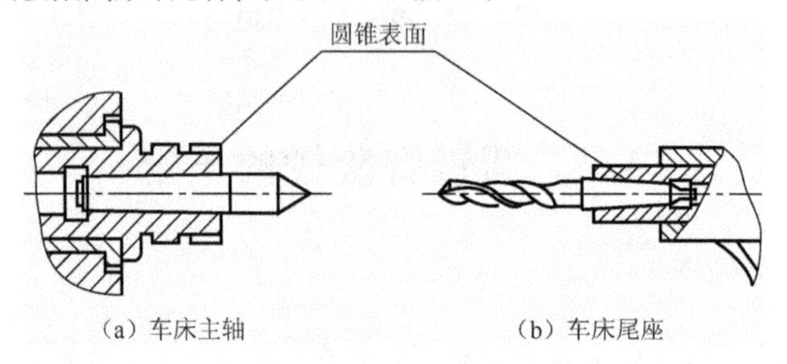


图 4-43　圆锥面配合

#### (一) 圆锥的基本参数

圆锥的基本参数如图 4-44 所示。

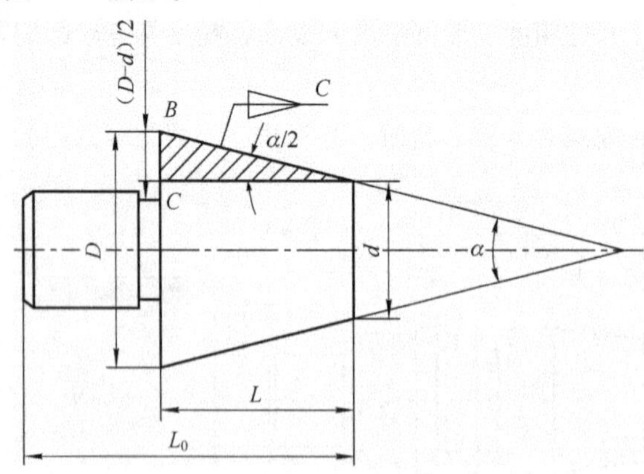


图 4-44　圆锥的基本参数

最大圆锥直径 $D$：简称大端直径。

最小圆锥直径 $d$：简称小端直径。

圆锥长度 $L$：最大圆锥直径与最小圆锥直径之间的轴向距离。工件全长一般用 $L_0$ 表示。

锥度 $C$：圆锥的最大圆锥直径和最小圆锥直径之差与圆锥长度之比。锥度一般用比例或分数形式表示，如1∶7或1/7。

$$C=\frac{D-d}{L} \tag{4-1}$$

圆锥半角 $\alpha/2$：圆锥角 $\alpha$ 是在通过圆锥轴线的截面内两条素线之间的夹角。车削圆锥面时，小滑板转过的角度是圆锥角的一半即圆锥半角 $\alpha/2$。

圆锥半角的计算公式为：

$$\tan(\alpha/2)=\frac{D-d}{2L}=\frac{C}{2} \tag{4-2}$$

圆锥半角与锥度属于同一参数，不能同时标注。

**（二）圆锥各部分尺寸的计算**

圆锥各部分的尺寸通过公式（4-1）和式（4-2）进行计算，下面用实例进行说明。

**例4-1** 图4-45所示为磨床主轴圆锥，已知锥度 $C=1∶5$，最大圆锥直径 $D=45\ \text{mm}$，圆锥长度 $L=50\ \text{mm}$，求最小圆锥直径 $d$。

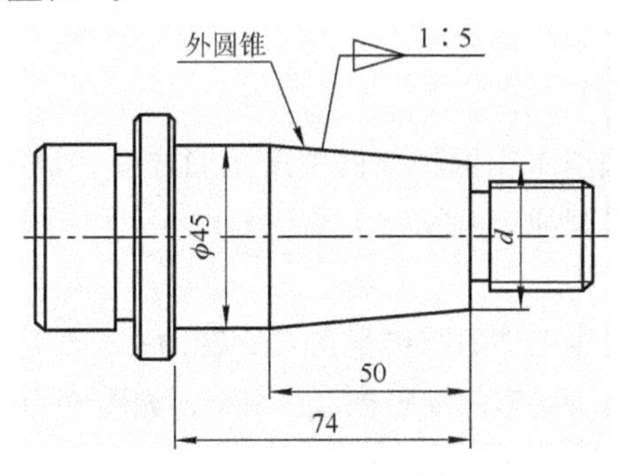


图4-45 磨床主轴

**解：** 根据公式（4-1）得：

$$d=D-CL=45-\frac{1}{5}\times 50=35\ \text{mm}$$

**例4-2** 车削一圆锥面，已知圆锥半角 $\frac{\alpha}{2}=3°15'$，最小圆锥直径 $d=12\ \text{mm}$，圆锥长度 $L=30\ \text{mm}$，求最大圆锥直径 $D$。

**解：** 根据公式（4-2）得：

$$\begin{aligned}D&=d+2L\tan\left(\frac{\alpha}{2}\right)\\&=12+2\times 30\times \tan 3°15'\\&=12+2\times 30\times 0.05678\\&=15.4\ \text{mm}\end{aligned}$$

**例4-3** 车削一磨床主轴圆锥，已知锥度 $C=1∶5$，求圆锥半角 $\alpha/2$。

**解：** $C=1∶5=0.2$，根据公式（4-2）得：

$$\tan\left(\frac{\alpha}{2}\right)=\frac{C}{2}=\frac{0.2}{2}=0.1$$

$$\alpha/2=5°42'38''$$

应用公式（4-2）计算 $\alpha/2$ 时，必须利用三角函数表，不太方便。当圆锥半角 $\alpha/2<6°$时，可用下列近似公式计算：

$$\frac{\alpha}{2}\approx 28.7°\times\frac{D-d}{L}=28.7°\times C \qquad (4\text{-}3)$$

## 二、锥体车削的工艺要求

### （一）锥体车削的刀具

外锥体的车削刀具与台阶轴车削刀具相同。常选用90°车刀、75°强力车刀和45°弯头车刀和圆弧车刀。

### （二）锥体车削的切削用量

外锥体车削的切削用量参考台阶轴加工的切削用量。

# 4.3.2　圆锥台阶轴的车削和检测方法

## 一、外圆锥车削方法

在车床上车削圆锥的方法应根据圆锥面的精度正确选择，常用的方法有：转动小滑板法、偏移尾座法、仿形法及宽刃刀车削法 4 种。

### （一）转动小滑板法

转动小滑板法是把小滑板按工件的圆锥半角 $\alpha/2$ 转动一个相应的角度，采取用小滑板进给的方式，使车刀的运动轨迹与所要车削的圆锥素线平行，如图 4-46 所示。

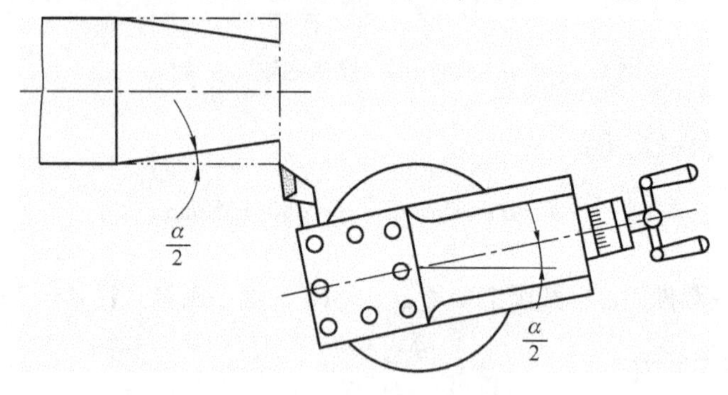


图 4-46　采用转动小滑板法车外圆锥

转动小滑板车削外圆锥的操作方法如下：

**1. 确定小滑板的转动方向**

车外圆锥和内圆锥工件时，如果最大圆锥直径靠近主轴，最小圆锥直径靠近尾座，小滑板应沿逆时针方向转动一个圆锥半角 $\alpha/2$；反之，则应顺时针方向转动一个圆锥半角 $\alpha/2$。

**2. 确定小滑板的转动角度**

由于圆锥的角度标注方法不同，有时图样上没有直接标注出圆锥半角 $\alpha/2$，这时就必须经过换算，才能得出小滑板应转动的角度。换算原则是把图样上所标注的锥度，换算成圆锥素线与车床主轴轴线的夹角 $\alpha/2$。$\alpha/2$ 就是车床小滑板应转过的角度。

**例 4-4**　用转动小滑板法加工图 4-47 所示的圆锥体。计算小滑板偏摆角度。

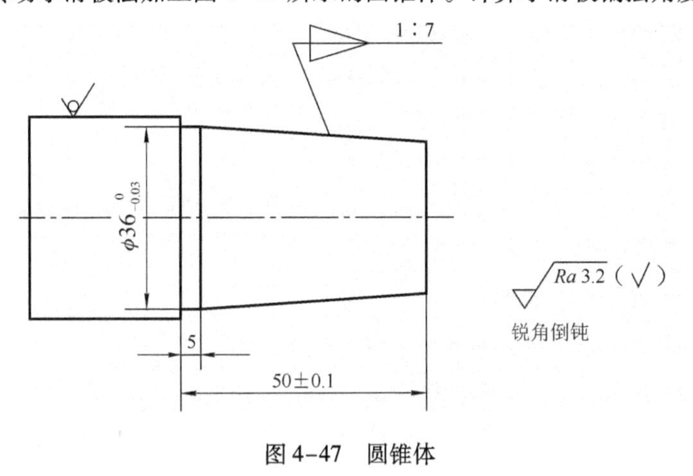


图 4-47　圆锥体

**解**：根据公式（4-3）得：

$$\frac{\alpha}{2}\approx 28.7^\circ\times\frac{D-d}{L}\approx 28.7^{10}\times C\approx 28.7^\circ\times 1/7=4.1^\circ$$

**3. 转动小滑板法车削外圆锥的步骤**

下面结合例 4-4 介绍转动小滑板法车圆锥的步骤。

（1）检查车刀安装高度。车端面检查车刀刀尖是否与工件中心等高，如不等高，车削的圆锥母线会出现双曲线误差。车削 $\phi 36_{-0.03}^{\ 0}$ 外圆至 $\phi 38\times 50$（留调锥车削余量）。

（2）确定圆锥起始角。将小滑板下转盘的螺母松开，把转盘基准零线对齐刻盘上 $\alpha/2$ 的刻度线，上紧螺母。注意，调整的小滑板的起始角只能略大于 $\alpha/2$，如果起始角偏小，会使得圆锥素线车长，难以保证圆锥长度尺寸。

（3）确定起始位置。开动机床，移动中、小滑板，使车刀刀尖与工件右端外圆面轻轻接触，然后将小滑板向后移动，直至退出端面，中滑板刻度调至零位，作为粗车外圆锥的起始位置。

（4）试切削外圆锥。中滑板移动背吃刀量，然后双手交替转动小滑板手柄，手动进给速度应均匀一致，不能间断。当车至终端后将中滑板退出，小滑板后退复位。用角度尺测量圆锥角，并调整小滑板偏摆角度修正圆锥半角，重复多次直至圆锥半角调整合格为止。

（5）半精车外圆锥。在圆锥半角调整合格后，精车 $\phi 36_{-0.03}^{\ 0}$ 至尺寸，中滑板移动背吃刀量，半精车圆锥面，并测量圆锥长度，直至测量的圆锥实际长度小于圆锥理论尺寸 5 mm 左右时，完成半精车。

（6）精车圆锥面。精车前量出锥体的长度余量 $a$，然后，移动小滑板把精车刀退至圆锥的小端，开正车，先让车刀刀尖轻轻接触圆锥的小端外缘，向后退出小滑板，使车刀轴向离开工件端面一个距离（$>a$），摇动大滑板手轮，向前移动床鞍，使床鞍向端面走一个距离 $a$，即完成进刀动作，最后移动小滑板精车完圆锥面，长度即符合图样要求。

**操作提示**

（1）车刀必须对准工件旋转中心，避免出现双曲线误差。

（2）车锥体前圆柱面应留加工余量0.6～1.0 mm（第一次练习可多留，避免调整余量不足）。

（3）小滑板松紧要适宜，否则会影响锥母线的直线度和表面粗糙度。

（4）两手转动小滑板手柄的速度要均匀，进给量控制要适当。

（5）用量角器检查锥度时，测量边应对准工件中心。

（6）涂色检查锥度时，量规要平直套入、退出工件，转动量规时顺着圆周方向用力（转角约180°），防止量规摆动造成错觉。

**4. 转动小滑板法车圆锥的特点**

（1）可以车削各种角度的内外圆锥，适用范围广。

（2）操作简便、能保证一定的车削精度。

（3）由于小滑板法只能手动进给，故劳动强度较大，表面粗糙度较难控制，车削的锥面长度受小滑板行程限制。

（4）转动小滑板法主要适用于单件、小批量生产，车削圆锥半角较大但锥面不长的工件。

**（二）偏移尾座法**

采用两顶尖安装工件，把尾座横向移动一段距离 $S$ 后，使工件回转轴线与机床主轴轴线（纵向进给方向）相交成一个角度 $\alpha/2$，这样加工时工件就车成了一个圆锥，如图4-48所示。

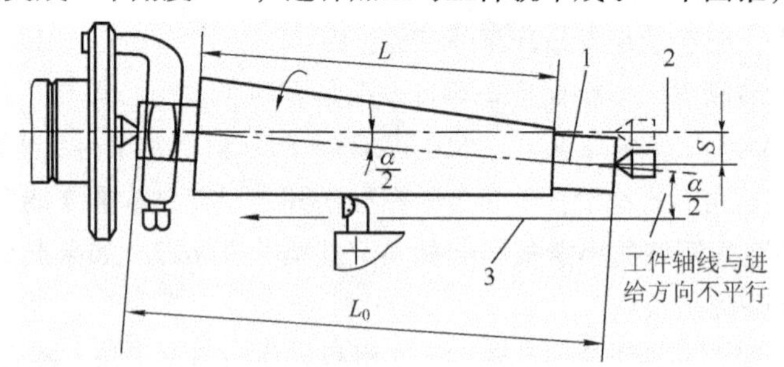


图4-48　偏移尾座车削圆锥体

**1. 尾座偏移量的计算**

采用偏移尾座的方法车削外圆锥时，必须注意尾座的偏移量不仅和圆锥部分的长度 $L$ 有关，而且还和两顶尖之间的距离有关，这段距离一般可以近似地看作工件总长 $L_0$。

尾座偏移量 $S$ 可根据下列近似公式计算，即：

$$S=\frac{D-d}{2L}L_0=\frac{C}{2}L_0 \tag{4-4}$$

式中　$S$——尾座偏移量（mm）；

$D$——最大圆锥直径（mm）；

$d$——最小圆锥直径（mm）；

$L$——工件圆锥部分长度（mm）；

$L_0$——工件总长度（mm）；

$C$——锥度。

**例 4–5** 用偏移尾座法车一外圆锥工件，已知 $D=30$ mm，$C=1:50$，$L=480$ mm，$L_0=500$ mm，求尾座偏移量 $S$。

**解**：根据公式（4–4）可得：

$$S=\frac{C}{2}L_0=\frac{1}{2}\times\frac{1}{50}\times 500\text{ mm}=5\text{ mm}$$

**例 4–6** 在两顶尖之间用偏移尾座法车一外圆锥工件，已知 $D=80$ mm，$d=76$ mm，$L=600$ mm，$L_0=1\,000$ mm，求尾座偏移量 $S$。

**解**：根据公式（4–4）可得：

$$S=\frac{D-d}{2L}L_0=\frac{80-76}{2\times 600}\times 1\,000=3.3\text{ mm}$$

**2. 偏移尾座的方法**

偏移尾座的方法有以下几种。

（1）利用尾座刻度偏移。操作步骤如下：

① 将尾座紧固螺母松开。

② 用六角扳手转动尾座上层两侧的螺钉 1 和 2 进行调整，车正锥时，先松螺钉 1，紧螺钉 2，使尾座上层向里（操作者方向）移动一个 $S$ 距离；车倒锥时则相反。偏移量 $S$ 调整准确后，必须把尾座紧固螺母拧紧，以防止在车削时偏移量 $S$ 发生变化，如图 4–49 所示。

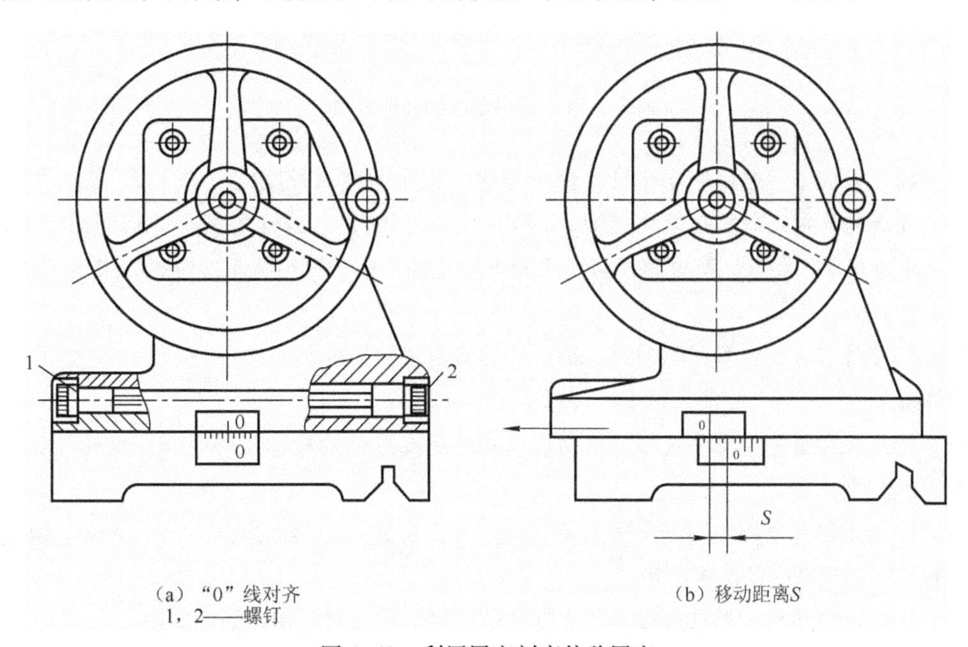


图 4–49 利用尾座刻度偏移尾座

（2）利用百分表偏移。操作步骤如下：

① 将百分表固定在刀架上。

② 使百分表的触头与尾座套筒接触（要求百分表的测量杆轴线与套筒轴线相互垂直，且在同一水平面内）。

③ 调整百分表，使指针为零。

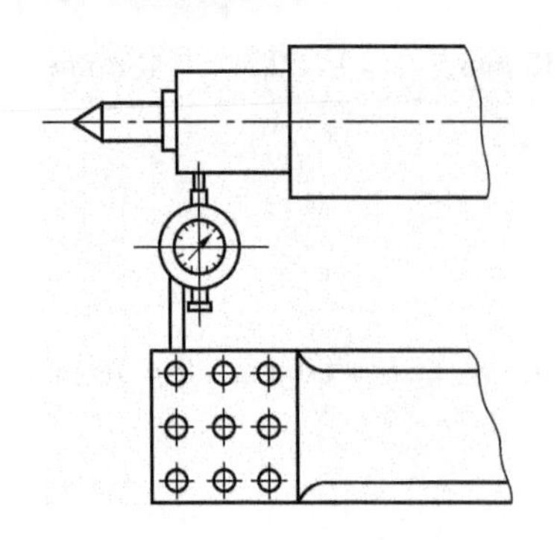

图 4-50　利用百分表偏移尾座

④ 按偏移量调整尾座，当百分表的指针转动量为 $S$ 时，再把尾座固定，如图 4-50 所示。

除上述两种方法外，还可以利用中滑板的刻度或锥度量棒调整尾座的偏移量，如图 4-51 所示。

**3. 偏移尾座法车外圆锥的步骤**

（1）装夹工件。调整尾座在车床导轨上的位置，前、后顶尖的距离等于工件总长，此时尾座套筒伸出的长度应小于套筒总长的 1/2。在工件两端中心孔内加上黄油，在工件的一端装鸡心夹头，把工件装夹在两顶尖之间。

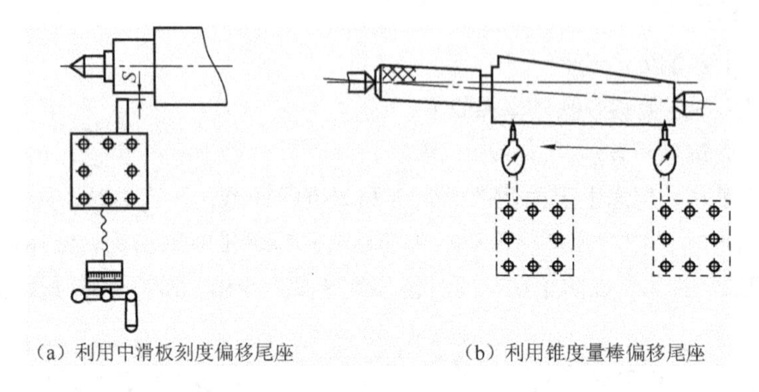


（a）利用中滑板刻度偏移尾座　　（b）利用锥度量棒偏移尾座

图 4-51　偏移尾座的其他方法

（2）粗车外圆锥。按尾座偏移量 $S$ 偏移尾座，粗车圆锥面长度达总长 1/2，检查圆锥角是否正确，若锥角偏大，则反向偏移尾座，即减少尾座偏移量，若锥角偏小，则同向偏移尾座，即增大尾座偏移量，反复试车调整，直至锥角调整正确。机动进给粗车外圆锥，并留 1 mm 左右的精车余量。

（3）精车外圆锥。计算背吃刀量，精车外圆锥至图样要求。

**操作提示**

（1）尾座偏移量的计算公式中，把两顶尖间的距离近似地看作工件总长，这样计算出的偏移量 $S$ 为近似值。

（2）除利用锥度量棒法测量出尾座偏移量之外，用其他偏移尾座的方法，都必须经过试车和逐步修正来达到精确的圆锥半角。

（3）利用中滑板刻度偏移尾座时，要注意消除中滑板丝杠与螺母间的间隙。

（4）利用锥度量棒偏移尾座，锥度量棒要与工件等长，否则车出的锥度有误差。

**4. 偏移尾座法车外圆锥的优缺点**

偏移尾座法车外圆锥的优点是可以自动进给车锥面，车出的工件表面粗糙度值较小，该方法适宜加工锥度小，精度不高、锥体较长的外圆锥。

缺点是因为顶尖在中心孔中歪斜，接触不良，所以中心孔磨损不均；受尾座偏移量的限制，不能车锥度很大的工件；不能车内圆锥及整圆锥。

## （三）仿形法

对于长度较长，精度要求较高的锥体，一般都用仿形法车削。仿形法车圆锥是刀具按照仿形装置（靠模）对工件进行加工的方法，在车床上安装一套仿形装置，该装置能使车刀在做纵向进给的同时，还做横向进给，从而使车刀的移动轨迹与被加工工件的圆锥素线平行，加工出所需要的圆锥面，如图 4–52 所示。

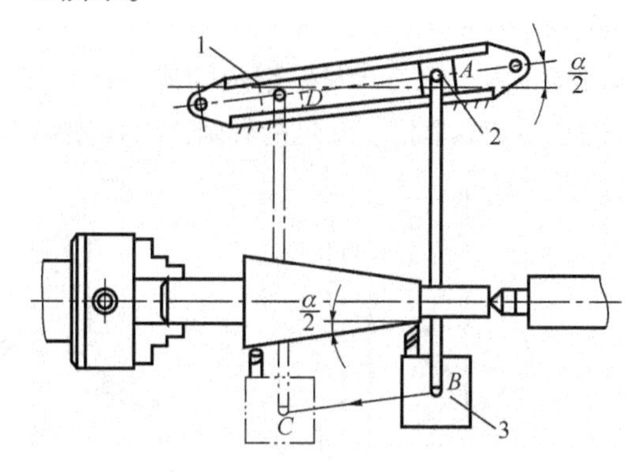


1—靠模板；2—滑块；3—刀架

图 4–52　仿形法车圆锥

仿形法车圆锥的优点是锥度仿形板调整锥度既方便又准确，生产效率高，适合于批量生产。仿形法可自动进给车削外圆锥和内圆锥，零件表面粗糙度较小，表面质量好。

缺点是仿形装置的角度调节范围较小，一般适用于圆锥半角$\frac{\alpha}{2}$在 12°以内的工件。

## （四）宽刃刀车削法

在车削较短的圆锥面时，也可以用宽刃刀直接车出，如图 4–53 所示。

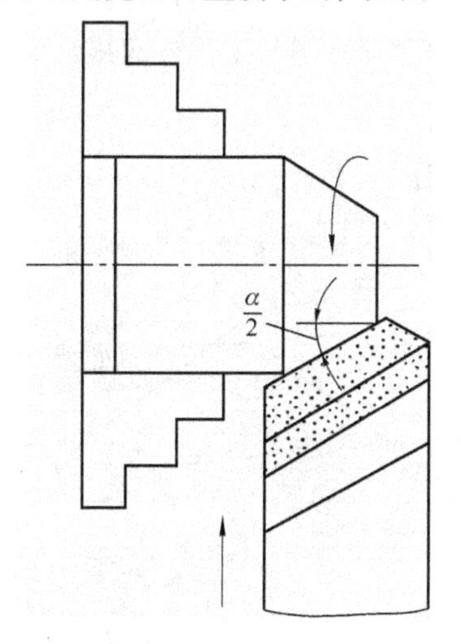


图 4–53　宽刃刀车削圆锥

用宽刃刀车圆锥，实质上属于成形法车削，即用成形刀具对工件进行加工。

用宽刃刀车削外圆锥时，切削刃必须平直，切削刃与主轴轴线的夹角应等于工件圆锥半角

$\frac{\alpha}{2}$。使用宽刃刀车圆锥面，车床必须具有足够的刚度，否则容易引起振动。

宽刃刀车削法主要适用于较短圆锥的精加工。当工件的圆锥素线长度大于切削刃长度时，也可以用多次接刀方法，但接刀处必须平整。

## 二、外沟槽的车削方法

切沟槽大多使用高速钢刀具，高速钢刀具材料耐热性能不是太好，为了降低切削区域的温度，一般需浇注冷却润滑液进行冷却和润滑。常见的外圆沟槽如图 4-54 所示。

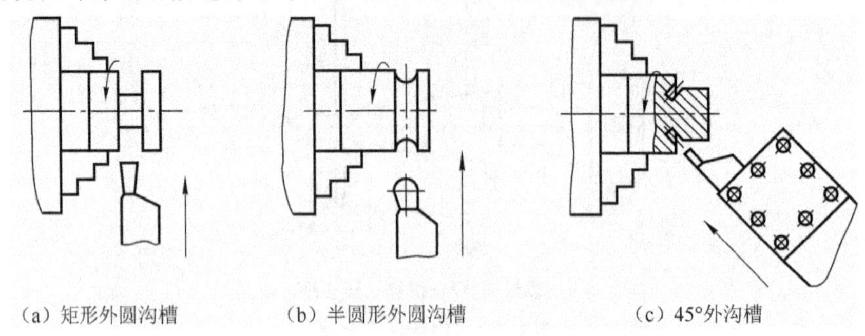


图 4-54　常见的外圆沟槽

### （一）车轴肩沟槽

车削精度不高和宽度较窄的沟槽时，采用等于槽宽的车槽刀，沿着轴肩将槽车出。具体操作步骤如下：

（1）开机，移动床鞍和中滑板，使车刀靠近沟槽位置。

（2）摇动中滑板手柄，使车刀主切削刃靠近工件外圆，右手摇动小滑板手柄，使刀尖与台阶面轻微接触，车刀横向进给，当主切削刃与工件外圆接触后，记下中滑板刻度或将刻度调整为零，如图 4-55 所示。

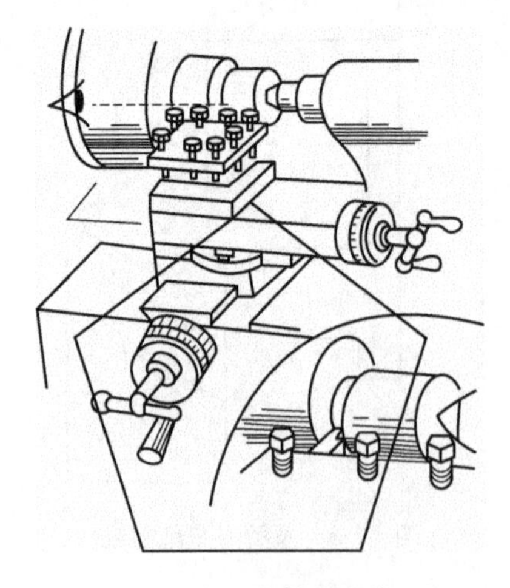

图 4-55　车轴肩沟槽

（3）摇动中滑板手柄，手动进给车外沟槽，当刻度进到槽深尺寸时，停止进给，退出车刀。

（4）用游标卡尺检查沟槽尺寸。

### （二）车非轴肩沟槽

沟槽不在轴肩处，确定车槽正确位置的方法有两种，一种是直接用钢皮尺测量车槽刀的工作位置，如图4–56（a）所示。将钢皮尺的一端靠在尺寸基准面上，车刀纵向移动，使左侧的刀尖与钢皮尺上所需的长度对齐，然后车刀横向进给，当主切削刃与工件外圆接触后，记下中滑板刻度或将刻度调整为零，摇动中滑板手柄割槽至规定的尺寸深度。

另一种方法是利用床鞍或小滑板的刻度盘控制车槽的正确位置，如图4–56（b）所示。操作方法是，将车槽刀刀尖轻轻靠向基准面，当刀尖与基准面轻微接触后，将床鞍或小滑板刻度调至零位，车刀纵向移动至沟槽正确的位置后，摇动中滑板手柄进行割槽。

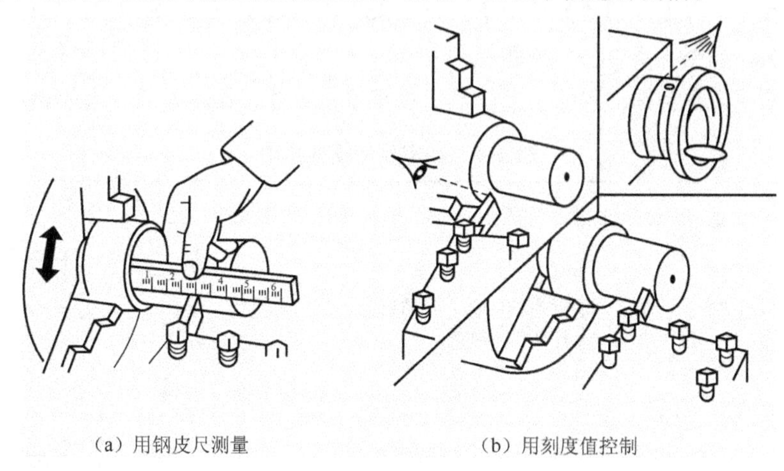

（a）用钢皮尺测量　　（b）用刻度值控制

图4–56　车非轴肩沟槽控制沟槽位置

### （三）车宽矩形沟槽

车槽前，要先确定沟槽的正确位置。常用的方法有刻线痕法，即在槽的两端位置用车刀刻出线痕作为车槽时的标记，如图4–57（a）所示。另一种方法是用钢板尺直接量出沟槽位置，如图4–57（b）所示。这种方法操作简单，但测量时必须要弄清楚是否要包括刀宽尺寸。

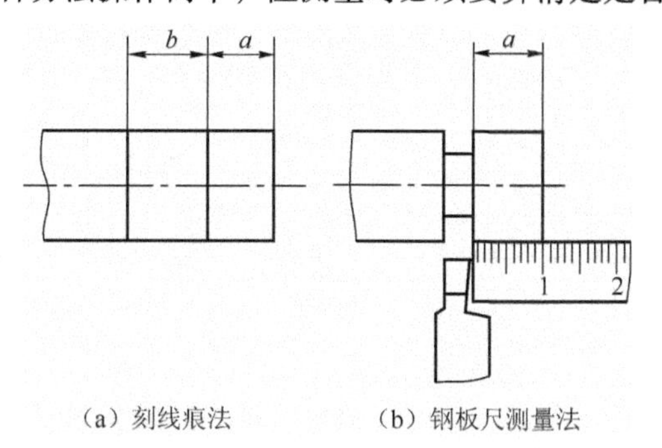


（a）刻线痕法　　（b）钢板尺测量法

图4–57　车宽槽确定沟槽位置

沟槽位置确定后，可分粗精车将沟槽车至尺寸，粗车一般要分几刀将槽车出，槽的两侧面各留0.5 mm的精车余量，如图4–58（a）所示。粗车最后一刀应同时在槽底纵向进给一次，将槽底车平。

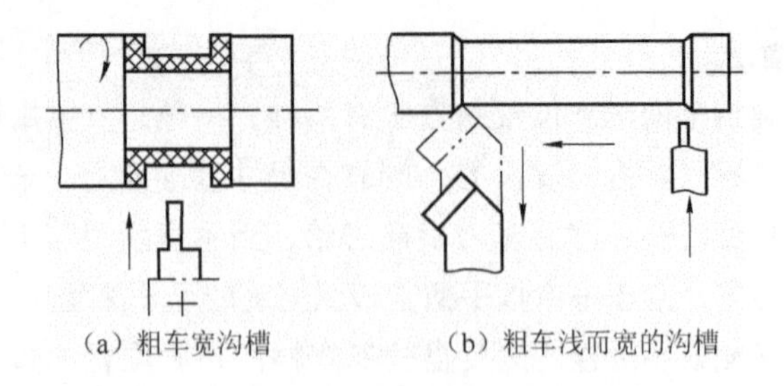
（a）粗车宽沟槽　　（b）粗车浅而宽的沟槽

图 4-58　粗车宽沟槽

如果沟槽很宽，深度又很浅的情况下，可用 45° 车刀纵向进给粗车沟槽，然后再用车槽刀将两边的斜边车去，如图 4-58（b）所示。

精车宽沟槽应先车沟槽的尺寸位置，然后再车槽宽尺寸，具体车削方法如表 4-8 所示。

**表 4-8　精车宽沟槽的步骤**

| 步骤 | 说　明 | 简　图 |
|---|---|---|
| 1 | 移动床鞍和中滑板，使车刀靠近槽的侧面，开动机床，使刀尖与槽侧面相接触，车刀横向退出，小滑板刻度调零 | |
| 2 | 背吃刀量根据精车余量控制，具体数值用小滑板刻度值控制，第一次试切削刻度值不要进足，要留有余地，试切削深度为 1 mm 左右，用游标卡尺测量沟槽的位置尺寸，然后按实际测量值调整背吃刀量，将槽的一侧面精车到尺寸 | |
| 3 | 车槽刀纵向进给精车槽底 | |
| 4 | 用中滑板刻度控制背吃刀量，沟槽直径尺寸用千分尺测量 | |

续上表

| 步骤 | 说明 | 简图 |
| --- | --- | --- |
| 5 | 精车槽宽尺寸，试切削后，用样板检查槽宽，符合要求后，车刀横向进给，车槽侧面至清角时止。停机，退出车刀 | 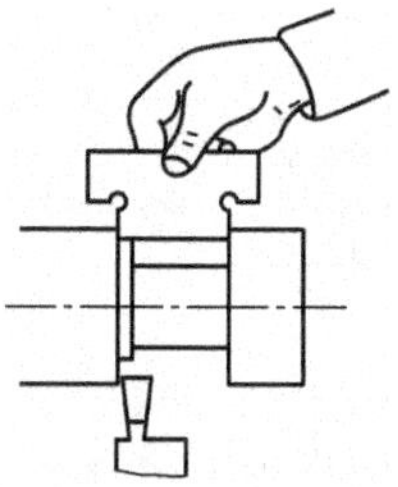 |
| 6 | 用卡板插入槽内，检查槽宽尺寸。卡板有通端和止端，通端应全部进入槽内，止端不可进入 | 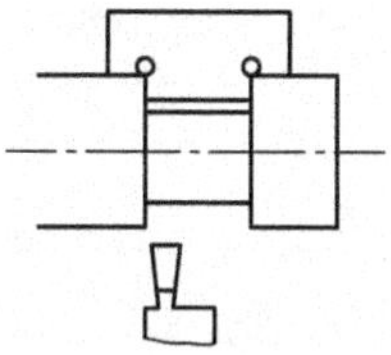 |

### （四）车45°外沟槽

#### 1. 车刀的几何角度

车刀的几何角度与矩形车槽刀相同，主切削刃宽度应等于槽宽，不同的是，左侧的副刀面应磨成圆弧状，如图4–59所示。

#### 2. 45°外沟槽的车削方法

（1）将小滑板转盘的压紧螺母松开，按顺时针方向转过45°后用螺母锁紧。刀架位置不转动，使车槽刀头与工件成45°。

（2）移动床鞍，使刀尖与台阶端面有微小间隙。

（3）向里摇动中滑板手柄，使刀尖与外圆有微小间隙。

（4）开机，移动小滑板，使两刀尖分别切入工件的外圆和端面，如图4–60（a）所示。当主切削刃全部切入后，记下小滑板刻度。

（5）加切削液，均匀地摇动小滑板手柄直到刻度到达所要求的槽深为止，如图4–60（b）所示。

（6）小滑板向后移动，退出车刀，检查沟槽尺寸。

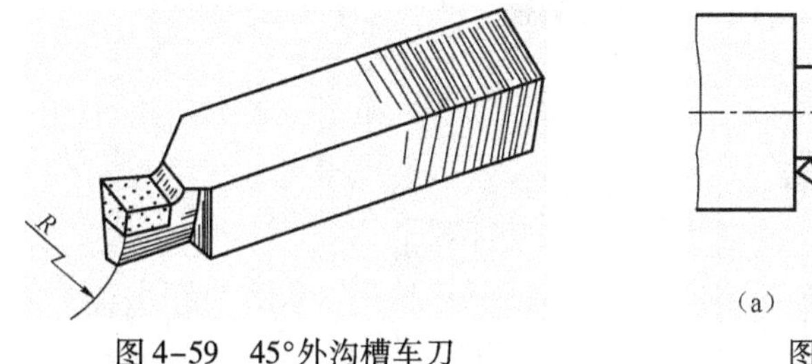


图4–59　45°外沟槽车刀

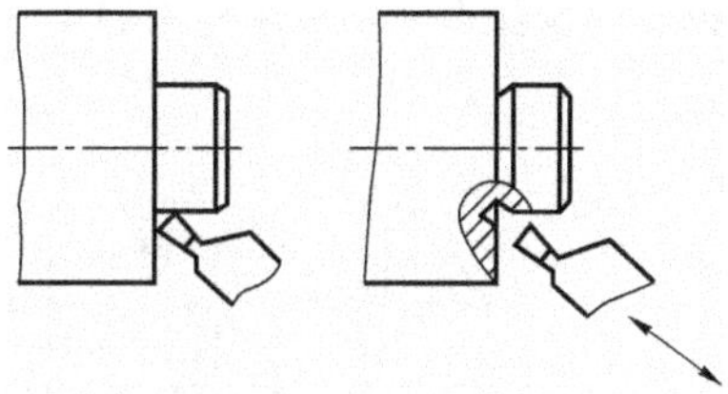

（a）　（b）

图4–60　车45°外沟槽

## 三、锥体轴的检验

### （一）角度（锥度）的检验

#### 1. 用游标万能角度尺测量

游标万能角度尺的分度值一般有5′和2′两种，测量方法如图4–61所示。

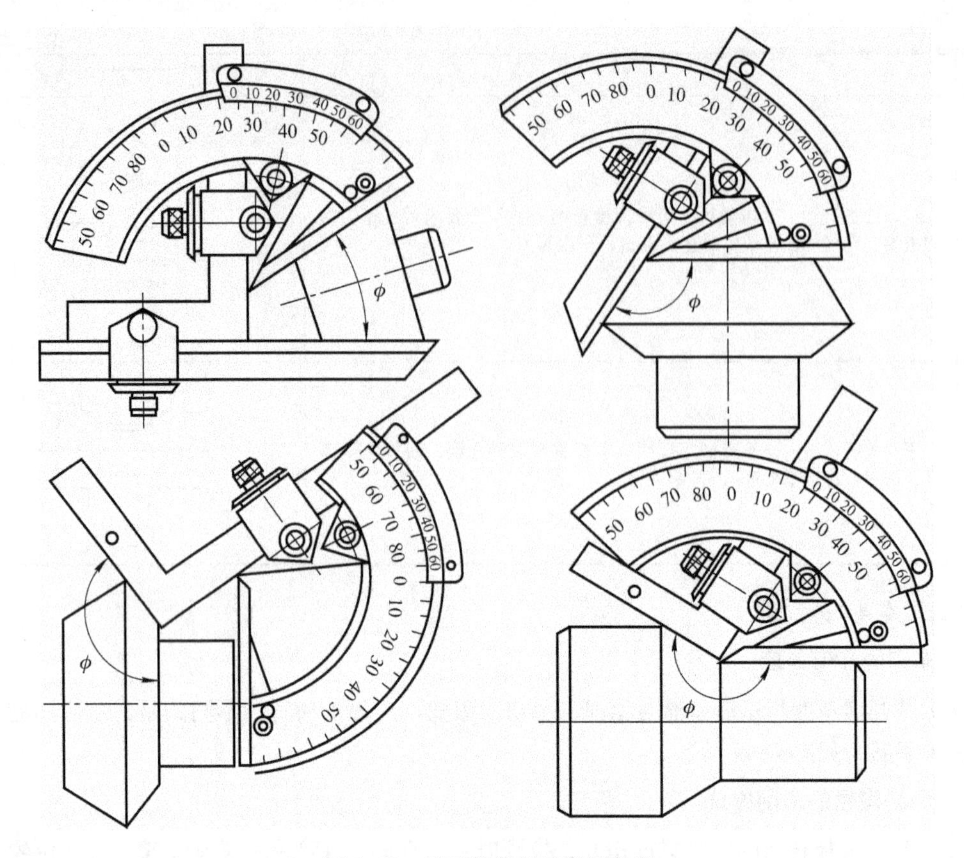


图 4-61　用万能角度尺测量角度

**操作提示：**

（1）按工件所要求的角度，调整好游标万能角度尺的测量范围。

（2）工件表面要清洁。

（3）测量时，游标万能角度尺面应通过中心，并且一个面要与工件测量基准面吻合，透光检查。读数时，应该固定螺钉，然后离开工件，以免角度值变动。

**2. 用角度样板测量**

在成批和大量生产时，可用专用的角度样板来测量工件，如图 4-62 所示。

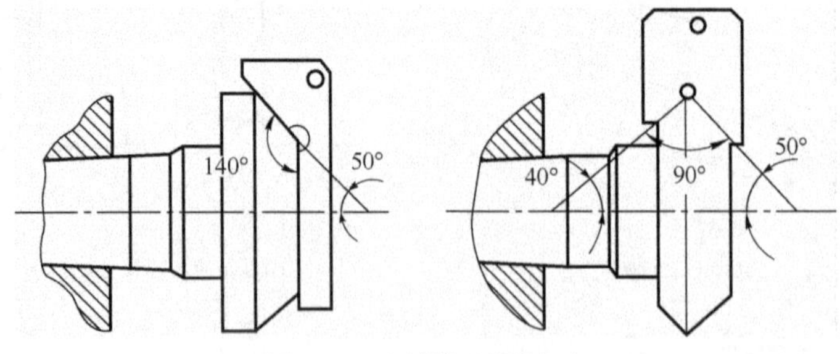


图 4-62　用样板测量角度

**3. 用圆锥量规测量**

在测量标准圆锥或配合精度要求较高的圆锥工件时，可使用圆锥量规，如图 4-63 所示。

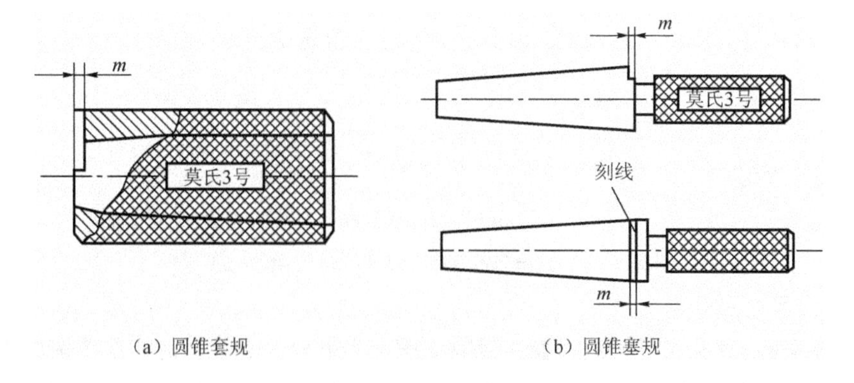


（a）圆锥套规　　（b）圆锥塞规

图 4-63　圆锥量规

圆锥量规分为圆锥套规和圆锥塞规，圆锥套规用于测量外圆锥，圆锥塞规用于测量内圆锥。

用圆锥套规测量外圆锥时，先在工件表面上顺着锥体母线用显示剂均匀地涂上三条线（相隔约 120°），然后把套规套入外圆锥中转动（约 ±30°），观察显示剂擦去的情况。如果接触部位很均匀，说明锥面接触情况良好，锥度正确。假如小端的显示剂被擦去，而大端没擦去，说明圆锥角小了；反之就说明圆锥角大了。

**4. 用正弦规测量**

正弦规如图 4-64 所示，在平板上放一正弦规，工件放在正弦规的平面上，下面垫进量块，然后用百分表检查工件圆锥的两端高度，如百分表的读数值相同，则可记下正弦规下面的量块组的高度值 $H$，代入公式计算出圆锥角 $\alpha$。将计算结果和工件所要求的圆锥角相比较，便可得出圆锥角的误差。也可先计算出垫块的 $H$ 值，把正弦规一端垫高，再把工件放在正弦规平面上，用百分表测量工件圆锥的两端，如百分表读数相同，就说明锥度正确。

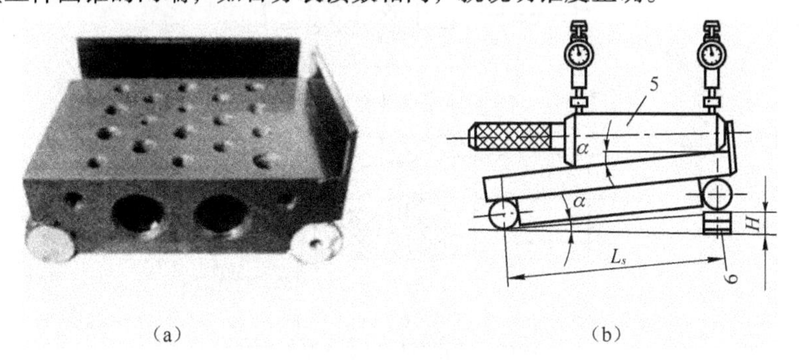


（a）　　（b）

图 4-64　用正弦规测量圆锥角

正弦规计算圆锥角 $\alpha$ 的公式如下：

$$\sin\alpha = \frac{H}{L_s} \tag{4-5}$$

式中　$\alpha$——圆锥角（°）；

$H$——量块高度（mm）；

$L_s$——正弦规两圆柱间的中心距（mm）。

**例 4-7** 已知$\frac{\alpha}{2}=1°30'$，$L_S=200$ mm，求垫量块的高度 $H$。

**解：** $\frac{\alpha}{2}=1°30'$，$\alpha=3°$

查正弦函数表得：

$$\sin 3° = 0.05234$$

$$H = L_S \sin\alpha = 200 \times 0.05234 = 10.468 \text{ mm}$$

**（二）圆锥尺寸的检验**

圆锥体的角度合格后，尺寸的控制主要有大端直径和锥体长度。对一般要求的锥体，可用卡尺测量；对配合要求高的锥体可用锥套配合检测，控制基面距尺寸。

图 4-65 所示是用圆锥套规检验外圆锥的方法。图 4-65（a）表示工件小端直径合格，图 4-65（b）表示工件小端直径太大，图 4-65（c）表示工件小端直径太小。

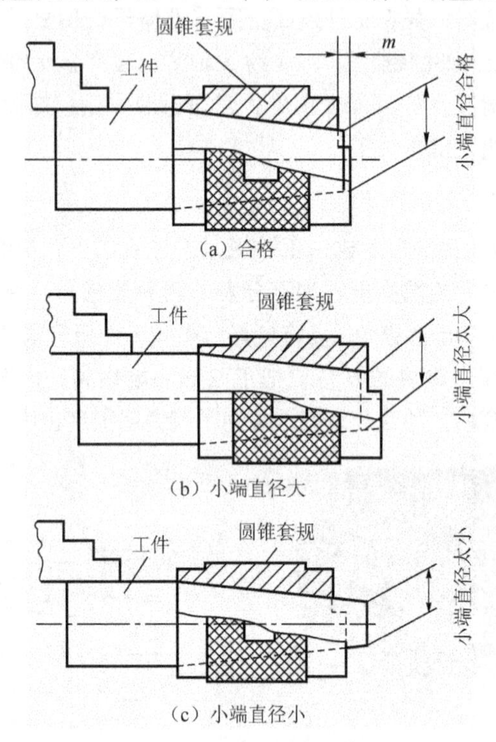


图 4-65 用圆锥套规检测外圆锥

在车圆锥的过程中，当锥度已车准，而大小端尺寸还未达到要求时，必须再进给车削，并按照下面的方法控制好尺寸。

**1. 控制大端直径**

对要求不高的锥体，可采用测量大端直径，再按中滑板刻度控制其尺寸的方法车削。

**2. 控制配合基面距长度**

用圆锥量规测量控制配合基面距长度 $l$，如图 4-66 所示，要确定横向进给多少，有如下两种方法。

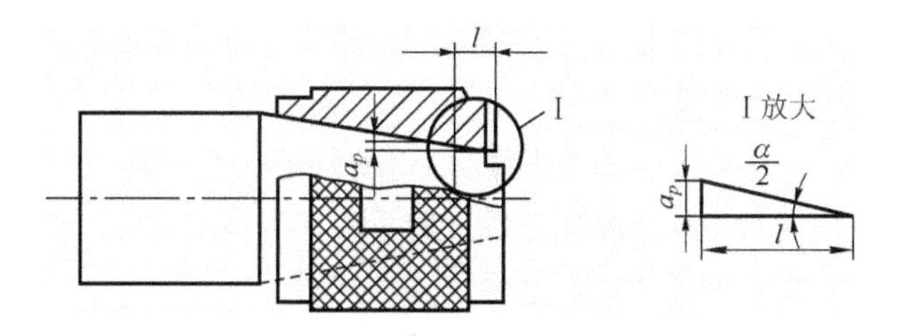


图 4-66 车外圆锥控制尺寸的方法

（1）计算法控制切削深度。当工件外圆锥的尺寸大或内圆锥的尺寸小，表现在长度上还相差一个距离 $l$ 时，背吃刀量 $a_p$ 可用下列公式计算：

$$a_p = l \times \tan\left(\frac{\alpha}{2}\right) \quad 或 \quad a_p = l\frac{C}{2} \tag{4-6}$$

式中 $a_p$——当圆锥量规刻线或台阶中心面离工件端面的长度为 $l$ 时的背吃刀量（mm）；

$\frac{\alpha}{2}$——圆锥半角（°）；

$C$——锥度。

**例 4-8** 已知工件锥度 $C=1:20$，用圆锥套规测量工件时，圆锥体小端离套规台阶中心为 2 mm，问背吃刀量为多少时才能使大端直径合格。

**解：** 根据公式（4-6）得：

$$a_p = l\frac{C}{2} = 2 \times \frac{1}{20} \times \frac{1}{2} = 2 \times \frac{1}{40} = 0.05\ \text{mm}$$

（2）用移动床鞍法控制锥面配合长度。当用圆锥量规检验工件尺寸时，如果界限刻线或台阶面中心和工件端面还相差一个长度 $l$，如图 4-67 所示，这时取下圆锥量规，使车刀轻轻接触工件小端表面，接着移动小滑板，使车刀离开工件端面的距离 $\geqslant l$，然后移动床鞍使车刀同工件端面接触（因为车刀是沿着主轴轴线平行方向移动的），这时虽然没有移动中滑板，但由于小滑板是沿着圆柱母线移动了一段距离，所以车刀已切入一个需要的深度，车削后圆锥体尺寸合格。

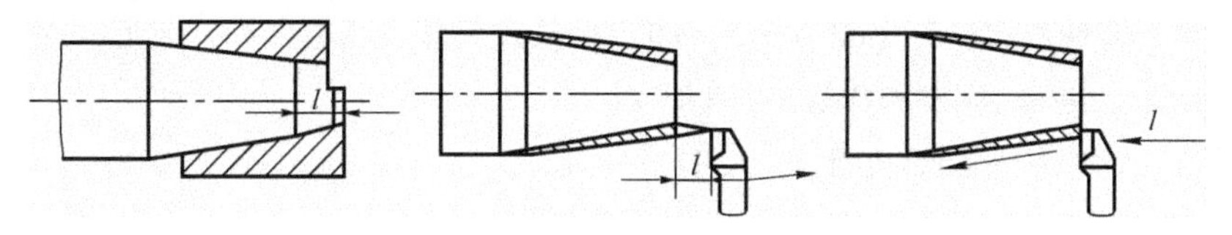


图 4-67 用移动床鞍车锥体控制尺寸

## 4.3.3 圆锥台阶轴的车削加工

### 一、零件的工艺分析

#### （一）圆锥台阶轴的技术要求

如图 4-42 所示，此工件为圆锥台阶轴，由外圆柱面、外圆锥面、外矩形沟槽、端面、台阶、倒角和中心孔等结构要素构成。两挡外圆尺寸公差 0 ~ 0.039 mm，另两档外圆尺寸公差为0 ~ 0.033 mm，同轴度公差为 $\phi$0.025 mm，外圆锥面圆跳动公差为 0.05 mm，外圆锥母线直线度公差为 0.04 mm，外圆锥锥度精度等级 9 级（或接触面积大于 50%）。表面粗糙度值 $Ra \leqslant 3.2\ \mu\text{m}$。此圆锥台阶轴外圆锥面的跳动公差和同轴度公差的基准均为 $\phi 20_{-0.033}^{0}$ mm 外圆柱的轴线。

### （二）圆锥台阶轴的工艺分析

为了保证加工质量，采用粗车、精车两阶段完成零件加工。粗车对工件的精度要求不高，在工件装夹方式、车刀选择和切削用量的选择上着重考虑提高劳动生产效率等因素。

粗车采用一夹一顶方式装夹工件，以承受较大切削力。

粗车外圆时用90°硬质合金粗车刀，车削外圆锥用90°硬质合金车刀，车端面用45°车刀，割外沟槽用外沟槽车刀。

圆锥台阶轴粗车后还要进行精车，直径尺寸应留 0.8 ~ 1 mm 的精车余量，台阶长度留 0.5 mm的精车余量。

在粗车阶段，还应校正好车床锥度，以保证工件对圆柱度的要求。

精车采用两顶尖方式装夹工件，以保证零件的精度要求，特别是形位精度的要求。

精车外圆采用90°硬质合金精车刀，要保证90°精车刀装夹时的实际主偏角为93°左右。

精车前要修研中心孔。

注意粗、精加工阶段切削用量的合理选择。

圆锥台阶轴加工的工艺过程如下：

下料—车端面—钻中心孔（两端面）——夹一顶装夹工件—粗车各台阶外圆—两顶尖装夹工件—精车各台阶外圆和外圆锥—粗、精车外矩形沟槽—检查。

## 二、圆锥台阶轴加工的准备

（1）材料：45 钢，尺寸为 $\phi$40 × 140 mm，数量为 1 件/人。

（2）量具：钢直尺、0.02 mm/0 ~ 150 mm 游标卡尺、0.01 mm/0 ~ 25 mm 外径千分尺、0.01 mm/0 ~ 50 mm外径千分尺、0.02 mm/0 ~ 200 mm 游标深度卡尺、2′/0° ~ 320°万能角度尺或锥度套规、红丹粉、同轴度测量仪、刀口尺、0.01 mm 百分表（表架）。

（3）刃具：45°车刀、90°车刀、外沟槽车刀 4 mm × 7 mm、中心钻 A3。

（4）工具、辅具：钻夹头（$\phi$1 ~ $\phi$13 mm）、莫氏过渡套、鸡心夹头、卡盘扳手、刀架扳手、三爪自定心卡盘、顶尖、润滑和清扫工具等。

（5）设备：CA6140 型卧式车床。

## 三、圆锥台阶轴的加工

### （一）圆锥台阶轴加工步骤

（1）夹持工件毛坯外圆，车端面和装夹台阶，钻中心孔 A3。

（2）调头，车端面，控制总长 130 ± 0.05mm，钻中心孔 A3。

（3）一夹一顶装夹工件，粗车外圆 $\phi$38 mm 至尺寸 $\phi$39 mm；外圆 $\phi$20 mm 至尺寸 $\phi$22 mm，长 14 mm。

（4）调头，粗车外圆 $\phi$34 mm 至 $\phi$36 mm，长 39 mm；外圆 $\phi$24 mm 至尺寸 $\phi$26 mm，长 20 mm。

（5）用两顶尖装夹工件，精车外圆锥大端外圆 $\phi 38_{-0.039}^{0}$ mm 至精度要求；外圆 $\phi 20_{-0.033}^{0}$ mm 至精度要求，控制长度（15 ± 0.09）mm；倒角 $C2$。

（6）转动小滑板 5°42′，粗、精车外圆锥，控制锥长 40 ± 0.31 mm，倒角 $C0.3$。

（7）调头，精车 $\phi 34_{-0.039}^{0}$ mm 外圆至精度要求，控制长度 40 mm，精车 $\phi 24_{-0.033}^{0}$ mm 外圆至精度要求，控制长度（20 ± 0.01）mm，倒角 C2（两处）。

（8）粗、精车外矩形沟槽，控制沟槽宽度、深度至尺寸要求。

（9）检查，卸下工件。

**（二）圆锥台阶轴加工的实施**

（1）检查机床和毛坯。

（2）装夹工件和车刀。

（3）按加工步骤进行车削加工，检查各部分尺寸和形位误差符合图样要求。

（4）清扫机床，擦净刀具、量具等工具并摆放到位。

**（三）圆锥台阶轴的质量评定**

检查零件的加工质量，并按表 4-9 进行评价。

**表 4-9 零件质量检测评定表**

| 零件编号： | | 学生姓名： | | 成绩： | |
|---|---|---|---|---|---|
| 序号 | 检测项目 | 配分 | 评分标准 | 检测结果 | 得分 |
| 1 | $\phi 20_{-0.033}^{0}$ | 5 | 超差 0.01 扣 2 分 | | |
| 2 | $\phi 24_{-0.033}^{0}$ | 5 | 超差 0.01 扣 2 分 | | |
| 3 | $Ra = 3.2$ μm（四处） | 5 | 一处超差扣 2 分 | | |
| 4 | $\phi 38_{-0.039}^{0}$ | 5 | 超差 0.01 扣 2 分 | | |
| 5 | $\phi 34_{-0.039}^{0}$ | 5 | 超差 0.01 扣 2 分 | | |
| 6 | 外圆锥素线直线度误差 | 5 | 超差扣 5 分 | | |
| 7 | 外圆锥面圆跳动误差 | 5 | 超差扣 5 分 | | |
| 8 | 同轴度误差 | 5 | 超差扣 5 分 | | |
| 9 | 沟槽宽度 5 ± 0.1（两处） | 5 | 超差 0.01 扣 2 分 | | |
| 10 | 沟槽深度 $\phi$28 ± 0.1（两处） | 5 | 超差 0.01 扣 2 分 | | |
| 11 | 15 ± 0.09 | 5 | 超差 0.01 扣 2 分 | | |
| 12 | 40 ± 0.31 | 5 | 超差 0.01 扣 2 分 | | |
| 13 | 20 ± 0.10 | 5 | 超差 0.01 扣 2 分 | | |
| 14 | 130 ± 0.5 | 5 | 超差 0.01 扣 2 分 | | |
| 15 | 锥度误差 | 10 | 不合格不得分 | | |
| 16 | 倒角（三处） | 5 | 不合格一处扣 2 分 | | |
| 17 | 安全文明生产：<br>① 无违章操作情况；<br>② 无撞刀及其他安全事故；<br>③ 机床清洁与维护 | 15 | 按检测项目 3 项要求检查并酌情扣分 | | |

## 四、零件加工质量分析

车圆锥时，往往会产生锥度（角度）不正确、双曲线误差、表面粗糙度值大等加工质量问题，应按照表 4-10 所示进行加工质量分析。

表 4–10　车圆锥时产生废品的原因和预防措施

| 废品种类 | 产生原因 | 预防方法 |
| --- | --- | --- |
| 锥度（角度）不正确 | 1. 用转动小滑板法车削时<br>（1）小滑板转动角度计算差错或小滑板角度调整不当；<br>（2）车刀没紧固；<br>（3）小滑板移动时松紧不均 | （1）仔细计算小滑板应转动的角度、方向，反复试车校正；<br>（2）紧固车刀；<br>（3）调整镶条间隙，使小滑板移动均匀 |
| | 2. 用偏移尾座法车削时<br>（1）尾座偏移位置不正确；<br>（2）工件长度不一致 | （1）重新计算和调整尾座偏移量；<br>（2）若工件数量较多，其长度应一致，且各工件两端中心孔间距离应一致 |
| | 3. 用宽刃刀法车削时<br>（1）装刀不正确；<br>（2）切削刃不直；<br>（3）刃倾角不对 | （1）调整切削刃的角度和对准中心；<br>（2）修磨切削刃的直线度；<br>（3）重磨刃倾角 |
| 大小端尺寸不正确 | 1. 未经常测量大小端直径<br>2. 控制刀具进给错误 | 1. 经常测量大小端直径<br>2. 及时测量，用计算法或移动床鞍法控制背吃刀量 |
| 双曲线误差 | 车刀刀尖未对准工件轴线 | 车刀刀尖必须严格对准工件轴线 |
| 表面粗糙度达不到要求 | 1. 切削用量选择不当<br>2. 手动进给忽快忽慢<br>3. 车刀角度不正确，刀尖不锋利<br>4. 小滑板镶条间隙不当<br>5. 未留足精车或铰削余量 | 1. 正确选择切削用量<br>2. 手动进给要均匀，快慢一致<br>3. 刃磨车刀，角度要正确，刀尖要锋利<br>4. 调整小滑板镶条间隙<br>5. 要留有适当的精车或铰削余量 |

## 五、圆锥台阶轴加工注意事项

### （一）加工中的注意点

（1）加工中若发现因尾座不对主轴中心车削而使外圆加工产生锥度，需及时调整尾座，且注意调整方向要正确。

（2）车削圆锥时，应选择较高的切削速度，双手交替操纵小滑板，均匀进给。

（3）小滑板调整不宜过松，以防止工件车削刀痕粗细不一。

（4）装夹时，鸡心夹头必须牢靠夹住工件，以防止车削时因移动、打滑而损坏车刀。注意防止鸡心夹头的拨杆与三爪卡盘平面碰撞而破坏顶尖的定心作用，加工时应时刻注意顶尖的松紧程度。

### （二）检测要点

尺寸精度测量时，外圆公差利用外径千分尺在工件的同一直径截面内检测。用万能角尺检测锥度时，测量边应通过工件中心。若使用锥度套涂色检测锥度，涂色应薄而均匀，转动量在半圈之内。

同轴度和外锥体圆跳动可在加工完成后用两顶尖支撑工件，用吸铁表架装百分表检测，外圆锥体素线直线度利用刀口尺检测。表面粗糙度可用粗糙度测量仪测量。

## 六、拓展训练

车削加工图 4–68 所示的外圆锥零件，材料为 45 钢，毛坯为 $\phi$26 mm × 145 mm 棒料，件数为 1 件。试编制加工步骤，并上机床完成零件的加工。

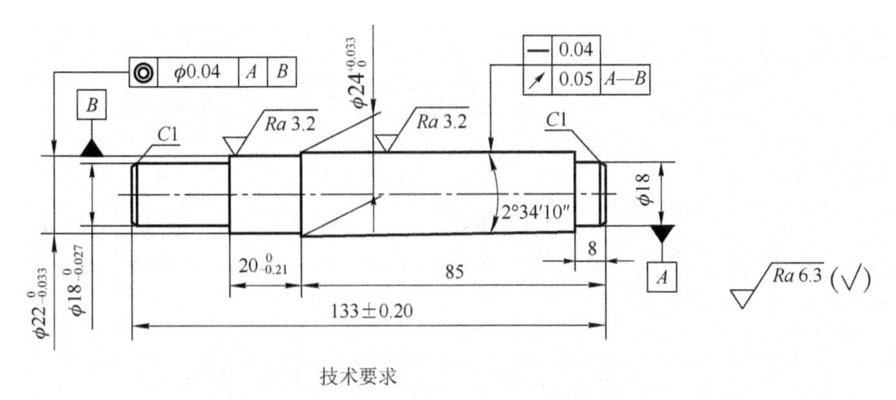


图 4-68 外圆锥零件

**加工要点分析：**

工件尺寸和形位精度要求高，粗车采用一夹一顶装夹工件，精车采用两顶尖装夹工件；锥度采用万能角尺或涂色法检测；加工时若发现因尾座不对主轴中心车削产生锥度，需及时调整；车圆锥采用转动小滑板的方法，操作时应选择较高的切削速度，双手交替均匀转动小滑板手轮，保持车刀均匀车削。

# 4.4 减速器传动轴的车削

## 任务描述

减速器传动轴是机械传动中常见的结构较为简单的轴类零件，用来支承轴上零件与传递运动，承受弯矩和传递扭矩。其两端的轴颈（轴承位）、中间支承齿轮的圆柱等尺寸精度要求较高，右端轴段由三角形螺纹构成，并有形位公差要求。

本任务的训练目标是完成含外圆、台阶、圆锥、切槽、螺纹组合轴的车削任务，工件加工图样如图 4-69 所示。

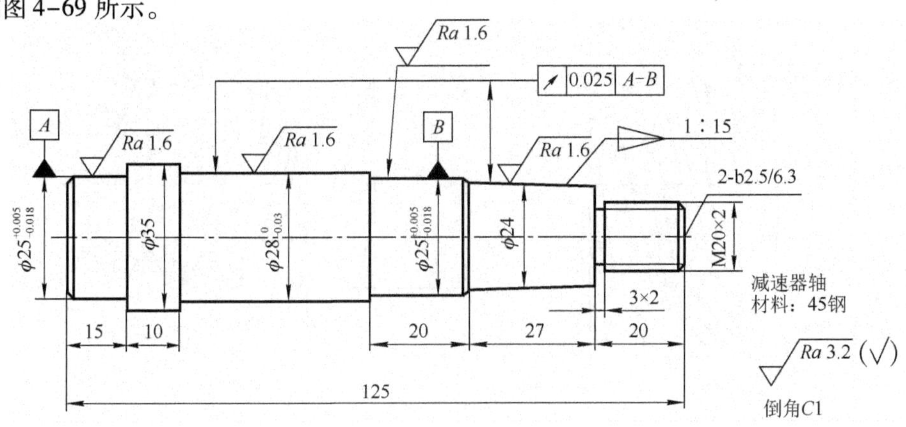


图 4-69 减速器传动轴

知识要点

螺纹的加工工艺知识；螺纹刀具要求与刃磨方法；螺纹的车削方法与测量方法。

能力目标

能对减速器传动轴零件进行工艺分析，能合理安排加工步骤和选择切削用量；能编制零件的加工工艺，懂得车螺纹的相关计算；能正确刃磨和安装螺纹车刀；能车出符合图样要求的减速器传动轴，并完成零件的检测。

## 4.4.1 减速器传动轴车削的工艺准备

### 一、螺纹的基础知识

#### （一）螺纹的分类与标记

**1. 螺纹的分类**

螺纹的分类如图 4-70 所示。

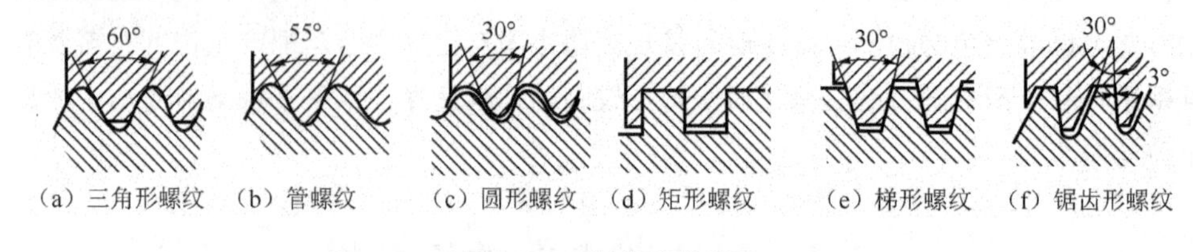


图 4-70　螺纹的分类

在上述各种螺纹中，常用的标准有国家标准或部颁标准。标准螺纹间有很好的互换性和通用性。除标准螺纹外，还有少量的非标准螺纹，如英制螺纹和矩形螺纹等。

**2. 螺纹术语**

在圆柱表面上沿着螺旋线所形成的具有相同剖面的连续凸起和沟槽称为螺纹。在圆柱（或圆锥）外表面上形成的螺纹称为外螺纹；在圆柱（或圆锥）内表面上形成的螺纹称为内螺纹，三角形螺纹各部分的名称如图 4-71 所示。

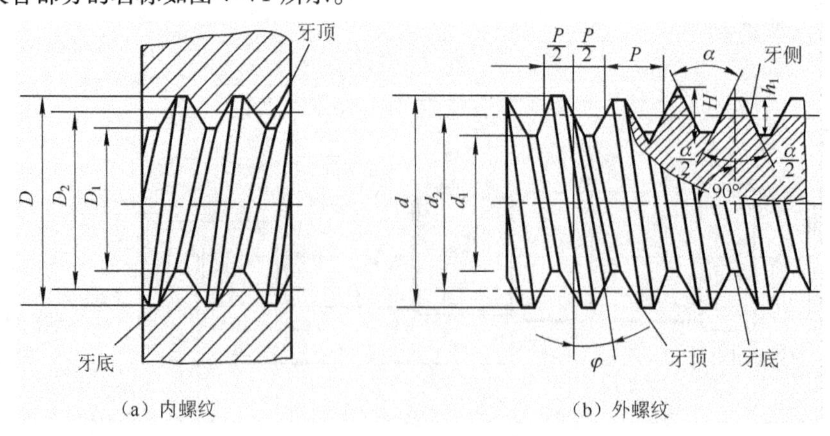


图 4-71　三角形螺纹各部分的名称

车工常用的螺纹术语如下：

（1）牙型角（$\alpha$）：通过螺纹轴线剖面内的螺纹牙型上，相邻两牙侧间的夹角。

（2）大径（$d$ 或 $D$）：与外螺纹牙顶或内螺纹牙底相重合的假想圆柱面的直径。

（3）小径（$d_1$或 $D_1$）：与外螺纹牙底或内螺纹牙顶相重合的假想圆柱面的直径。

（4）中径（$d_2$或 $D_2$）：牙型上轴向厚度和槽宽相等处的假想圆柱面的直径。

（5）公称直径：代表螺纹尺寸的直径。通常，用螺纹的大径表示螺纹的公称直径。

（6）原始三角高度（$H$）：由原始三角形顶点沿垂直于螺纹轴线方向到其底边的距离。

（7）牙型高度（$h_1$）：螺纹牙型上，牙顶和牙底之间垂直于螺纹轴线的距离。

（8）螺距（$P$）：相邻两牙在中径线上对应两点间的距离，如图 4-72 所示。

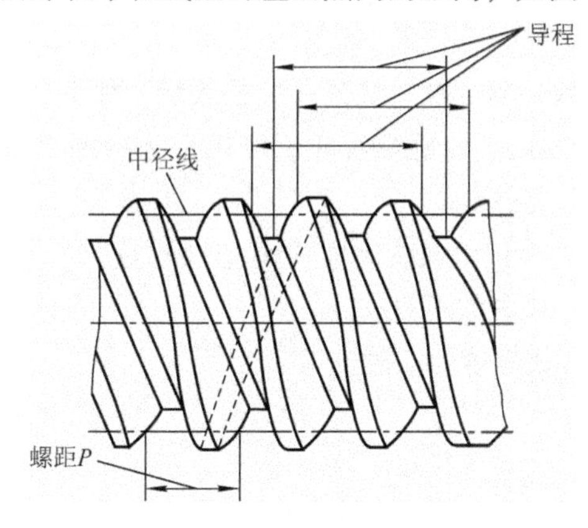


图 4-72　导程与螺距

（9）导程（$P_h$）：同一条螺旋线上的相邻两牙在中径线上对应两点间的轴向距离。当螺纹为单线时，导程与螺距相等（$P_h = P$）。当螺纹为多线时，导程等于螺旋线线数（$n$）乘以螺距，即 $P_h = nP$。

（10）螺纹升角（$\varphi$）：中径圆柱上螺旋线的切线与垂直于螺纹轴线的平面间的夹角，如图 4-73 所示。

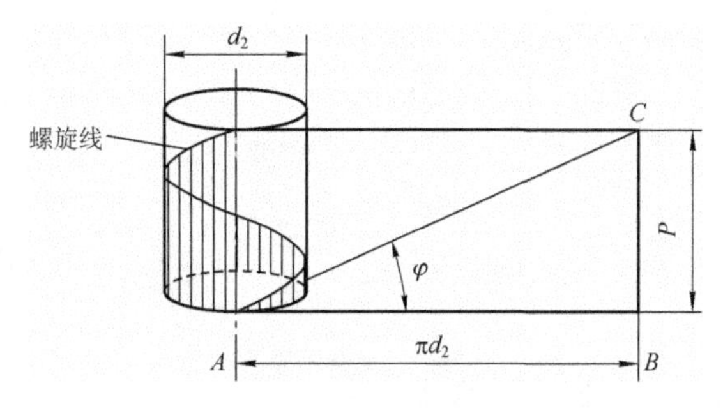


图 4-73　螺纹升角

螺纹升角可按下式计算：

$$\tan\varphi = \frac{nP}{\pi d_2} = \frac{P_h}{\pi d_2} \quad (4\text{-}7)$$

单线螺纹时（$n = 1$），则螺纹升角为：

$$\tan\varphi = \frac{P}{\pi d_2} \tag{4-8}$$

式中 $\varphi$——螺纹升角；

$P$——螺距（mm）；

$n$——线数；

$P_h$——导程（mm）；

$d_2$——中径（mm）。

**3. 螺纹的标记**

螺纹的完整标记由螺纹代号、旋向代号、螺纹公差代号、旋合长度代号及螺纹的主要参数所组成。

（1）粗牙普通螺纹用螺纹代号“M”及公称直径表示，如M10、M20等。普通螺纹的直径和螺距系列可从相关手册中查出。左旋螺纹在螺纹代号之后加“LH”字，如M16LH、M20×1LH等。未注明旋向的则为右旋螺纹。

（2）细牙普通螺纹的完整标记由螺纹代号“M”、公称直径×螺距、旋向代号、螺纹公差代号和旋合长度代号及螺纹的主要参数所组成。

**例4-9** 左、右旋细牙普通螺纹的标注。

右旋螺纹：

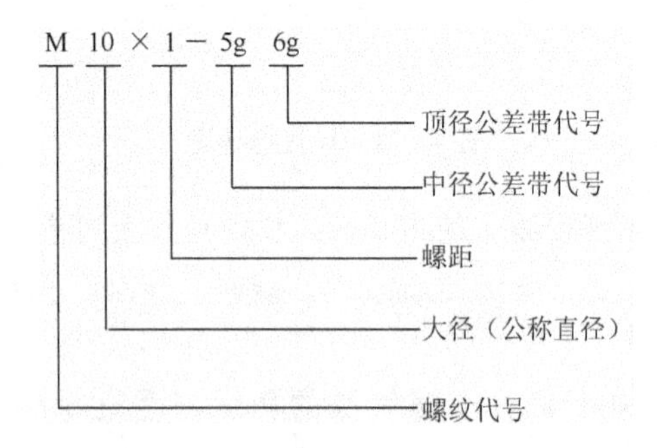


左旋螺纹：

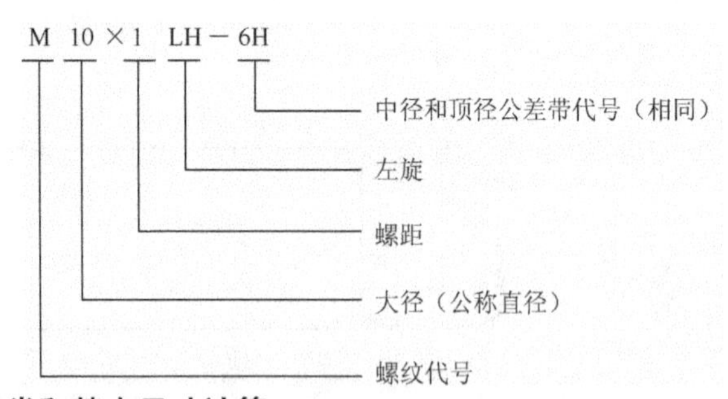


**（二）三角形螺纹的种类和基本尺寸计算**

三角形螺纹因其规格和用途不同，分为普通螺纹、英制螺纹和管螺纹三种。在我国应用最广泛的是普通螺纹。

**1. 普通螺纹的牙型和基本尺寸计算**

在三角形螺纹中，普通螺纹是我国应用最广泛的一种，牙型角为60°。同一公称直径可以与几种螺距组合成螺纹，按组合的螺距大小不同，螺纹分为粗牙和细牙两种。

普通螺纹的基本牙型如图4-74所示，此图是螺纹轴向截面的示意图，它即可看作外螺纹（各直径用小写字母），也可看作内螺纹（各直径用大写字母）的基本牙型。螺纹的牙型是在高为$H$的正三角形（称原始三角形）上截去顶部和底部而形成的。具体的计算方法如下。

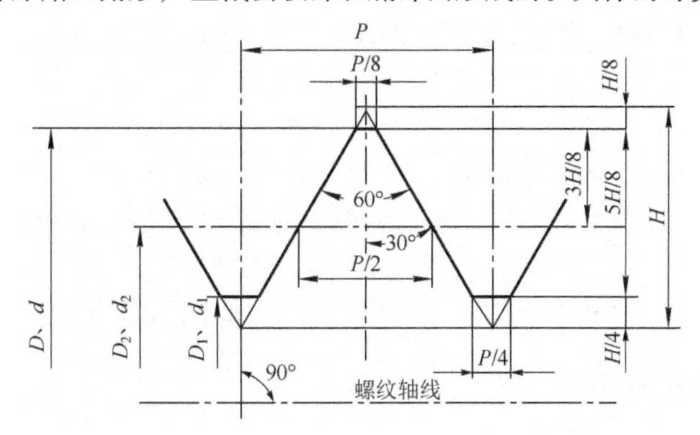


图4-74　普通螺纹的基本牙型

（1）原始三角形高度（$H$）：

$$H=\cos（\alpha/2）\times P/2=\cos 30° \times P/2=0.866P \tag{4-9}$$

削平高度：外螺纹牙顶和内螺纹牙底均在$H/8$处削平；外螺纹牙底和内螺纹牙顶均在$H/4$处削平。

（2）牙型高度（$h_1$）：

$$h_1=H-H/8-H/4=0.5413P \tag{4-10}$$

（3）大径（$d$、$D$）螺纹大径的基本尺寸，也称为螺纹的公称直径。

（4）中径$d_2$（$D_2$）外螺纹中径与内螺纹中径的基本尺寸相同。

$$d_2=D_2=d-2（3H/8）=d-0.6495P \tag{4-11}$$

（5）小径（$d_1$、$D_1$）外螺纹小径与内螺纹小径的基本尺寸相同

$$d_1=D_1=d-2（5H/8）=d-1.0825P \tag{4-12}$$

**例4-10**　试计算M16×2外螺纹各直径的基本尺寸。

**解：**已知$d=16$ mm，$P=2$ mm

根据公式（4-11）和（4-12）可得：

$$d_2=d-0.6495P=16-0.6495\times 2=14.701\text{ mm}$$

$$d_1=d-1.0825P=16-1.0825\times 2=13.835\text{ mm}$$

普通螺纹的基本尺寸也可在螺纹手册中查出。

**2. 英制螺纹**

英制三角形螺纹在我国是一种非标准螺纹，应用场合较少，只有在引进和出口设备中及维修英制螺纹时采用。它的牙型角为55°（美制螺纹为60°），螺纹的公称直径是指内螺纹大径的基本尺寸，用英寸表示，如$\frac{1''}{2}$、$\frac{7''}{8}$等。螺距不直接标出，用每英寸中的牙数（$n$）表示，英制螺纹各部分的基本尺寸和每英寸中的牙数也可在有关手册上查出。

**3. 管螺纹**

管螺纹应用在流通气体或液体的管接头、旋塞、阀门及其他附件上。根据螺纹副的密封状

态和螺纹牙型角，管螺纹分为以下三种。

（1）55°非密封管螺纹（GB/T7307—2001）。这种螺纹又称圆柱管螺纹，螺纹的母体形状是圆柱形，螺纹副本身不具有密封性，若要求连接后具有密封性，可压紧被连接螺纹副外的密封面，也可在密封面间添加密封物。螺纹的牙型角为55°，牙顶及牙底均为圆弧形。螺距由每英寸的牙数 $n$ 换算出。

（2）55°密封管螺纹（GB/T7306—2000）。这种螺纹又称圆锥管螺纹。它是螺纹副本身具有密封性的管螺纹，包括圆锥外螺纹与圆锥内螺纹和圆柱内螺纹与圆柱外螺纹两种连接形式。必要时，允许在螺纹副内添加密封物，以保证连接的密封性。螺纹的母体为圆锥形，其锥度为1∶16。牙顶及牙底均为圆弧形。螺距由每英寸的牙数 $n$ 换算出。

（3）60°圆锥管螺纹（GB/T12716—1991）。螺纹母体有1∶16的锥度。

## 二、三角形螺纹车刀

### （一）三角形螺纹车刀的选择

常用的三角形螺纹车刀有：高速钢螺纹刀、焊接式硬质合金螺纹刀、机夹式螺纹刀三种，如图4-75所示。

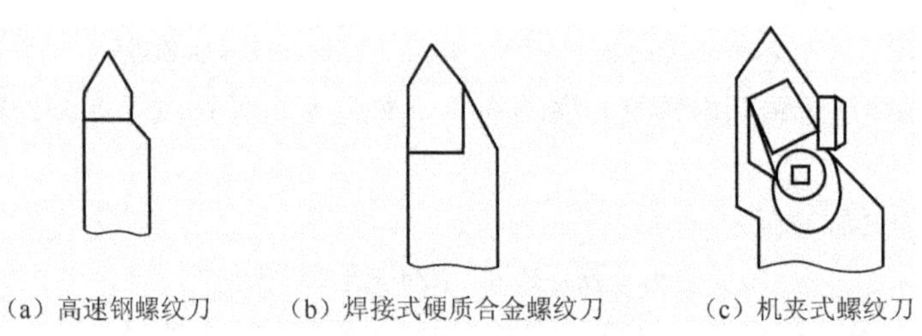

（a）高速钢螺纹刀　（b）焊接式硬质合金螺纹刀　（c）机夹式螺纹刀

图4-75　螺纹车刀

高速钢螺纹刀的耐热性差，加工效率较低，但抗弯强度高，刃磨性能好，价格便宜，故广泛应用于中、低速螺纹切削。

硬质合金刀具的耐热性好，切削效率高，强度高，但韧性不够高，刃磨工艺性也比高速钢刀具差，故多用于高速、高效加工场合。

机夹式螺纹刀的刀体能连续重复使用，只需更换磨损或崩缺的刀头即可。

### （二）高速钢三角形螺纹车刀的几何角度

高速钢三角形螺纹车刀的几何角度如图4-76所示，三角形螺纹车刀的几何角度有以下要求：

#### 1. 刀尖角

三角螺纹按公制螺纹与英制螺纹划分，其牙型角分别是60°与55°，车刀的刀尖角与对应的螺纹牙型角相等。

#### 2. 前角

前角一般取0°～15°，因为螺纹车刀的前角在加工时对螺纹牙型角有很大的影响，所以精车螺纹时前角取6°～10°，如图4-76（b）所示。

#### 3. 后角

后角一般取5°～10°，由于受螺纹螺旋升角的影响，进刀方向的后角比退刀方向的后角要大

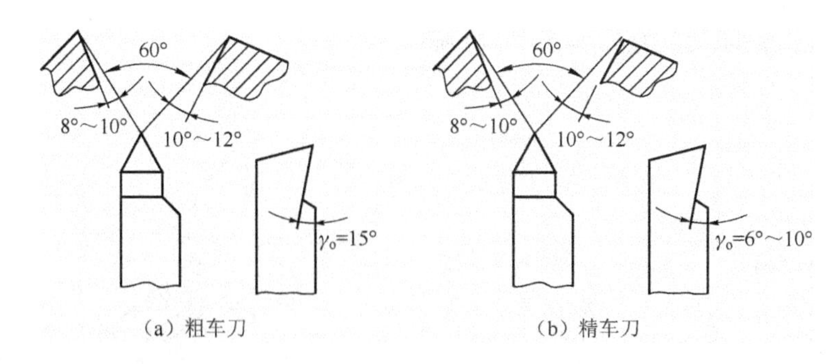


图 4-76　高速钢普通螺纹车刀

一些。但大直径、小螺距三角形螺纹的这种影响可忽略不计。

**（三）高速钢三角形螺纹车刀的刃磨**

高速钢三角形螺纹车刀的刃磨方法如下：

**1. 粗磨**

因车刀材料为高速钢，粗磨螺纹车刀选用氧化铝粗粒度砂轮刃磨后刀面和前刀面。

（1）磨后刀面：先磨左侧后刀面，刃磨时双手握刀，使刀柄与砂轮外圆水平方向成 30°、垂直方向倾斜约 8°～10°，如图 4-77（a）所示，车刀与砂轮接触后稍加压力，并均匀慢慢移动磨出后刀面。

右侧后刀面的刃磨方法与左侧相同，如图 4-77（b）所示。后刀面基本磨好后用螺纹样板透光检查刀尖角 60°。

（2）磨前刀面：将车刀前刀面与砂轮平面水平方向倾斜约 10°～15°，同时垂直方向做微量倾斜使左侧切削刃略低于右侧切削刃，如图 4-77（c）所示，前刀面与砂轮接触后稍加压力刃磨，逐渐磨至靠近刀尖处。

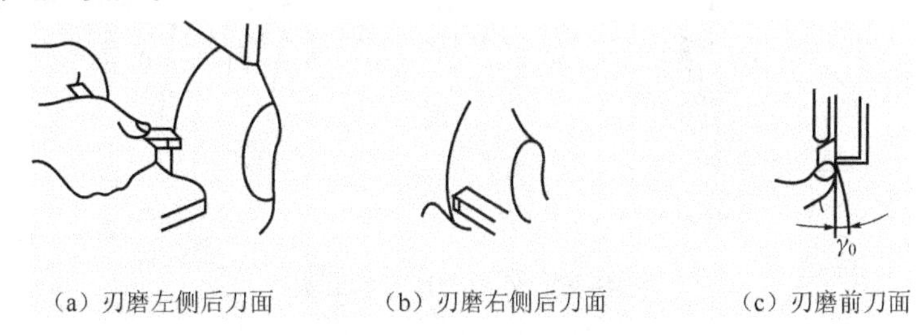


图 4-77　刃磨外螺纹车刀

**2. 精磨**

精磨螺纹车刀选用 80 粒度氧化铝砂轮精磨。

（1）精磨前、后刀面：其方法与粗磨相同，在刃磨时准确磨出即可。

（2）检查刀尖角：因车刀有径向前角，所以螺纹样板应水平放置作透光检查，如图 4-78 所示。如发现角度不正确，及时修复至符合样板角度的要求。

（3）磨刀尖圆弧：车刀刀尖对准砂轮外圆，后角保持不变，刀尖移向砂轮，当刀尖处碰到砂轮时，做圆弧摆动，磨出刀尖圆弧。圆弧 $R$ 应小于 $P/8$。如 $R$ 太大使车削的三角形螺纹底径太宽，用螺纹环规检查时会出现通端旋不进，而止规旋进，使螺纹不合格。

（4）用油石研磨前、后刀面，如图4-79所示。

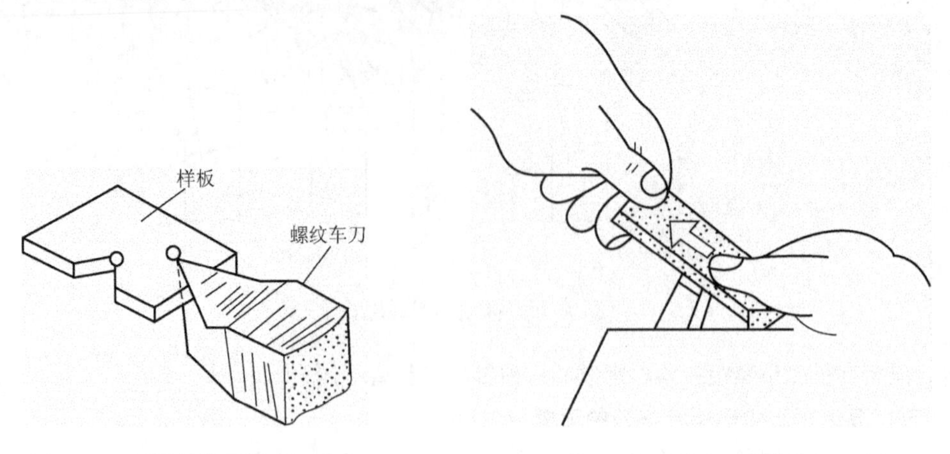


图4-78　用螺纹样板检查刀尖角　　　　图4-79　用油石研磨车刀

**（四）三角形螺纹车刀的装夹**

（1）装夹车刀时，刀尖位置应对准工件的轴心线（可根据尾座顶尖高度检查）。

（2）车刀刀尖的对称中心必须与工件轴线垂直，装刀时可用样板对刀，如图4-80（a）所示。如果车刀装歪，车出的牙型将歪斜，如图4-80（b）所示。

（3）刀头伸出不能过长。

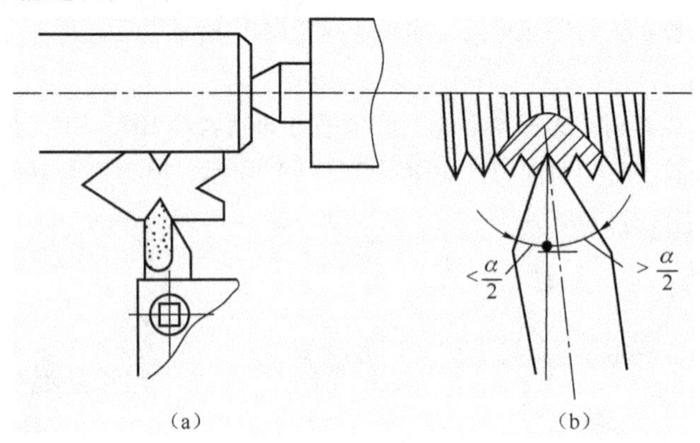


图4-80　外螺纹车刀的装夹

## 4.4.2　三角形螺纹的加工和检测方法

### 一、三角螺纹的车削

**（一）车螺纹前的车床调整**

**1. 检查车床各部分的间隙**

车床各部分的间隙过大会影响螺纹的加工质量，在车螺纹前必须对车床检查调整。

（1）检查中、小滑板的松紧情况。中、小滑板的刻度盘反向间隙要符合要求；镶条松紧要适宜，以手摇手柄的感觉比正常加工时稍重但不太吃力为宜。

（2）检查丝杆是否有轴向窜动。

（3）检查开合螺母手柄。开合螺母手柄开合时不宜过松，防止在车削过程中手柄抬起而车坏螺纹；开合螺母手柄开合时过紧则不便于操作。

可通过镶条来调整松紧：先用扳手松开压紧螺钉上的螺母，再用螺钉旋具调紧（或松）螺钉，检查开合螺母手柄动作松紧适宜后，再把螺母上紧。

**2. 调整车床正反转离合器**

用正反车进退刀车螺纹时，正反转操纵杆的动作要灵敏，如果正反转操纵杆已做正向（或反向）动作，但车床主轴正转（或反转）反应迟缓，说明离合器摩擦片过松，必须由专业人员调整后再车螺纹。

**3. 车削螺纹相关手柄位置的调整**

车削螺纹前，必须根据车削螺距的大小调整车床上有关手柄的位置，否则车出的螺距与图样要求不符。车削标准螺距时，均可按车床铭牌上给定的手柄位置进行车削。车削非标准螺距时，需要变换挂轮。

**（二）车螺纹前的工艺准备**

（1）车削三角形外螺纹，工艺结构上一般都要有退刀槽，以使螺纹车削时能顺利退出。保证螺纹在全长范围内牙型完整。螺纹车削前，应先切退刀槽，槽底直径应小于螺纹的小径，槽宽为2～3P。

（2）为保证车削后的螺纹牙顶处有0.125P的宽度，螺纹车削前的外圆直径应车至比螺纹公称直径小约0.13P。

（3）外圆端面处要倒角，倒角应略小于螺纹小径。

**（三）低速车削三角形螺纹**

三角形螺纹的车削方法有两种：即低速车削与高速车削。

用高速钢车刀低速车削三角形螺纹，能获得较高的螺纹精度和较低的表面粗糙度值，但这种车削方法的生产效率较低，成批车削时不宜采用，适合于单件或特殊规格的螺纹车削。

用硬质合金车刀高速车削螺纹，生产效率较高，螺纹表面粗糙度值也较小，是目前在机械制造行业中被广泛采用的方法。

在车床低速运转的情况下车削螺纹叫低速车螺纹，其操作方法如下。

**1. 操作方法**

车削螺纹时根据操作方法可分正、反车进退刀的方法（简称开顺倒车的方法）和起开合螺母的方法。

（1）开顺倒车的方法。车螺纹时开顺车完成一次切削后，退出车刀，开倒车（把主轴反转），使车刀退回原始位置，再开顺车车第二刀，这样多次往返，直至把螺纹车好。因为在车削螺纹过程中，滑板与丝杠的传动没有脱开过，车刀始终在所确定的轨迹中往返移动，这样就不会产生乱牙。

采用开顺倒车法车螺纹必须注意：主轴换向不能太快，否则车床各旋转部件受到反向冲击，容易损坏。另外，在卡盘连接盘上必须安装防松脱装置，以防卡盘在倒车时从主轴上松出跌落，这种方法不能用于高速车削螺纹。

（2）起开合螺母的方法。当完成一次切削后，退出车刀，提起开合螺母手柄，操纵滑板使车刀退回原始位置（主轴保持正转），再合上开合螺母进行第二次切削，如此反复，直至把螺纹车好。起开合螺母的方法只能车削非乱扣螺纹。

当车床丝杠螺距是所车螺纹的螺距的整数倍（$\frac{P_{工}}{P_{丝}}$，分子为1）时为非乱扣螺纹。

当车床丝杠螺距不是所车螺纹的螺距的整数倍时，当完成一次切削后，退出车刀，提起开合螺母手柄，再合上开合螺母后进行第二次切削时，刀尖偏离前一次切削车出的螺旋槽而落在牙顶（或牙顶附近），另车出一螺旋槽，形成破头，称为乱扣。所以，车乱扣螺纹不能用起开合螺母的方法，只能用开顺倒车的方法。

**2. 进刀方法**

车削普通（三角形）螺纹的进给应根据工件的材料及螺距的大小来决定，下面分别介绍三种进给方法。

（1）直进法。直进法切削如图4-81所示。每次切削都单独采用中滑板进刀的方法，直至车削成形。切削时，螺纹车刀刀尖及左右两侧刃都直接参加切削工作。

直进法车削螺纹操作简单，容易得到比较正确的牙型。但由于车刀切削时，两个切削刃同时参加切削，切削力较大，容易产生“扎刀”现象。

这种方法适合车削螺距小于3 mm的三角形螺纹和脆性材料螺纹。

（2）左右切削法。左右切削法如图4-82所示。车螺纹时，除用中滑板刻度控制螺纹切削外，使车刀左右微量进给。这种方法适用于除矩形螺纹外的各种螺纹粗、精车，有利于加大切削用量，提高切削效率。

（3）斜进给切削法。斜进给切削法如图4-83所示，小滑板只向一个方向进给。为了使车刀两切削刃均匀磨损，可用交替换向斜进的方法进行切削。

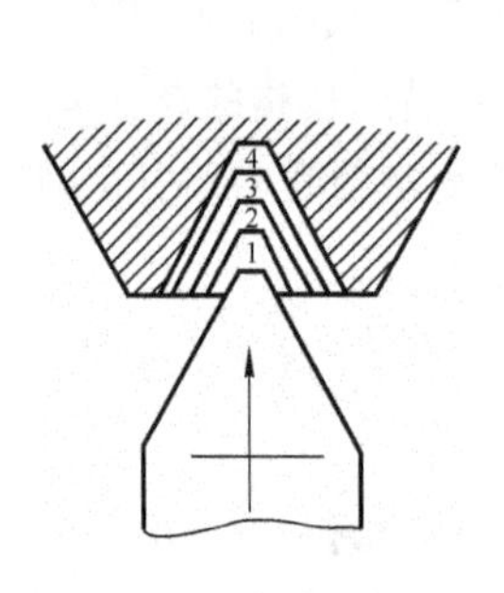

图4-81　直进法切削

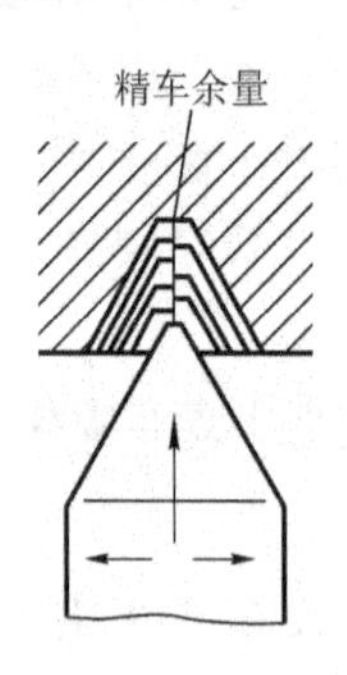

图4-82　左右切削法

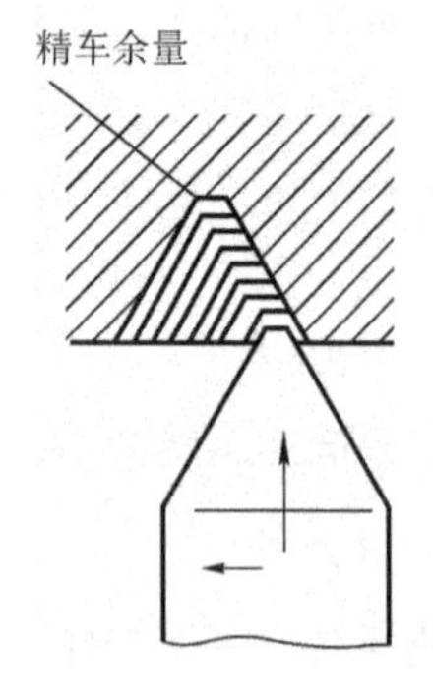

图4-83　斜进给切削法

斜进法由于车刀做斜进给，形成单刃切削，车刀不易产生“扎刀”现象，但牙型不够准确，只适用于粗车，一般每侧面应留0.2 mm精车余量。精车时，必须用左右切削法才能保证螺纹的精度。

**3. 车削三角形螺纹时切削用量的一般选择原则**

（1）根据车削要求选择。粗车主要是去除余量，切削用量可选得较大；精车时应保证精度和表面粗糙度值较小，切削用量宜选小。

（2）根据车削状况选择。车刀、工件的刚性好，强度大，切削用量可选得较大；车细长轴螺纹，刚性差，切削用量宜选小；车螺距大的螺纹，进给量相对行程大，切削用量宜选小。

（3）根据工件材料选择。加工脆性材料（如铸铁、黄铜等），切削用量相应减小；加工塑性材料（如钢等），切削用量可相应增大，但要防止因切削用量过大造成“扎刀”现象。

（4）根据进给方式选择。直进法切削时，横截面积大，车刀受力大，受热较严重，切削用量宜选小；左右切削法切削时，切削横截面积小，车刀受力小，受热有所改善，切削用量宜大些。

采用高速钢车刀低速车削中碳钢，粗车螺纹切削速度一般取 15 ~ 30 m/min，背吃刀量取 0.15 ~ 0.30mm；精车螺纹切削速度一般取 5 ~ 7 m/min，背吃刀量取 0.05 ~ 0.08 mm。

**例 4-11** 在 CA6140 车床上车削 M16 的螺纹，螺距 2 mm，采用左右切削法切削，试确定进刀、借刀量的分配。

**解：** 总切削深度为 $h_1 = 0.54 \times P = 0.54 \times 2 = 1.08$ mm，进刀、借刀量分配如表 4-11 所示。

**表 4-11 切削量分配**

| 中滑板进刀量（mm） | 小滑板借刀量（mm） | |
|---|---|---|
| | 左 | 右 |
| 0.5 | — | — |
| 0.25 | 0.15 | — |
| 0.15 | 0.1 | — |
| 0.1 | — | 0.1 |
| 0.05 | — | 0.05 |
| 0.025 | — | 0.05 |
| 0.025 | 0.1 | — |
| — | 0.05 | — |
| — | 0.025 | — |
| — | — | 0.05 |
| — | — | 0.025 |

采用高速钢车刀低速车螺纹时要浇注切削液，起冷却润滑作用，延长车刀的使用寿命，提高螺纹表面加工质量。

### （四）高速车削三角形螺纹

高速车削三角形螺纹使用的车刀为硬质合金车刀，如图 4-84 所示，切削速度一般取 50 ~ 70 m/min，车削时只能用直进法切削，使切屑垂直于轴线方向排出。每次进刀量较大，如车削 M16 ×2 的螺纹，在工件安装刚性较好的情况下分三次进给就可完成螺纹的车削。

高速车削三角形螺纹，一般采用起开合螺母的方法。若车乱扣螺纹，必须采用开顺倒车法，车床转速不宜过高，否则退刀不及时会发生碰撞。

由于高速车螺纹时，车床溜板走刀的移动速度很快，很容易发生碰撞，操作时精神必须高度集中。

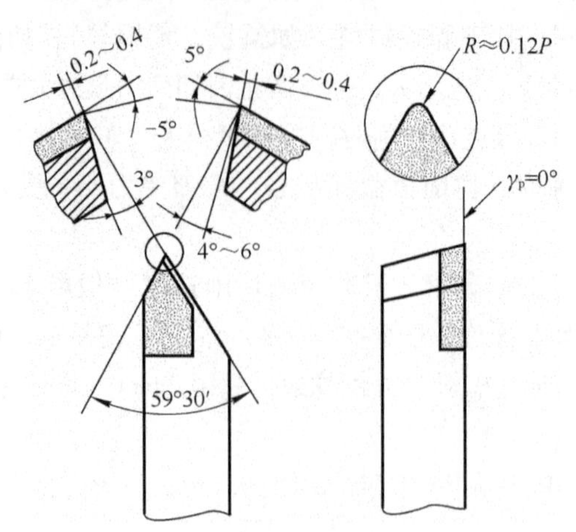


图 4-84　硬质合金普通螺纹车刀

## 二、在车床上加工三角形螺纹的其他方法

### （一）在车床上套螺纹的方法

一般直径不大于 M16 或螺距小于 2 mm 的普通外螺纹可用板牙直接切制出来。

**1. 圆板牙的结构**

圆板牙如图 4-85 所示，大多用高速钢制成，其两端的锥角是切削部分，因此，圆板牙正反都可以使用，中间具有完整齿深的是一段校准部分，也是套螺纹时的导向部分。

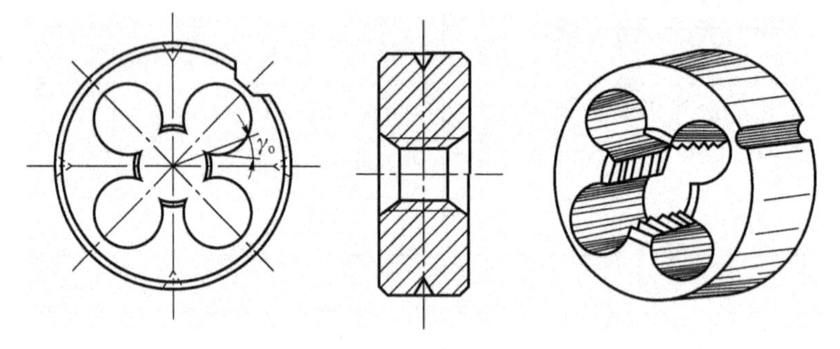


图 4-85　圆板牙

**2. 用板牙套螺纹的方法**

（1）套螺纹时外圆直径的确定。套螺纹时，工件外圆比螺纹的公称直径略小（根据工件螺距大小决定），端面倒角小于45°套螺纹时，螺纹外圆直径可用下列公式近似计算。

$$d_o = d - (0.13 - 0.15)P \tag{4-13}$$

式中　$d_o$——圆柱直径（mm）；

$d$——螺纹大径（mm）；

$P$——螺距（mm）。

（2）套螺纹前的工艺要求：

① 工件外圆车至比螺纹公称直径小些，可根据工件螺距和材料塑性决定。

② 工件平面必须倒角，倒角要小于或等于45°，倒角后的端面直径应稍小于螺纹的小径，便于板牙切入工件。

③ 套螺纹前必须找正尾座轴线，尾座轴线应与车床主轴轴线重合。

④ 板牙端面应与主轴轴线垂直。

（3）套螺纹的方法。在车床上主要用套螺纹的工具套螺纹，如图4-86所示。具体方法如下：

① 将螺纹工具锥体柄装入尾座套筒的锥孔内。

② 将板牙装入滑动套筒内，使螺钉对准板牙上的锥孔后拧紧。

③ 将尾座移到工件前约15 mm处锁紧。

④ 转动尾座手轮，使板牙靠近工件的端面，开动车床和冷却泵加切削液。

⑤ 摇动尾座手轮使板牙切入工件，然后停止摇动手轮，由滑动套筒在工具体内自动轴向进给，板牙切削工件外螺纹。

当板牙切削到所需位置时，开反车，使主轴反转退出板牙。

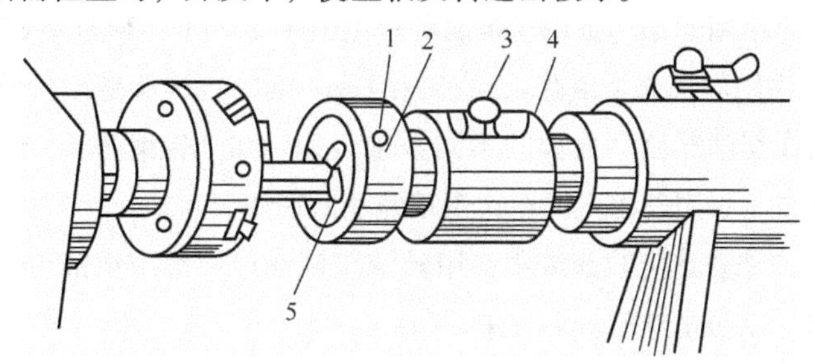


1—螺钉；2—滑动套筒；3—销钉；4—工具体；5—板牙

图4-86　在车床上套螺纹

（4）切削用量的选择。套螺纹时，如果被加工的零件材料为钢件，切削速度取2～4 m/min，零件材料为铸铁，取2～3 m/min，黄铜取6～9 m/min。

（5）切削液的选择。切削钢件一般取硫化切削液，全损耗系统用油或乳化液；切削低碳钢或40Cr等黏性材料可用工业植物油；切削铸铁可用煤油或不用切削液。

**3. 套螺纹的注意事项**

（1）检查板牙的齿形是否损坏。

（2）装夹板牙不能歪斜。

（3）塑性材料套螺纹时应充分加注切削液。

（4）套螺纹时工件直径应偏小些，否则容易烂牙。

（5）套M12以上的螺纹时应把工件夹紧，套螺纹工具在尾座里夹紧，以防套螺纹时切削力引起工件位移，或套螺纹工具在尾座内打转。

**（二）在车床上攻螺纹的方法**

直径较小或螺距较小的普通内螺纹，可用丝锥攻制而成。

**1. 丝锥的结构**

丝锥的结构如图4-87所示，上面开有3～4条容屑槽，这些槽形成了丝锥的切削刃和前角，同时也起排屑作用。$L_1$是切削部分，经铲磨后刀面后，呈具有后刀面的圆锥形，它担当主要的切削工作；$L_2$是校准部分，起校准齿形的作用。

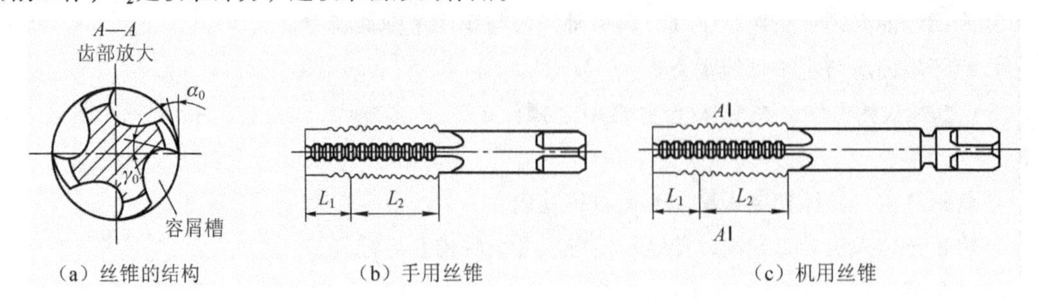


图4-87　丝锥的结构形状

**2. 丝锥的种类**

丝锥是用高速钢制成的一种成形、多刃车削刀具。直径和螺距较小的内螺纹，可以用丝锥直接攻出来。丝锥分为手用丝锥和机用丝锥两种，见图4-87（b）和图4-87（c）所示。

（1）手用丝锥。手用丝锥通常由两只或三只组成一套，也称头锥、二锥和三锥。在攻螺纹时依次使用，可根据在切削部分磨去齿的不同数来区别。如头锥磨去5～7牙，二锥磨去3～5牙，三锥几乎没有磨去。手用丝锥主要在钳工攻螺纹时使用。

（2）机用丝锥。一般机床上攻螺纹用机用丝锥攻制成形。机用丝锥与手用丝锥相似，只是在柄部多一条环形槽，以防止丝锥从夹头中脱落。

**3. 攻螺纹前的工艺要求**

（1）攻螺纹前孔径的确定。攻螺纹前孔径的确定很重要，如果孔径太大，攻螺纹后会出现牙型不完整；如果孔径太小，就会使切削转矩大增，甚至使丝锥折断，并且不能攻出合格的工件。普通螺纹攻螺纹前的钻孔直径按下式近似计算。

加工钢件及塑性材料

$$D_{孔} \approx D - P \tag{4-14}$$

加工铸铁及脆性材料

$$D_{孔} \approx D - 1.05P \tag{4-15}$$

式中　$D_{孔}$——攻螺纹前的钻孔直径（mm）；

$D$——内螺纹大径（mm）；

$P$——螺距（mm）。

孔径确定后，用钻头钻孔或扩孔，孔口必须倒角，倒角的直径要大于螺纹大径尺寸，然后找正尾座轴线与主轴轴线重合（攻螺纹时的孔径必须比螺纹的小径稍大一些，这样才能减小切削抗力和避免丝锥断裂）。

（2）攻盲孔螺纹的钻孔深度计算。攻盲孔螺纹时，由于切削刃部分不能攻出完整的螺纹，

钻孔深度要等于需要的螺纹深度加丝锥切削长度，即

钻孔深度≈需要的螺纹深度 +0.7D

（3）孔口倒角。倒角的直径应大于螺纹大径尺寸。

**4. 攻螺纹的方法**

（1）将攻制螺纹的工具装入尾座套筒锥孔。

（2）将机用丝锥装入攻螺纹的工具中。

（3）移动尾座靠近工件适当位置固定。

（4）开车，摇动尾座手轮使丝锥在孔中切入几牙，停止转动手轮。

（5）让攻螺纹工具自动跟随丝锥前进直到需要的尺寸，开倒车退出丝锥。

**5. 攻螺纹时切削速度的选择**

在车床上用机用丝锥攻制螺纹时，如果被加工的零件材料为钢件，切削速度取 6 ~ 15 m/min，调质钢或较硬的钢料，取 5 ~ 10 m/min，不锈钢 2 ~ 7 m/min，铸铁或青铜为 6 ~ 20 m/min。

为了减小螺纹表面的粗糙度值和延长板牙与丝锥的寿命，在切削钢件时，应充分加注切削液或乳化油，在切削铸铁时可加煤油。

**6. 切削液的选择**

攻制钢件螺纹时，一般用硫化切削液、全损耗系统用油或乳化液；攻制低碳钢或 40Cr 钢等韧性较大的材料时，可选择工业植物油；攻制铸件时，可用煤油或不加切削液。

**7. 丝锥折断的原因**

（1）攻螺纹的底孔直径太小，造成丝锥切削阻力过大。

（2）丝锥轴线与工件孔径轴线不同轴，造成切削阻力不均匀，单边受力过大。

（3）工件材料硬而黏，且没有很好的润滑。

（4）在盲孔中攻螺纹时，丝锥碰撞孔底面造成折断。

**8. 攻螺纹的注意事项**

（1）选用丝锥时，要检查丝锥牙齿是否损坏。

（2）装丝锥时，应防止歪斜。

（3）攻螺纹时，应充分加注切削液。

（4）攻盲孔时，必须在攻螺纹的工具（或尾座套筒）上标记好螺纹长度尺寸，以防折断丝锥。

（5）在用一套丝锥攻螺纹时，一定要按顺序使用，在换下一个丝锥前必须清除孔中的切屑，在攻盲孔螺纹时，这一点尤为重要。

（6）最后可采用浮动装置的攻螺纹工具。

**9. 套螺纹和攻螺纹时产生废品的原因及预防措施**

在套螺纹和攻螺纹时常产生的废品种类主要有牙型高度不够、中径尺寸不对和表面粗糙度值大等，具体产生的原因及预防措施见表 4-12。

表 4–12　套螺纹和攻螺纹时产生废品的原因及预防措施

| 废品种类 | 产生原因 | 预防措施 |
| --- | --- | --- |
| 牙型高度不够 | 外圆车的太小或内孔钻的太大 | 按计算的尺寸加工外圆和内孔 |
| 中径尺寸不对 | 丝锥和板牙装夹歪斜 | 找正尾座与主轴同轴度在 0.05 mm 以内，板牙端面必须装得跟主轴轴线垂直 |
| | 丝锥和板牙磨损 | 更换丝锥和板牙 |
| 表面粗糙度值大 | 切削速度太高 | 降低切削速度 |
| | 切削液缺少或选用不当 | 合理选择和充分浇注切削液 |
| | 丝锥或板牙齿部崩裂 | 修磨或调换丝锥或板牙 |
| | 容屑槽切屑挤塞 | 经常清除容屑槽中的切屑 |

## 三、三角形螺纹的测量

车削螺纹时，必须进行测量，检查螺纹是否达到规定要求。测量螺纹的方法有单项测量和综合测量两类。

### （一）三角形螺纹的单项测量

单项测量时用量具测量螺纹几何参数中的某一项。

**1. 顶径的测量**

顶径的公差值一般都比较大。外螺纹顶径常用游标卡尺或千分尺测量，内螺纹顶径可用游标卡尺测量。

**2. 螺距的测量**

螺距一般用螺距规进行测量，如图 4–88 所示。螺距规有米制和英制两种。在测量时把螺距规中的某一片平行于螺纹轴线方向嵌入牙槽中，如能正确啮合，则说明被测螺纹的螺距就是该片螺距规上标注的螺距（或每英寸中牙数）。螺距也可用钢直尺粗略地进行测量，由于三角形螺纹的螺距一般都比较小，难以在钢直尺上测量出一个螺距的数值，最好多测量几牙，然后把测量出的长度除以其中的牙数，从而得出螺距的数值。

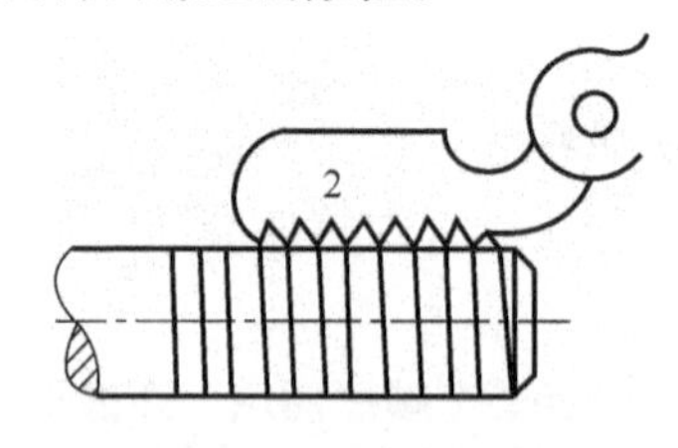


图 4–88　用螺距规测量螺距

**3. 中径的测量**

三角形螺纹的中径可用螺纹千分尺测量，也可用三针测量法测量。

（1）用螺纹千分尺测量螺纹中径。如图 4–89（a）所示，螺纹千分尺的结构和使用方法与一般千分尺相似，它的两个测量触头可以调换。在测量时，两个跟螺纹牙型角相同的触角正好卡在螺纹的牙侧上，所得到的千分尺读数就是该螺纹的中径实际尺寸。从图 4–89（b）中可以看出，*ABCD* 是一个平行四边形，因此测得的尺寸 *AD* 就是螺纹的中径。

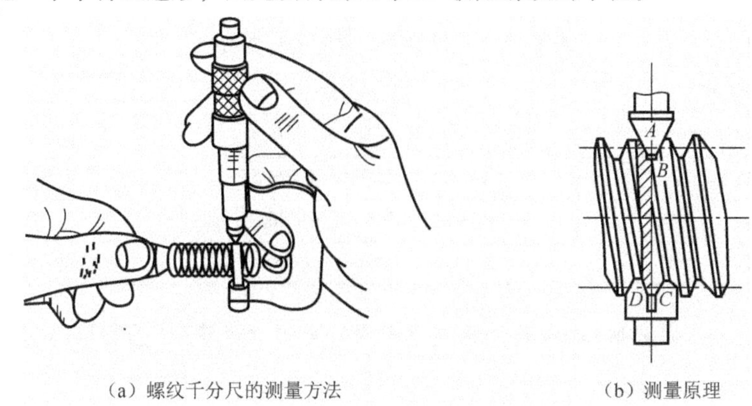


（a）螺纹千分尺的测量方法　　（b）测量原理

图 4–89　螺纹千分尺测量

螺纹千分尺备有一系列不同的螺距和不同牙型角的测量头，只需调换测量头就可以测量各种不同的螺纹中径。但必须注意，在每次更换量头之后，必须重新调整千分尺，使它对准零位。

（2）三针法测量中径。用三针法测量螺纹中径是一种比较精密的测量方法。测量时所用的三根圆柱形量针是由量具厂专门制造的。在没有量针的情况下，也可用三根直径相等的钢丝代替。测量时，把三根量针放置在螺纹两侧相对应的螺旋槽内，用千分尺量出两边量针顶点之间的距离 M，如图 4–90 所示。再根据被测螺纹的螺距、牙形角和三针直径按下式算出中径 $d_2$。

$$d_2 = M - d_0\left[1 + \frac{1}{\sin(\alpha/2)}\right] + \frac{P}{2}\cot(\alpha/2) \tag{4-16}$$

式中　$P$——螺距（mm）；

$\alpha$——螺纹牙型角（°）；

$d_0$——三针直径（mm）。

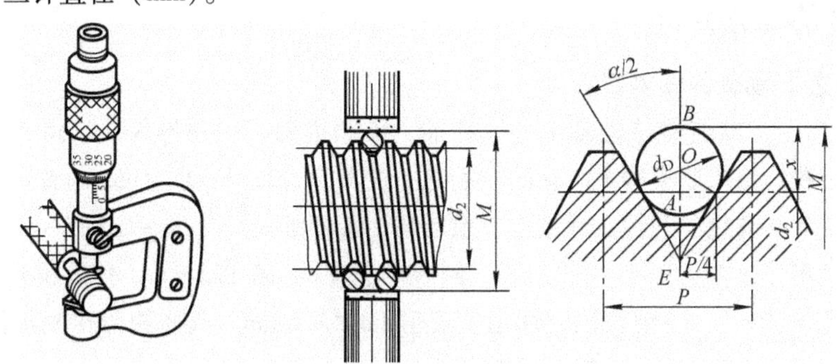


图 4–90　三针测量螺纹中径

在测量时，当量针与螺纹的接触点正好位于螺纹中径的外圆柱面时，螺纹的半角误差将不影响测量结果，满足这一要求的量针直径称为最佳直径，量针的最佳直径按下式计算：

$$d_0 = \frac{P}{2\cos\alpha/2} \tag{4-17}$$

当 $\alpha/2 = 30°$时，$d_0 = 0.577P$。

实际应用时，如没有与最佳直径相符的量针，可选用直径略大一些的量针。

三针测量时，$M$ 值和量针直径 $d_0$ 的计算公式见表 4-13。

**表 4-13　三针测量螺纹时的计算公式**

| 螺纹类型 | $d_2$ 计算公式 | 三针直径 |
| --- | --- | --- |
| 普通螺纹 $\alpha=60°$ | $d_2=M-3d_0+0.866P$ | $d_0=0.57735P$ |
| 英制螺纹 $\alpha=55°$ | $d_2=M-3.1657d_0+0.9605P$ | $d_0=0.56369P$ |
| 梯形螺纹 $\alpha=30°$ | $d_2=M-4.8637d_0+1.866P$ | $d_0=0.51764P$ |
| 圆柱管螺纹 $\alpha=55°$ | $d_2=M-3.1657d_0+0.9605P$ | $d_0=0.56369P$ |

**例 4-12**　用三针测量 M16×2 普通螺纹，求量针直径 $d_0$，若 $M$ 的测量值为 16.440 mm，求螺纹中径实测值 $d_2$。

**解：** 计算量针直径

$d_0=0.577P=0.577\times2=1.154$ mm

计算螺纹实测中径

$d_2=M-3d_0+0.866P=16.440-3\times1.154+0.866\times2=14.710$ mm

**（二）三角形螺纹的综合测量**

综合测量是对螺纹的各项几何参数进行综合性的测量。对外螺纹可用螺纹环规进行测量，如图 4-91 所示。螺纹环规分通端和止端，测量时，通端能顺利拧进去，而止端拧不进去，说明加工的螺纹螺距和直径尺寸等符合要求。

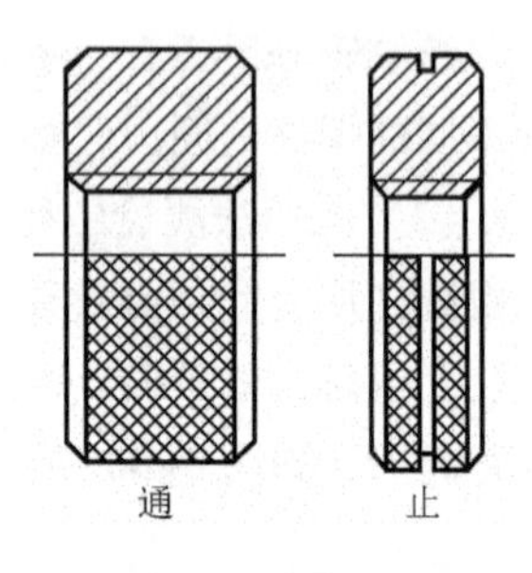

图 4-91　螺纹环规

在使用量规进行测量时，用力不应过大，以免使量规严重磨损。

## 4.4.3　减速器传动轴的车削加工

### 一、零件的工艺分析

**（一）减速器传动轴的技术要求**

如图 4-68 所示，减速器传动轴由外圆柱面、外圆锥面、三角形螺纹、退刀槽、端面、台阶、倒角和中心孔等结构要素构成。轴的右端有一段 M20×2、长度 20 mm 的普通螺纹，两端轴颈以及中间用于支承齿轮的圆柱尺寸精度要求较高，轴颈处尺寸公差 +0.005 ~ −0.018 mm，支承齿轮的轴头处尺寸公差为 0 ~ −0.03 mm，圆跳动公差为 $\phi$0.025 mm，外圆锥锥度精度等级 9 级（或接触面积 >50%）。主要轴段表面粗糙度值 $Ra\leqslant1.6$ μm。此减速器传动轴圆跳动基准为两端轴颈的公共轴线。

**（二）减速器传动轴的工艺分析**

为了保证加工质量，采用粗车、精车两阶段完成零件加工。粗车对工件的精度要求不高，在工件装夹方式、车刀选择和切削用量的选择上着重考虑提高劳动生产率等因素。

粗车采用一夹一顶方式装夹工件，以承受较大切削力。

在粗车阶段，还应校正好车床锥度，以保证工件对圆柱度的要求。

精车前完成三角形螺纹的加工。

精车采用两顶尖方式装夹工件，以保证零件的精度要求，特别是形位精度的要求。

精车前要修研中心孔。

减速器传动轴加工的切削用量可参考表 4-14 进行选择。

**表 4-14　切削用量选择**

| 切削要求 / 加工内容 | 主轴转速（r/min） | 进给量 $f$（mm/r） | 背吃刀量 $a_p$ |
|---|---|---|---|
| 车端面（45°车刀） | 700 | 0.4 | 0.3～0.5 |
| 粗车外圆（75°或 90°粗车刀） | 500 | 0.3 | 2～2.5 |
| 半精车外圆（90°精车刀） | 880 | 0.1 | 0.3～0.4 |
| 精车外圆（90°精车刀） | 880 | 0.05 | 0.2～0.3 |
| 切退刀槽（切断刀） | 350 | 0.1 | — |
| 车螺纹（高速钢螺纹车刀） | 30～90 | 螺距 | 参考表 4-11 |

减速器传动轴加工的工艺过程如下：

下料—车左端面，钻中心孔—粗车 $\phi35$ 及 $\phi25$ 外圆—调头车右端面保证总长度，钻中心孔——夹一顶粗加工右端—切槽—粗、精车螺纹—两顶尖装夹精车传动轴—检查。

## 二、加工减速器传动轴的准备

（1）材料：45 钢，尺寸为 $\phi40\times140$ mm，数量为 1 件/人。

（2）量具：钢直尺、0.02 mm/0～150 mm 游标卡尺、0.01 mm/0～25 mm 外径千分尺、0.01 mm/0～50 mm 外径千分尺、0.02 mm/0～200 mm 游标深度卡尺、2′/0°～320°万能角度尺或锥度套规、M20×2 的螺纹环规。

（3）刃具：45°车刀、90°车刀、外螺纹车刀（对刀样板）、3 mm×7 mm 车槽车刀、中心钻 B2.5。

（4）工具、辅具：钻夹头（$\phi1$～$\phi13$ mm）、莫氏过渡套、鸡心夹头、卡盘扳手、刀架扳手、三爪自定心卡盘、顶尖、润滑和清扫工具等。

（5）设备：CA6140 型卧式车床。

## 三、减速器传动轴的加工

### （一）减速器传动轴的加工步骤

（1）毛坯装夹。用三爪自动定心卡盘夹持毛坯，伸出约 80 mm。

（2）装夹 45°车刀和 90°硬质合金粗车刀。

（3）车左端面，钻中心孔。调整车床主轴转速为 1 200 r/min，缓慢均匀地转动尾座手轮钻中心孔 B2.5/6.3 mm。

（4）粗车外圆。用 90°外圆粗车刀粗车外圆 $\phi35$ mm 至 36.5 mm×55 mm，粗车外圆 $\phi25$ mm×15 mm至 $\phi26.5$ mm×14.8 mm。

（5）工件调头车削。三爪自动定心卡盘夹 $\phi36.5$ 的外圆（以台阶作为止推位），夹紧。车右端面并保证总长 125 mm，钻中心孔 B2.5/6.3 mm。

（6）采用一顶一夹安装加工右端。即夹 $\phi26.5$ mm×14.8 mm 外圆，后顶尖支顶。粗车 $\phi25$、

$\phi$28、$\phi$24、$\phi$20 各外圆，并留外圆精车余量 0.8 mm、长度余量 0.2 mm。

（7）精车螺纹大径，至 21.85 mm，端面倒角 C1。

（8）切槽 3mm × 2 mm，并控制 20 mm 长度。

（9）粗车、精车 M20 × 2 螺纹过程如下。

① 螺纹车刀的装夹。装刀时调整车刀刀尖高度，且刀尖角平分线应与工件轴线垂直。车刀不宜伸出刀架过长，一般伸出长度为刀柄厚度的 1.5 倍，否则因刚性差影响加工质量。

② 选择切削用量。粗车时，切削转速取 $n = 90$ r/min；精车时，切削转速取 $n = 60$ r/min。

③ 选择开顺倒车法车螺纹。

④ 选择进刀方法。车削螺距 $P < 2.5$ mm 选择直进法车螺纹，合理分配每次走刀的切削深度。

⑤ 选择检测方法。用螺纹环规进行综合检验螺纹各部分尺寸。

（10）精车传动轴的步骤如下。

① 采用两顶尖安装工件。车制前顶尖，鸡心夹夹持 $\phi$24 外圆处后顶尖支顶工件。

② 装夹精车刀。装夹 90°精车刀时，要保证车刀装夹时的实际主偏角在 90° ~ 93°内。

③ 检查床鞍左右移动全行程，观察有无碰撞现象。调整车床主轴转速为 880 r/min，调整进给量 $f = 0.2$ mm/r。

④ 精车左端外圆 $\phi$35 mm，长度为 10 mm；调整进给量 $f = 0.05$ mm/r。精车外圆 $\phi 25^{+0.005}_{-0.018}$ mm，长度为 15 mm，表面粗糙度达到 $Ra$1.6 μm。

⑤ 调整 45°车刀倒角 C1。检查尺寸及形状精度是否达到要求。

⑥ 工件调头，鸡心夹夹持 $\phi$35 mm 外圆处，前、后顶尖支顶工件。

a. 将 90°外圆精车刀调整至工作位置，半精车、精车右端外圆至 $\phi 28^{\ 0}_{-0.03}$ mm，表面粗糙度达到 $Ra$1.6 μm。检查尺寸及形状精度是否达到要求。

b. 半精车、精车右端外圆至 $\phi 25^{+0.005}_{-0.018}$ mm，长度为 20 mm，表面粗糙度达到 $Ra$1.6 μm。倒角 C1，检查尺寸及形状精度是否达到要求。

⑦ 转动小滑板，调整圆锥半角。

⑧ 粗车外圆锥。粗车圆锥时用锥度 C = 1∶5 的锥套检测圆锥角，角度调整准确后，控制大端直径，留 0.5 mm 精车余量。

⑨ 精车外圆锥。用锥套检测配合基面距，精车至尺寸，表面粗糙度 $Ra$1.6 μm。

⑩ 倒角 C1，去毛刺。

⑪检查：

a. 检查零件各处尺寸是否符合图样要求。

b. 检查加工过程中机床的运行情况，加工结束后手柄的复位情况、机床维护情况。

**（二）减速器传动轴的加工实施**

（1）检查机床和毛坯。

（2）装夹工件和车刀。

（3）按加工步骤进行车削加工，检查各部分尺寸和形位误差符合图样要求。

（4）清扫机床，擦净刀具、量具等工具并摆放到位。

### （三）减速器传动轴的质量评定

按图样要求逐项检查传动轴的加工质量，参考评分表4-15进行质量评价。

**表4-15　零件质量检测评定表**

| 零件编号： | | 学生姓名： | | 成绩： | |
|---|---|---|---|---|---|
| 序号 | 项目内容及要求 | 占分 | 记分标准 | 检查结果 | 得分 |
| 1 | $\phi 28_{-0.03}^{0}$ $Ra1.6$ | 10/2 | 超差0.01扣4分/*Ra*大一级扣2分 | | |
| 2 | 2－$\phi 25_{-0.018}^{+0.005}$ $Ra1.6$（两处） | 20/4 | 超差0.01扣4分/*Ra*大一级扣2分 | | |
| 3 | $\phi 35 Ra3.2$ | 4/1 | 不合格不得分 | | |
| 4 | $\phi 24 Ra1.6$ | 4/2 | 超差0.01扣4分/*Ra*大一级扣2分 | | |
| 5 | M20×2（螺纹环规检测） | 12 | 不合格不得分 | | |
| 6 | 锥度1∶15 | 5 | 不合格不得分 | | |
| 7 | 两处跳动度0.025 | 8 | 不合格不得分 | | |
| 8 | 15、10、20、27、20、3×2 | 12 | （按IT14）不合格不得分 | | |
| 9 | 三处倒角 | 6 | 不合格不得分 | | |
| 10 | 安全文明生产：<br>① 无违章操作情况；<br>② 无撞刀及其他事故；<br>③ 机床维护 | 10 | 违章操作、撞刀、出现事故、机床不按要求维护保养，扣5～10分 | | |

## 四、减速器传动轴的加工质量分析

车螺纹时产生废品的原因及预防方法见表4-16。

**表4-16　车螺纹时产生废品的原因及预防方法**

| 废品种类 | 产生原因 | 预防方法 |
|---|---|---|
| 螺距不正确 | 1. 交换齿轮在计算或啮合时错误和进给箱手柄位置放错。<br>2. 局部螺距不正确：<br>（1）车床丝杠和主轴窜动；<br>（2）溜板箱手轮转动时轻重不均匀；<br>（3）开合螺母间隙太大。<br>3. 用开顺倒车法车螺纹时，开合螺母抬起 | 1. 在车削第一只工件时，先车出很浅的一条螺旋线，测量螺距的尺寸是否正确。<br>2. 加工螺纹之前，将主轴和丝杠轴线窜动和开合螺母的间隙进行调整，并将床鞍的手轮与传动齿轮条脱开，使床鞍能匀速运动。<br>3. 调整开合螺母的镶条，用重物挂在开合螺母的手柄上 |
| 牙型不正确 | 1. 车刀装夹不正确，产生螺纹的半角误差。<br>2. 车刀刀尖刃磨得不正确。<br>3. 车刀磨损 | 1. 采用螺纹样板对刀。<br>2. 正确刃磨和测量刀尖角。<br>3. 合理选择切削用量和及时修磨车刀 |
| 螺纹表面粗糙度值大 | 1. 高速切削螺纹时，切屑厚度太小或切屑从倾斜方向排出，拉毛已加工表面。<br>2. 切削用量及切削液使用不当。<br>3. 刀柄刚度不够，切削时引起振动 | 1. 高速切削螺纹时，最后一次背吃刀量一般要大于0.1 mm，切屑要垂直轴线方向排出。<br>2. 用高速钢车刀切削时，应降低切削速度，并合理使用切削液。<br>3. 选用较大尺寸的刀柄，装刀时不宜伸出过长 |

## 五、安全操作与注意事项

(1) 工作时，必须集中精力，遵守各项安全防护规范。

(2) 车螺纹前要检查各手柄位置是否在正确的位置上，主轴转速调到低速挡位。

(3) 车螺纹前应熟悉车床的操作性能，调整各部分的间隙。

(4) 车螺纹时要避免进刀手柄多摇一圈引起打刀或发生碰撞。

(5) 不得用手或棉纱去擦拭旋转的工件，以免发生事故。

## 六、拓展训练

车削加工图 4-92 所示台阶螺杆轴零件，材料为 45 钢，毛坯为 $\phi28$ mm × 310 mm 棒料，件数为 1 件。试编制加工步骤，并上机床完成零件的加工。

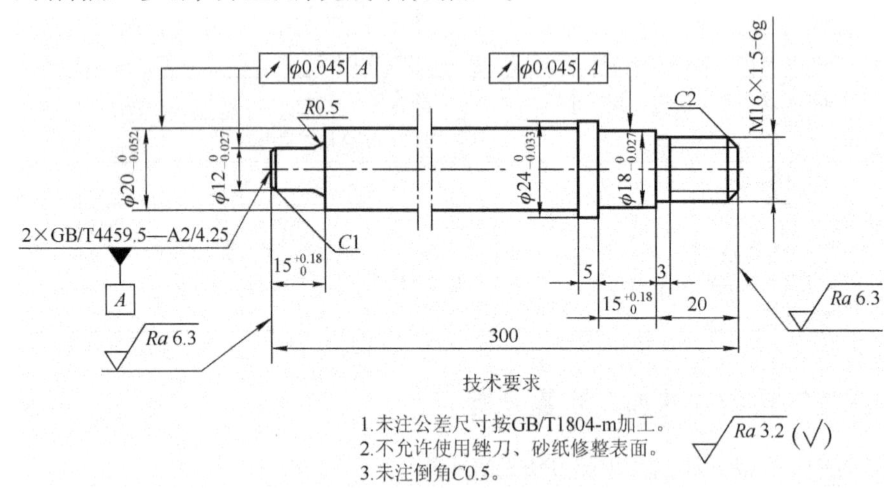


图 4-92 台阶螺杆轴

**加工要点分析：**

该零件外圆尺寸较小，长度相对较长，所以粗车时，应注意检查和调整工件有无锥度；另外，该零件的结构尺寸特点决定了零件加工时易出现振动，表面粗糙度不好控制，考虑使用红硬性较好的硬质合金刀具高速切削完成零件加工；螺纹中径用三针法测量。

# 思考与练习

## 一、选择题

1. 同轴度要求较高，工序较多的长轴宜采用（ ）装夹方式较合适。

   A. 四爪单动卡盘　　B. 三爪自定心卡盘　　C. 两顶尖

2. 用一夹一顶装夹工件时，若后顶尖轴线不在车床的主轴轴线上，加工时会产生（ ）。

   A. 振动　　B. 锥度　　C. 表面粗糙度达不到要求

3. 台阶的长度不可以用（ ）来测量。

   A. 钢皮尺　　B. 游标卡尺　　C. 千分尺

4. 用两顶尖装夹车削一光轴，测量尺寸时，尾座端尺寸比主轴端尺寸小 0.16mm，调整尾座时，须将尾座向背离操作者方向移动（　　）方可调至要求。

A. 0.16　　B. 0.32　　C. 0.08

5. 钻中心孔时，如果（　　）就不易使中心钻折断。

A. 主轴转速较高　　B. 工件端面不平

C. 进给量大　　D. 主轴与尾座不同轴

6. 精度要求较高，工序较多的轴类零件，中心孔宜选用（　　）型。

A. A　　B. B　　C. C　　D. R

7. 下列不属于轴类零件的技术要求有（　　）。

A. 位置度　　B. 平面度

C. 表面粗糙度　　D. 同轴度

8. 下列装夹方式中能自动定心的有（　　）。

A. 四爪卡盘　　B. 三爪卡盘　　C. 顶尖　　D. 花盘

9. 轴类零件的圆柱度误差不能采用（　　）方式检测。

A. V 形块加百分表　　B. 千分尺

C. 90°角尺　　D. 深度游标卡尺

10. 中心孔在各工序中（　　）。

A. 能重复使用，其定位精度不变

B. 不能重复使用

C. 能重复使用，但其定位精度会发生变化

11. 车削锥面时，当车刀刀尖装得不对准工件轴线时，会使车削后的圆锥面产生（　　）误差。

A. 圆度　　B. 双曲线　　C. 尺寸精度　　D. 表面粗糙度

12. 检验精度较高的圆锥面锥角时，常采用（　　）来测量。

A. 样板　　B. 圆锥量规　　C. 游标万能角尺

13. 用圆锥量规涂色法检测工件圆锥时，在工件表面用显示剂顺着圆锥素线均匀涂上（　　）条线，涂色要薄而均匀。

A. 1　　B. 2　　C. 3

14. 车削螺纹时出现螺距不正确，其原因是（　　）。

A. 主轴窜动大　　B. 车床丝杠轴向窜动　　C. 车刀刃磨不准确

15. 决定螺纹配合性质的主要参数是（　　）。

A. 大径　　B. 中径　　C. 小径

16. 高速钢车刀低速车削三角形螺纹，能获得（　　）。

A. 较高的螺纹精度和较低的表面粗糙度

B. 较低的螺纹精度和较高的表面粗糙度

C. 较高的螺纹精度和较高的表面粗糙度

17. 车出的螺纹表面粗糙度大，是因为选用（　　）造成的。

A. 较低的切削速度　　B. 较高的切削速度　　C. 中等的切削速度

18. （　　）适用于螺距小于2 mm或脆性材料的螺纹车削。

A. 直进法　　B. 左右切削法　　C. 斜进法

19. M10－5g6g中的5g代表（　　）。

A. 内螺纹中径公差带代号　　B. 内螺纹小径公差带代号

C. 外螺纹大径公差带代号　　D. 外螺纹中径公差带代号

20. 螺纹千分尺用于测量外螺纹的（　　）。

A. 大径　　B. 中径　　C. 小径　　D. 螺距

21. 套螺纹前，工件的前端面应加工出小于45°的倒角，直径小于螺纹的（　　），使板牙容易切入。

A. 大径　　B. 中径　　C. 小径

22. 在车床上攻螺纹前，先进行钻孔，孔口倒角要大于内螺纹的（　　）尺寸。

A. 大径　　B. 中径　　C. 小径

**二、是非题**（正确的打√，错误的打×）

1. 钻中心孔时，由于中心钻的直径较小，进给量应取小些。（　　）
2. 钻中心孔应在车削端面之前进行。（　　）
3. 精加工时为了保证零件的表面粗糙度，应选择高的切削速度，大的进给量和小的背吃刀量。（　　）
4. 三爪自定心卡盘三个卡爪同步运动，能自动定心，工件装夹后一般不需要找正，适合于装夹精度要求高的零件。（　　）
5. 四爪单动卡盘四个卡爪各自单独运动，不能自动定心，工件装夹后必须找正，因此装夹精度较低。（　　）
6. 粗车对工件的精度要求不高，在工件装夹方式、车刀选择和切削用量的选择上着重考虑提高劳动生产率等因素。（　　）
7. 45°车刀适合用来车削轴的端面，75°车刀适合用来对轴的外圆进行精加工。（　　）
8. 转动小滑板法车削圆锥时，由于只能手动进给，工件表面粗糙度不易控制。（　　）
9. 对于长度较长，锥度较小的圆锥面，宜采用偏移尾座的车削方法。（　　）
10. 用偏移尾座的车削方法车削圆锥时，如果工件的圆锥半角相同，尾座偏移量也相同。（　　）
11. 车削圆锥时，车刀刀尖必须严格对准工件轴线，以保证车削后的圆锥面素线的直线度、圆锥直径及圆锥角正确。
12. 用宽刃刀车削圆锥面时，宽刃刀的切削刃与主轴轴线的夹角应等于工件的圆锥半角。（　　）
13. 用高速钢车刀车削螺纹时，能获得较高的螺纹精度和生产效率。（　　）
14. 乱牙就是车螺纹时，第二次进刀车削时车刀刀尖不在前一次车出的槽内。（　　）
15. 直进法车螺纹时易产生“扎刀”现象，而斜进法可以防止“扎刀”现象。（　　）
16. 高速车削三角形螺纹使用硬质合金钢刀具车削时只能用直进法。（　　）

17. 采用起开合螺母的方法车螺纹时，当工件旋转4转，车床丝杠转过1转时，是不会产生乱牙的。　　(　　)

18. 用螺纹量规检验三角形螺纹是一种综合测量的方法。　　(　　)

19. 为了使套螺纹省力，工件外径应车到接近螺纹大径的上偏差。　　(　　)

## 三、问答题

1. 中心孔有几种类型？钻中心孔时，中心钻折断的原因有哪些？
2. 车削轴类零件时，常用的装夹方法有哪些？各适合在什么场合下使用？
3. 轴类零件用两顶尖装夹的优、缺点是什么？
4. 外圆车刀在安装时应注意哪些问题？
5. 车削圆锥面时，车刀安装没有对准工件轴心时，对工件质量有哪些影响？
6. 车削三角形螺纹的方法有哪些？各有什么特点？
7. 如何使用涂色法检测圆锥角？如何判断圆锥角是过大还是过小？
8. 试简述图4-93～图4-95所示轴零件的车削加工步骤。

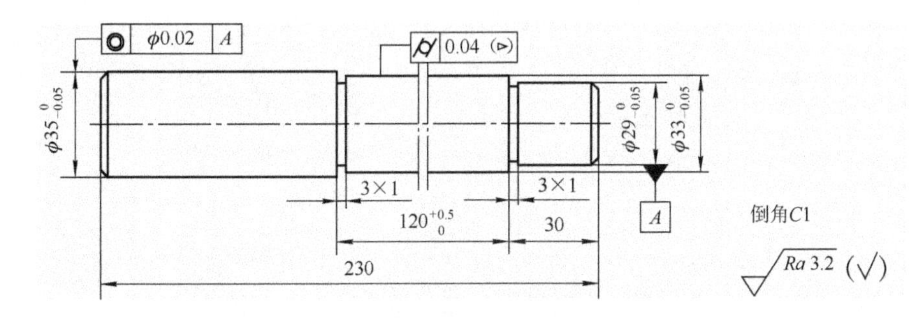


图4-93　台阶轴

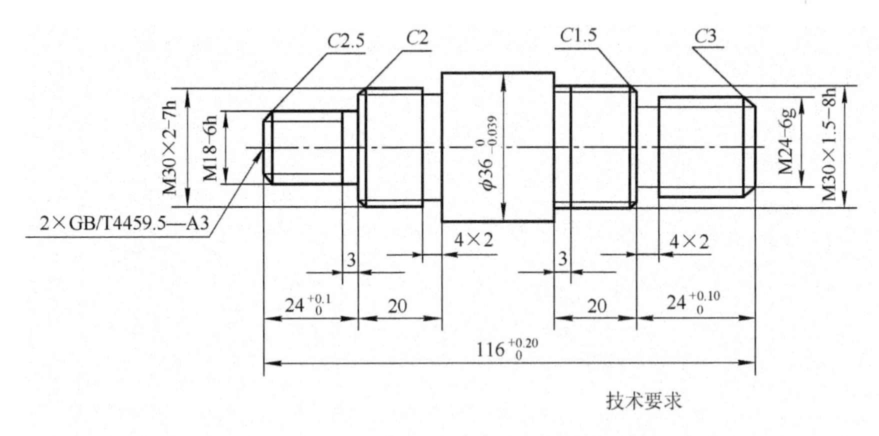


图4-94　台阶螺杆轴

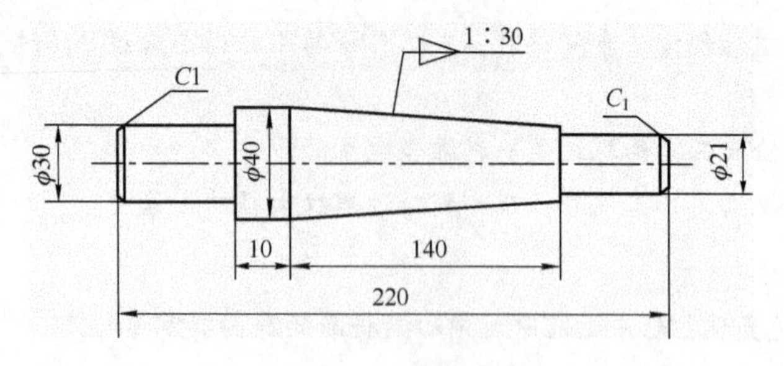


图 4-95 外圆锥轴

# 模块五 车削套类零件

在机器中有很多零件因为支承和连接配合的需要，通常把它们做成带有圆柱孔或圆锥孔的零件，例如各种轴承套、齿轮、带轮、机床主轴等。按套的形状结构、孔的尺寸可分为直孔套、台阶孔套、盲孔套、锥孔套、偏心孔套、薄壁套和深孔套。车削套类零件是国家职业技能标准中对初级车工的基本技能要求。

## 5.1 轴承套的车削

### 任务描述

本任务的训练目标是完成图5-1所示零件的车削任务。

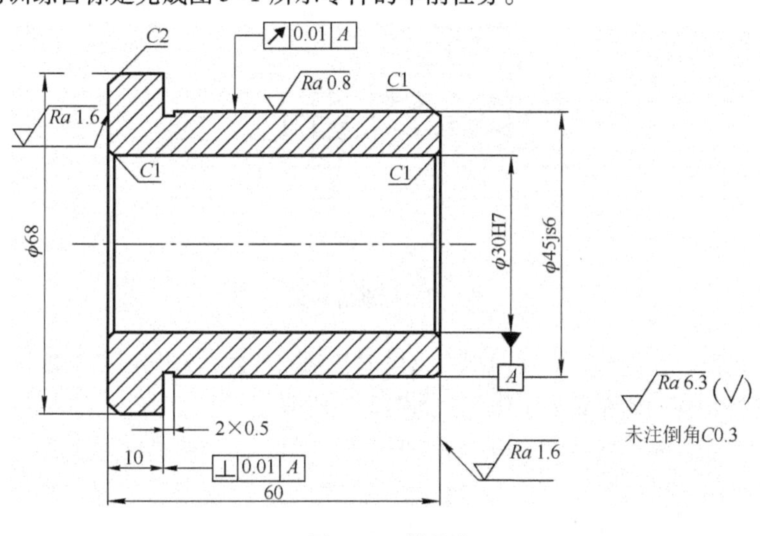


图5-1 轴承套

### 知识要点

麻花钻与车孔刀的选用；钻孔的方法与步骤；扩孔与铰孔的方法与步骤；车内孔的方法与步骤；车内槽的方法与步骤；轴承套的加工质量分析。

### 能力目标

能正确分析图样，编制出合理的加工工艺文件；能根据零件材料和加工精度选择合适的刀具并正确安装；能选择工件正确的定位方式并完成工件的安装；能选择合理的切削参数；能独立完成零件的加工；能根据零件几何特征和精度要求合理选择量具并完成测量。

## 5.1.1 轴承套车削的工艺准备

### 一、套类零件车削的刀具

一般套类零件的加工通常是钻孔，再经过扩孔或镗孔来达到图样的要求，需用到的刀具如下：

**（一）麻花钻**

**1. 麻花钻的结构**

麻花钻是钻孔或扩孔加工中最常用的刀具，标准麻花钻由刀体、刀柄和颈部组成，如图 5-2所示。它的切削部分有两条对称的主切削刃、两条副切削刃和一条横刃。

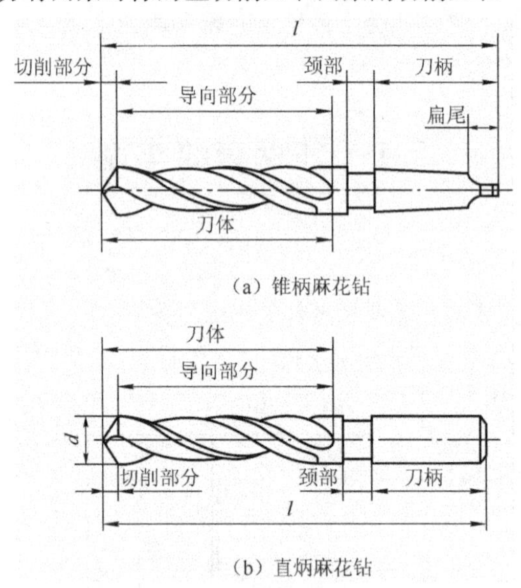


（a）锥柄麻花钻

（b）直炳麻花钻

图 5-2 标准麻花钻

用麻花钻钻孔时，相当于正、反两把车刀同时切削，因此，其几何角度的概念同车刀基本相同，但也具有特殊性，麻花钻的工作部分如图 5-3 所示。

钻孔属于粗加工，其尺寸精度一般可达 IT11 ~ IT12 级，表面粗糙度为 $Ra25 \sim 12.5\ \mu m$。

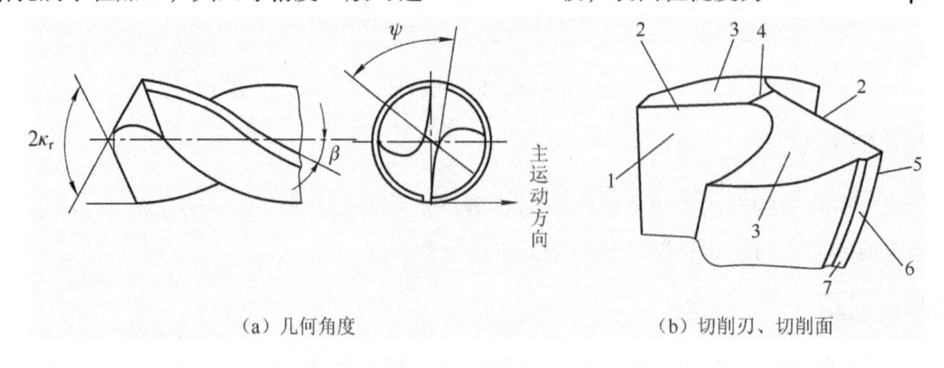


（a）几何角度　　（b）切削刃、切削面

1—前刀面；2—主切削刃；3—主后刀面；4—横刃；5—副切削刃；6—副后刀面；7—棱边

图 5-3 麻花钻的工作部分

**2. 麻花钻的主要几何角度**

（1）螺旋角 $\beta$。麻花钻工作部分有两条螺旋槽，螺旋槽上最外缘的螺旋线展开成直线后与麻花钻轴线之间的夹角称为麻花钻的螺旋角。其作用是构成切削刃、排出切屑和流通切削液。

（2）顶角 $2\kappa_\gamma$。在通过麻花钻轴线并与两主切削刃平行的平面上，两主切削刃在与其平行的平面上投影的夹角称为顶角。

（3）横刃斜角 $\psi$。麻花钻的两主切削刃的连接线称为横刃，横刃也就是两主后面的交线。横刃担负着钻心处的钻削任务。横刃太短会影响麻花钻的钻尖强度，横刃太长会使轴向的进给力增大，对钻削不利。在垂直于麻花钻轴线的端面投影中，横刃与主切削刃所夹的锐角称为横刃斜角。横刃斜角一般为55°。

（4）棱边。在麻花钻的导向部分有两条略带倒锥形的刃带，称为棱边。它减小了钻削时麻花钻与孔壁之间的摩擦。

**（二）扩孔钻和锪孔钻**

**1. 扩孔钻**

用扩孔工具扩大工件孔径的加工方法称为扩孔。常用的扩孔工具有麻花钻和扩孔钻。一般可用麻花钻扩孔。对于精度要求较高和表面质量要求较高的孔，可用扩孔钻扩孔。扩孔钻有高速钢扩孔钻和硬质合金扩孔钻两种，如图5-4所示。扩孔钻的钻心较粗，刀齿较多，钻头刚度和导向性均比麻花钻好，因此，可提高生产效率，改善加工质量。扩孔时，除了铸造青铜材料外，其他材料的工件扩孔都要使用切削液。扩孔精度一般可达IT9～IT10，表面粗糙度值 $Ra$ 可达6.3～3.2 μm，所以扩孔一般作为孔的半精加工。

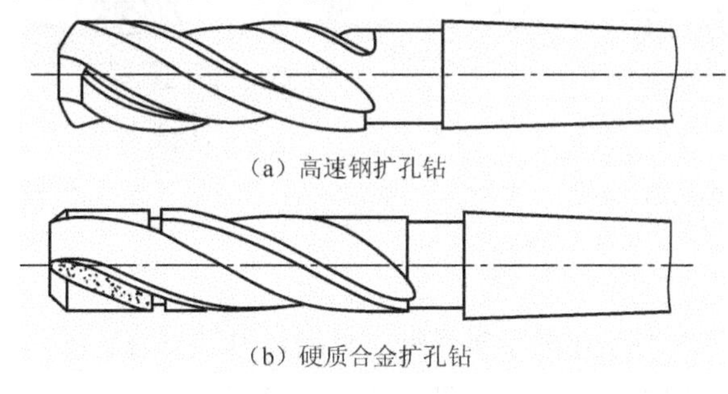

（a）高速钢扩孔钻

（b）硬质合金扩孔钻

图5-4　扩孔钻

**2. 锪孔钻**

用锪削方法加工平底或锥形沉孔的方法称为锪孔。锪孔钻分圆锥形锪孔钻和端面锪孔钻两种。前者用于锪圆锥面，后者用于锪平面。车工常用的是圆锥形锪孔钻。圆锥形锪孔钻有60°、90°和120°等规格，如图5-5所示。

**（三）车孔刀和铰刀**

**1. 通孔车刀**

通孔车刀切削部分的几何形状基本上与外圆车刀相似，如图5-6所示。为了减小径向切削挤力，防止振动，主偏角应取得大些，一般取 $\kappa_\gamma$ 为60°～75°。副偏角 $\kappa_\gamma'$ 一般取15°～30°，为了防止车孔刀后刀面和孔壁产生摩擦又不使后角磨得太大，一般磨成两个后角，如图5-6中的旋转部件，其中，$\alpha_{o1}$ 取6°～12°，$\alpha_{o2}$ 取30°左右。

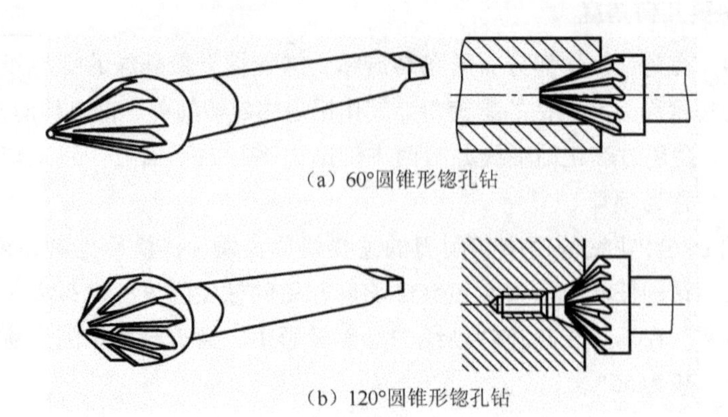

（a）60°圆锥形锪孔钻

（b）120°圆锥形锪孔钻

图 5–5　圆锥形锪孔钻

**2. 盲孔车刀**

盲孔车刀用于车削盲孔或台阶孔，其切削部分的几何形状基本上与偏刀相似，如图 5–7 所示。盲孔车刀的主偏角大于 90°，一般取 $\kappa_\gamma$ 为 92°～95°。后角要求与通孔车刀相同，盲孔车刀刀尖到刀柄外侧的距离 $a$ 应小于孔的半径 $R$，否则无法车平孔的底面。

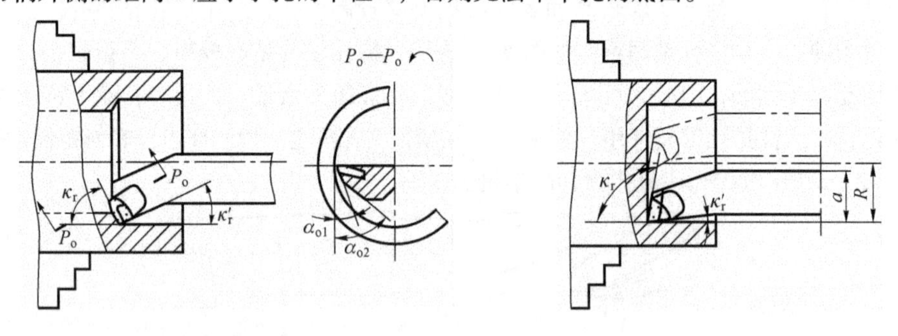


图 5–6　通孔车刀　　　　图 5–7　盲孔车刀

**3. 铰刀**

铰刀是多刃切削刀具，分机用和手用两种，机用铰刀可分为整体式、插柄式和浮动式。整体式铰刀又分为圆柱柄和圆锥柄两种，如图 5–8（a）所示。直径在 $\phi$12 mm 以下的铰刀一般为圆柱柄，直径在 $\phi$12～$\phi$32 mm 的铰刀一般为圆锥柄。插柄式铰刀直径较大，一般为 $\phi$25～$\phi$75 mm，为了节约刀具材料，所以做成插柄式（中间是套式）。其内孔锥度为 1∶30，如图5–8（b）所示。

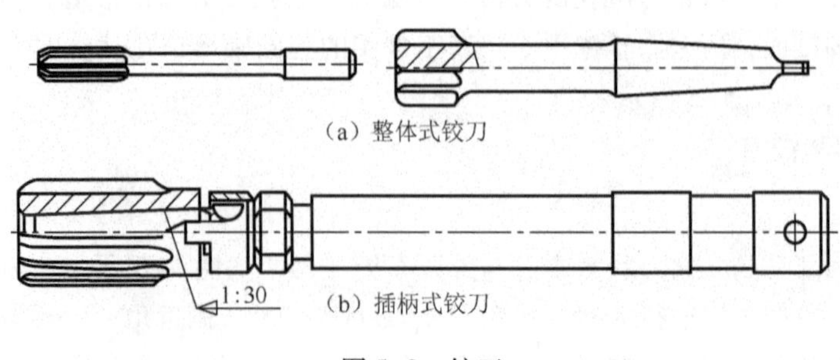


（a）整体式铰刀

（b）插柄式铰刀

图 5–8　铰刀

## 二、套类零件的装夹方法

### （一）用心轴安装工件

盘套类零件的外圆相对孔的轴线有同轴度、圆跳动等公差要求，端面相对孔的轴线有垂直度等公差要求，如果有关表面与孔无法在三爪自定心卡盘的一次装夹中车削完成，则须在孔精加工后，再装到心轴上进行端面的精车或外圆的精车。作为定位基准面的孔，其尺寸精度不应低于 IT8，$Ra \leqslant 1.6\ \mu m$，心轴在前、后顶尖的安装方法与轴类零件相同。心轴的种类很多，常用的有锥度心轴、圆柱心轴和可胀心轴，如图 5-9 所示。

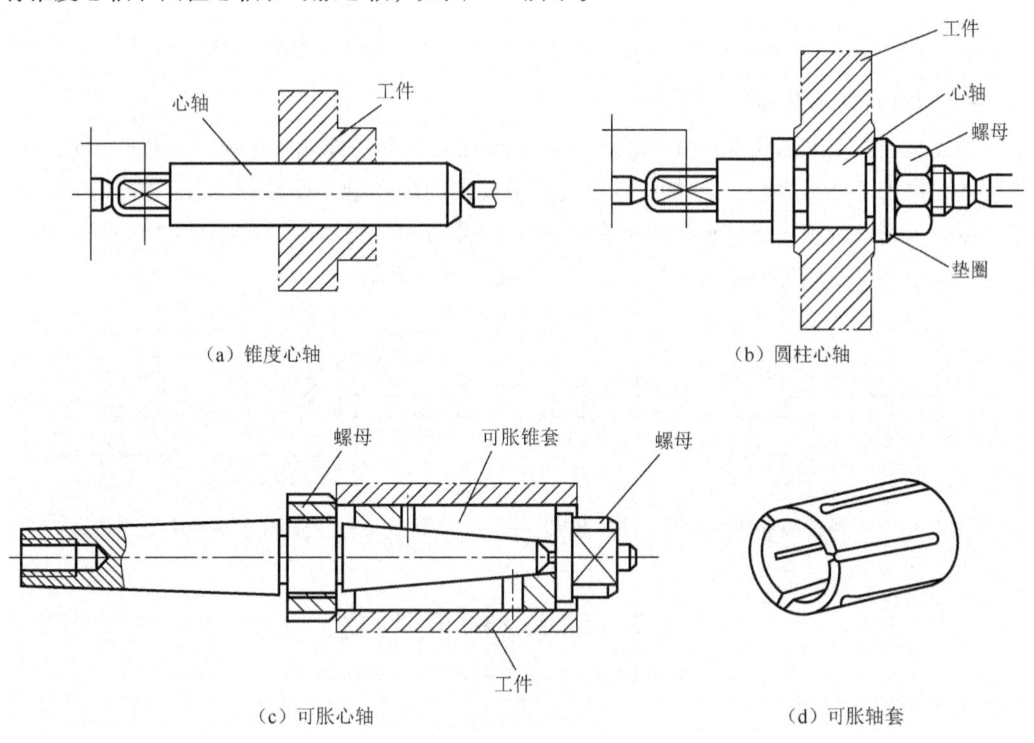


图 5-9　心轴的种类

### （二）用花盘安装工件

花盘是安装在车床主轴上并随之旋转的一个大圆盘，其端面有许多长槽，可穿入螺栓以压紧工件。花盘的端面需平整，且与主轴轴心线垂直。

当加工大而扁且形状不规则的零件或刚性较差的工件时，为了保证加工表面与安装平面平行，加工回转面轴线与安装平面垂直，可以用螺栓压板直接把工件压在花盘上加工，如图 5-10 所示，用花盘安装工件时，需要仔细找正。

有些复杂的零件要求加工孔的轴线与安装平面平行，或者要求加工孔的轴线垂直相交时，可用花盘、弯板安装工件，如图 5-11 所示。弯板安装在花盘上要仔细地找正，工件安装在弯板上也需要找正。

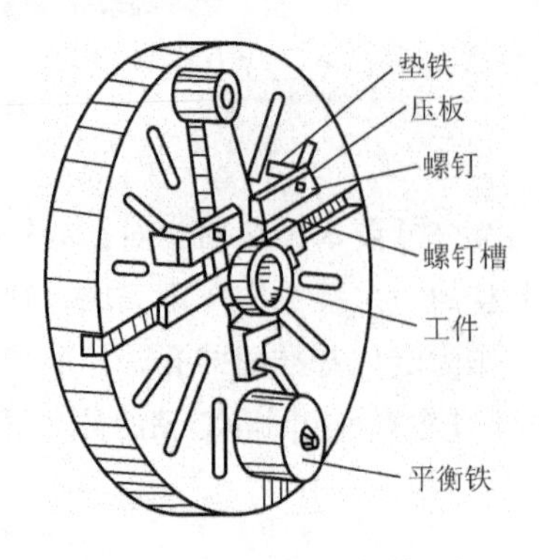


图 5-10　在花盘上安装工件

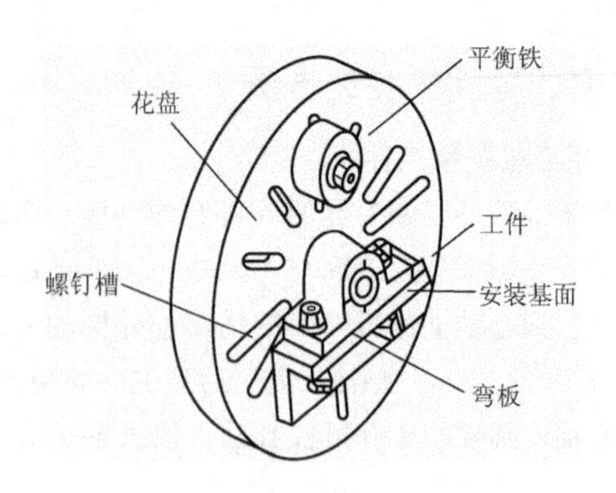


图 5-11　在花盘弯板上安装工件

**（三）其他形式的装夹**

如果套类零件车削的长度尺寸较大，一般先将孔加工至图样或工艺要求的尺寸，然后以孔为定位基准再加工外圆表面，装夹时不必做成很长的圆柱心轴，而是在主轴一端用内拨顶尖，尾座一端用伞形回转顶尖来装夹，如图 5-12 所示；或者在套类零件的右端镶上中心堵（闷头），用回转顶尖顶持中心堵上的中心孔进行加工，如图 5-13 所示。

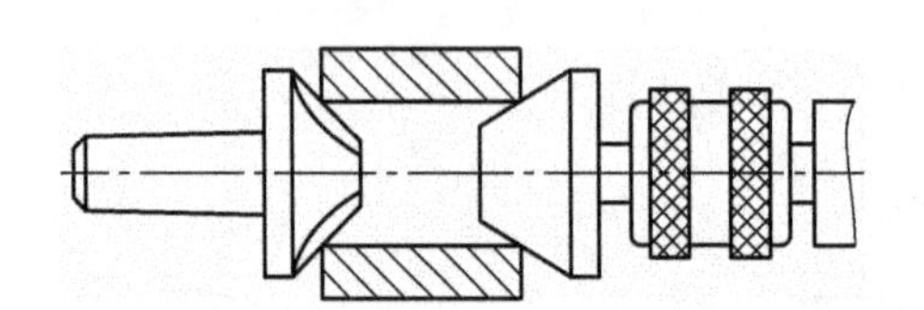

图 5-12　用内拨顶尖和伞形回转顶尖装夹

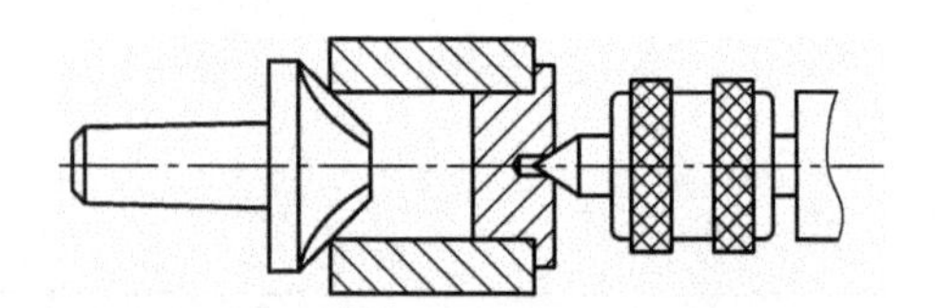

图 5-13　用回转顶尖和中心堵装夹

## 5.1.2　轴承套的车削方法

### 一、麻花钻钻孔

**（一）麻花钻的选用**

对于精度要求不高的内孔，可以选用与孔径尺寸相同的钻头直接钻孔，对于精度要求较高的内孔，还需要通过车削等加工才能完成。在选用钻头时，应根据下一道工序的要求，留出加工余量。钻头直径应小于工件孔径，钻头的螺旋槽部分应略长于孔深。钻头过长，刚性差；钻头过短，排屑困难。

选用麻花钻的几何形状要求是：两主切削刃对称相等，否则钻孔时易造成孔径扩大或歪斜；要磨出 55°的横刃斜角（即具有正确后角），否则切削刃不锋利或难以切削。

**（二）麻花钻的装夹**

直柄麻花钻用钻夹头装夹，再将钻夹头的锥柄插入尾座的锥孔中，如图 5-14 所示。

锥柄麻花钻锥柄如果和尾座套筒锥孔的规格相同，可直接将麻花钻钻柄装在尾座套筒锥孔中，如果麻花钻锥柄和尾座套筒锥孔的规格不相同，可增加一个合适的莫氏过渡锥套插入尾座锥孔中，如图 5-15 所示。有时，锥柄麻花钻也使用专用工具夹装，如图 5-16 所示。

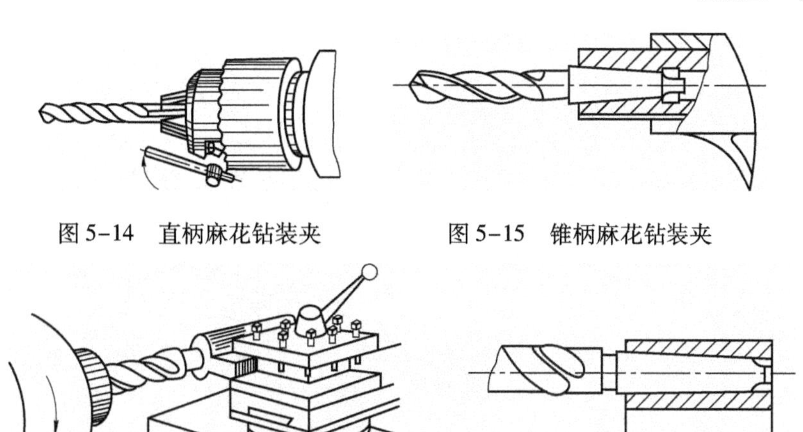

图 5-14　直柄麻花钻装夹　　图 5-15　锥柄麻花钻装夹

图 5-16　麻花钻专用工具装夹

**（三）钻孔步骤**

（1）钻孔前先把工件端面车平，不许有凸头，以利于钻头正确定心。

（2）找正尾座，使钻头中心对准工件旋转中心，否则可能会扩大钻孔直径、折断钻头。

（3）开动车床，缓慢均匀地转动尾座手轮，使钻头缓慢切入工件。

（4）双手交替转动手轮，使钻头均匀地向前切削，并间断地减轻手轮压力以便断屑。

（5）用细长麻花钻钻孔时，为了防止钻头产生晃动，可以在刀架上夹一挡铁，如图 5-17 所示。挡铁用来支承钻头头部，帮助钻头定中心。其方法是：先少量钻入工件，然后移动中滑板，用挡铁支顶，见钻头不晃动时，继续钻削即可。但挡铁不能把钻头推过中心，否则容易折断钻头。当钻头已正确定心时，挡铁即可退出。注意：挡铁与钻头的接触力要适当。

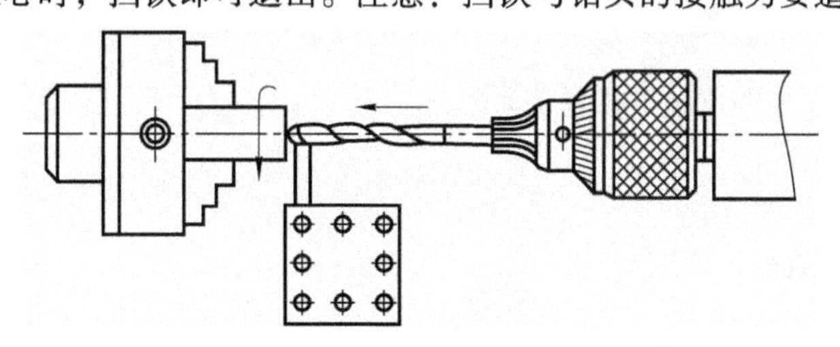

图 5-17　挡铁辅助支撑钻头

（6）用小麻花钻钻孔时，一般先用中心钻定心，再用钻头钻孔，这样钻出的孔同轴度较好。

（7）对于钻孔后要铰孔的工件，由于余量较少，因此当钻入 1 ~ 2 mm 后，应将钻头退出，停车测量孔径，以防孔径扩大，致使没有余量而报废。

（8）钻盲孔时，应在钻头上或尾座套筒上打上记号，以防钻得过深而报废。

（9）钻盲孔与钻通孔的方法基本相同，但钻盲孔时，要控制孔的深度，其方法是：开动机床，缓慢均匀地摇动尾座手轮，当钻尖刚开始切入工件时，记下尾座套筒标尺上的读数，或用钢直尺测出套筒伸出的长度，即钻孔时的深度尺寸 = 尾座套筒标尺上的读数（或测出套筒伸出的长度）+孔的深度尺寸，双手继续交替均匀摇动手轮，达到钻孔时的深度尺寸时，退出钻头，如图 5-18 所示。

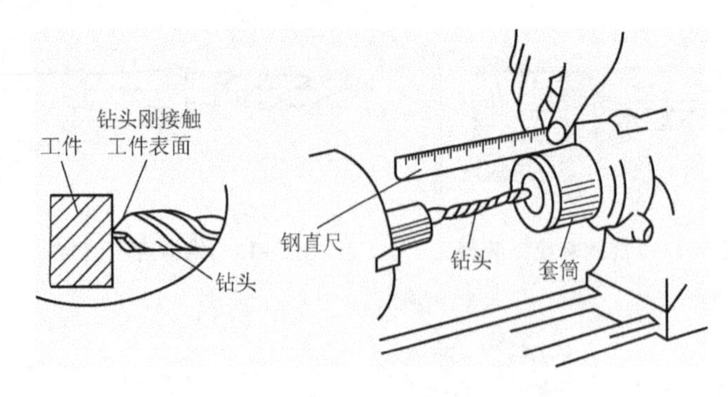


图 5-18　钻盲孔

**操作提示**

（1）起钻时的进给量要小，待钻头切削刃部分进入工件后才可正常钻削。

（2）钻小孔或钻较深的孔时，必须经常退出麻花钻清除切屑，防止因切屑堵塞而造成钻头被“咬死”或折断。

（3）钻削钢料时，必须充分浇注切削液冷却麻花钻，防止钻头因发热而造成退火。钻削铸铁工件时，一般不加切削液，避免切屑粉末磨损车床导轨。

（4）钻孔时，如果麻花钻刃磨正确，切屑会从两螺旋槽均匀排出。如果两切屑刃不对称，切屑从主切削刃高的那边螺旋槽排出。据此可卸下钻头，将较高的一边主切削刃磨低一些，以免影响钻孔的质量。

（5）内孔应防止喇叭口和出现刀痕。

（6）钻通孔将要钻穿工件时，进给量要小，以防麻花钻被“咬住”。

**（四）选择合适的切削用量**

**1. 背吃刀量**

钻孔时的背吃刀量指麻花钻的半径。即：

$$a_p = \frac{d}{2} \tag{5-1}$$

式中　$d$——麻花钻的直径（mm）。

**2. 切削速度**

钻孔时，切削速度 $v_c$ 指麻花钻主切削刃外缘处的线速度，即：

$$v_c = \frac{\pi d n}{1000} \tag{5-2}$$

式中　$v_c$——切削速度（m/min）；

$d$——麻花钻直径（mm）；

$n$——主轴转速（r/min）。

用高速钢麻花钻钻钢料时，切削速度 $v_c$ 一般取 15～30 m/min，钻铸铁时 $v_c$ 取 10～25 m/min，钻铝合金时 $v_c$ 取 75～90 m/min。

切削速度选择好后，要以钻头直径大小为依据，调整主轴转速，钻头直径小，转速应高；钻头直径大，转速应低。

**3. 进给量**

车床上钻孔时的进给量 $f$ 是指工件转一周，麻花钻沿轴向移动的距离。进给量的参考值见表5-1。

**表5-1　进给量的参考值**

| 钻头直径 $d$（mm） | <3 | 3~6 | 6~12 | 12~25 | >25 |
|---|---|---|---|---|---|
| 进给量 $f$（mm/r） | 0.025~0.05 | 0.05~0.10 | 0.10~0.18 | 0.18~0.38 | 0.18~0.60 |

### （五）选择合适的切削液

在车床上钻孔属于半封闭加工，切削液很难深入到切削区域，因此，钻孔时对切削液的要求是比较高的，其选用见表5-2。切削液的选用一般与材料有关。钢件选用乳化液，铸铁件一般不用切削液或使用煤油，铝材选用煤油或酒精，镁合金不用切削液。

**表5-2　钻孔时切削液的选用**

| 麻花钻的种类 | 被钻削的材料 | | |
|---|---|---|---|
| | 低碳钢 | 中碳钢 | 淬硬钢 |
| 高速钢麻花钻 | 用1%~2%的低浓度乳化液、电解质水溶液或矿物油 | 用3%~5%的中等浓度乳化液或极压切削油 | 用极压切削油 |
| 镶硬质合金麻花钻 | 一般不用，如用可选3%~5%的中等浓度乳化液 | | 用5%~10%的高浓度乳化液或极压切削油 |

### （六）钻孔的质量分析

钻孔产生的质量问题有孔歪斜和孔径扩大两种，其产生的原因和预防的措施见表5-3。

**表5-3　钻孔产生的质量问题和预防措施**

| 问题种类 | 产生原因 | 预防措施 |
|---|---|---|
| 孔歪斜 | 1. 工件端面不平或与轴线不垂直<br>2. 尾座偏移<br>3. 麻花钻刚度低，初钻时进给量过大<br>4. 麻花钻顶角不对称 | 1. 钻孔前车平端面，中心不能有凹台<br>2. 找正，调整尾座<br>3. 选用较短的麻花钻或用中心钻钻出导向孔，初钻时进给量要小<br>4. 正确刃磨麻花钻 |
| 孔径扩大 | 1. 麻花钻直径选错<br>2. 麻花钻主切削刃不对称<br>3. 麻花钻未对准工件中心 | 1. 看清图样，检查麻花钻直径<br>2. 刃磨麻花钻，使主切削刃对称<br>3. 检查麻花钻、钻夹头及莫氏锥套安装是否正确 |

## 二、扩孔钻扩孔

### （一）扩孔切削用量的选择

（1）扩孔时的进给量为钻孔的1.5~2倍，切削速度是钻孔的50%。

（2）扩孔时的背吃刀量 $a_p$ 可用公式计算，即：

$$a_p=(D-d)/2 \tag{5-3}$$

式中　$D$——扩孔后的直径（mm）；

　　　$d$——欲加工孔直径（mm）。

### （二）扩孔注意事项

（1）由于平头钻扩孔时，有晃动现象，因此在选择扩孔钻头时，应在满足加工要求的前提下，选尽量短的长度，以保证工作时有足够的刚度，避免孔径扩大。

（2）用麻花钻扩孔时，要注意控制好进给量，防止麻花钻在尾座套筒内打滑。

（3）扩孔时，应把外缘处前角修磨得小些。

（4）除铸铁、铸造青铜材料外，其他材料的工件加工时应使用切削液。

### （三）扩孔的质量分析

扩孔产生的主要问题是孔径不对，其主要原因及预防措施见表5-4。

**表5-4　孔径不对产生的质量问题及预防措施**

| 问题种类 | 产生原因 | 预防措施 |
|---|---|---|
| 孔径不对 | 1. 扩孔钻直径选错<br>2. 尾座偏移 | 1. 正确选择钻头直径<br>2. 找正尾座 |

## 三、车孔刀车孔

### （一）车孔刀的装夹

车通孔时，车孔刀的装夹应使刀尖与工件中心等高或稍高，刀柄伸出长度应尽可能短些。车不通孔时，车孔刀的主切削刃还应与平面成3°～5°夹角，如图5-19（a）所示。在车台阶内平面时，车刀横向应有足够的退刀余地；而车削平底孔时，必须满足$a<R$的条件，否则无法车完平面，如图5-19（b）所示，刀尖应与工件中心严格对准。

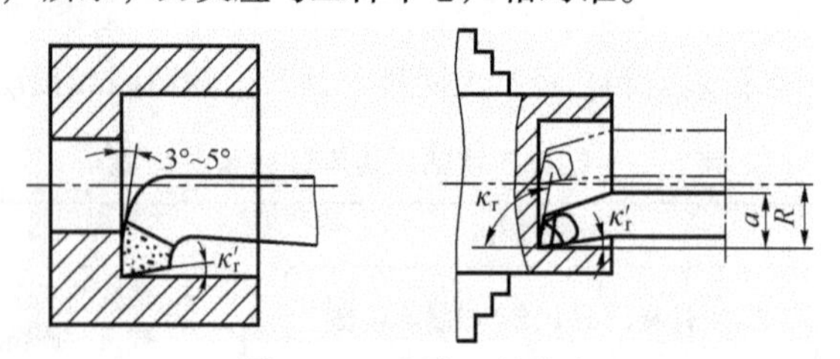


图5-19　车孔刀的装夹

### （二）通孔的车削

通孔的车削方法基本与车外圆相同，只是进刀与退刀的方向相反，背吃刀量小于车外圆。在粗、精车时，要进行试切削、试测量。具体方法如下。

**1. 准备工作**

（1）根据孔径、孔深，选择好车刀，并装夹好。

（2）选择合适的切削速度，调整转速，车孔比车外圆的速度稍慢。切削用量的选择可参考表5-5。

**表5-5　切削用量的选择**

| 性质 | $n$（r/min） | $a_p$（mm） | $f$（mm/r） |
|---|---|---|---|
| 粗车 | 400～600 | 1～3 | 0.2～0.3 |
| 精车 | 600～800 | 0.1～0.2 | 0.1～0.15 |

**2. 粗车孔**

（1）对刀。开动机床，使内孔车刀刀尖与工件孔壁接触，试车一刀，纵向退出车刀，中滑板刻度置零，如图 5-20 所示。

（2）根据孔的加工余量，确定背吃刀量。一般背吃刀量取 2 mm 左右，即中滑板向纵向手柄处刻度盘进 2 mm。

（3）车削孔。摇动溜板箱的手轮，慢慢移动车刀至孔的边缘，合上纵向自动进给手柄，观察切屑能否顺利排出。当车削声停止时，立即脱开进给手柄，停止进给。再摇动横向进给手柄，使内孔车刀刀尖脱离孔壁。摇动溜板箱手轮，快速退出车刀。

**3. 精车孔**

（1）适当提高转速，精车刀刀尖与孔壁接触，进刀 0.1 mm 试车削，车削深度至约 3 mm 时，停止进给，停下车床。卡盘停下转动之前，快速退出车刀，如图 5-21 所示。

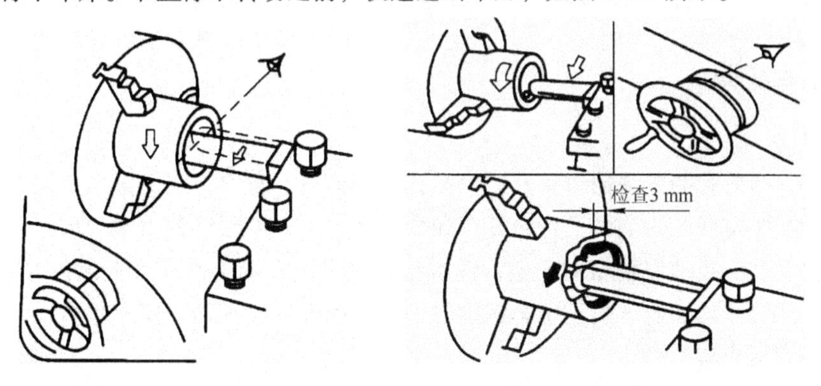


图 5-20　粗车孔的对刀　　　　图 5-21　精车孔试车削方法

（2）用卡钳或卡尺测出正确尺寸，最后一刀背吃刀量为 0.1～0.2 mm，进给量为 0.08～0.15 mm/r，精车至成品尺寸。

**（三）台阶孔的车削**

车削台阶孔的方法如下：

（1）车削直径较小的台阶孔时，由于直接观察困难，尺寸精度不易掌握，所以通常采用先粗、精车小孔，再粗、精车大孔的方法进行。

（2）车削孔径大的台阶孔时，在视线不受影响的情况下，通常采用先粗车大孔和小孔，再精车大孔和小孔的方法进行。

（3）控制车孔长度的方法主要有：粗车时通常采用在刀柄上刻线作记号，如图 5-22 所示，或安放限位铜片，如图 5-23 所示，或采用大滑板刻度盘的刻线来控制台阶长度。

精车时，必须用钢直尺、游标卡尺或深度尺等量具测量。

**（四）不通孔（平底孔）的车削**

车不通孔的方法与步骤一般情况下可分为三步，即准备工作、粗车不通孔和精车不通孔。具体操作过程如下：

**1. 准备工作**

（1）装夹工件，并找正。

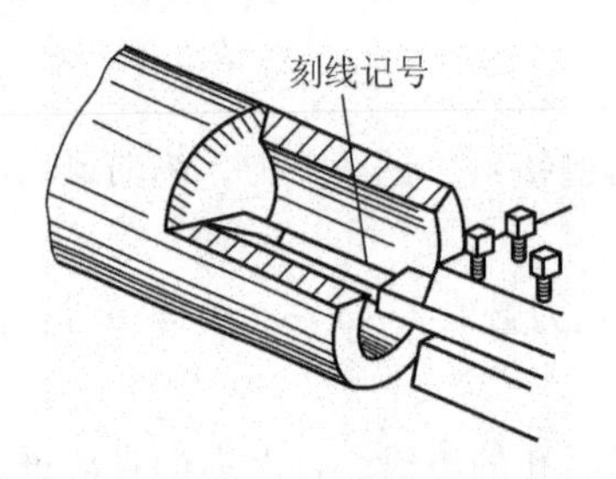


图 5-22　在刀柄上刻线控制孔深

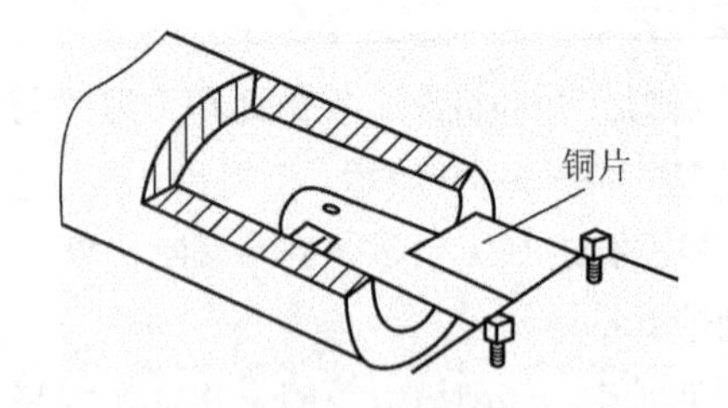


图 5-23　安放限位铜片控制孔深

（2）钻底孔。用比盲孔直径小 1 mm 左右的钻头钻孔，深度从钻尖计算，留 1 mm 的余量。用相同直径平头钻扩平底孔，其深度比要求深度浅 1 mm，作为车削余量。

（3）装夹盲孔车刀。刀尖对准工件中心，刀尖到刀杆外侧的距离要小于孔径的一半，如图 5-24（a）所示。车削前，试移动车刀，当车刀刀尖过工件中心时，观察刀杆外侧与孔壁是否有擦碰。

（4）调整主轴转速。

**2. 粗车盲孔**

（1）用粗车台阶孔的方法粗车盲孔。但车孔底平面时，车刀一定要过工件中心，留0.5 ~ 1 mm 的孔径余量和 0.2 mm 左右的孔深余量，如图 5-24（b）和图 5-24（c）所示。

（2）车削盲孔。摇动溜板箱的手轮，慢慢移动车刀至孔的边缘，合上纵向自动进给手柄，观察切屑能否顺利排出。当车削至粗车深度时，立即脱开进给手柄，停止进给，内孔车刀刀尖脱离孔壁，快速退出车刀。

**3. 精车盲孔**

先进行试车削，测量孔径，确定尺寸正确后，自动进给精车盲孔。床鞍分度值离孔深 2 ~ 3 mm 时，改用手动进给；刀尖刚接触孔底时，用小滑板手动进给，背吃刀量等于精车孔深余量；用中滑板进给车平盲孔底面，如图 5-24（d）所示。

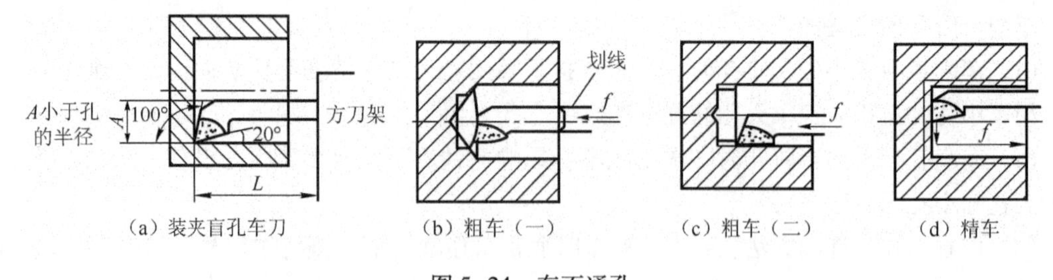


图 5-24　车不通孔

## 四、铰刀铰孔

### （一）铰孔的切削用量

（1）铰孔之前，一般先镗孔，镗孔后留的铰削余量不宜太大或太小。余量留得太小，车削痕迹不能铰去；余量留得太大，会使得铁屑挤塞在铰刀的齿槽内，使切削液不能进人切削区而影响质量。因此，一般铰削余量为 0.08 ~ 0.15 mm。

（2）铰削时，切削速度一般在 0.1 m/s 以下，这样容易获得小的表面粗糙度值。

（3）由于铰刀修光校正部分较长，铰削时的进给量可取得大一些，对于钢料，一般取0.2～1 r/min，对于铸铁，可取得更大些。

**（二）铰削方法**

（1）铰孔之前，通常先钻孔和镗孔，留一定余量进行铰孔。镗孔不仅能控制铰削余量，更重要的是，能提高零件的同轴度和孔的直线度。对于 $\phi$10 mm 以下的小孔，由于镗削困难，为了保证铰孔质量，一般应先用中心钻定位，再钻孔和扩孔，然后进行铰孔。

（2）在铰孔的同时，必须及时注入切削液，以保证孔径表面光洁。常用的切削液有以下几种：

① 铰削钢件时用硫化乳化油。

② 铰削铸铁件时用煤油或柴油。

③ 铰削青铜或铝合金时用 2 号锭子油或煤油。

**（三）铰孔注意事项**

（1）选用铰刀时，检查刃口是否锋利，柄部是否光滑。完好无损的铰刀才能加工出高质量的孔。

（2）铰刀的中心线必须与车床的主轴线重合。

（3）根据选定的切削速度和孔径大小，调整车床的主轴转速。

（4）安装铰刀时，应注意锥柄和锥套的清洁。

（5）铰刀由孔中退出时，车床主轴应仍保持正转不变，切不可反转，以防损坏铰刀刃口和已加工表面。

（6）应先试铰、试测量，以免造成废品。

**（四）铰孔的质量分析**

铰孔产生废品的问题种类主要有孔径扩大，表面粗糙度差两种，产生的原因及预防措施见表 5-6。

**表 5-6　铰孔的质量分析**

| 问题种类 | 产生原因 | 预防措施 |
| --- | --- | --- |
| 孔径扩大 | 1. 铰刀直径太大 | 1. 仔细测量尺寸，根据孔径尺寸要求，研磨铰刀 |
| | 2. 尾座偏移，铰刀与孔中心不重合 | 2. 校正尾座，使其对中，最好采用浮动套筒 |
| | 3. 切削速度太高，产生积屑瘤和使铰刀温度升高 | 3. 降低切削速度，加充足的切削液 |
| | 4. 余量太大 | 4. 留适当的铰削余量 |
| | 5. 铰刀刃口径向摇摆过大 | 5. 重新修磨铰刀刃口 |
| 表面粗糙度差 | 1. 铰刀切削刃不锋利及切削刃上有崩口、毛刺 | 1. 重新刃磨，表面质量要高，刃磨后保管好，不允许磕碰 |
| | 2. 余量过大或过小 | 2. 留适当的铰削余量 |
| | 3. 切削速度太高，产生积屑瘤 | 3. 降低切削速度，用油石把积屑瘤从切削刃上磨去 |
| | 4. 切削液选择不当 | 4. 合理选择切削液 |

## 5.1.3　轴承套的检测方法

### 一、内孔尺寸的测量

内孔的测量可采用游标卡尺、塞规、内测千分尺、内径千分尺、三爪内径千分尺和内径百分表来测量。测量孔径时，应根据工件的尺寸、数量及精度要求，采用相应的量具。

**（一）塞规测量**

在成批生产中，为了测量的方便，常用塞规测量孔径，塞规通端尺寸等于孔的最小极限尺寸 $D_{min}$，止端的基本尺寸等于孔的最大极限尺寸 $D_{max}$。用塞规检验工件时，若通端进入工件的孔内而止端不能进入工件的孔内，说明工件孔合格。测量盲孔时，为了排除孔内的空气，常在塞规的外圆上开有空气槽或在轴心处轴向钻出通气孔，如图 5-25 所示。

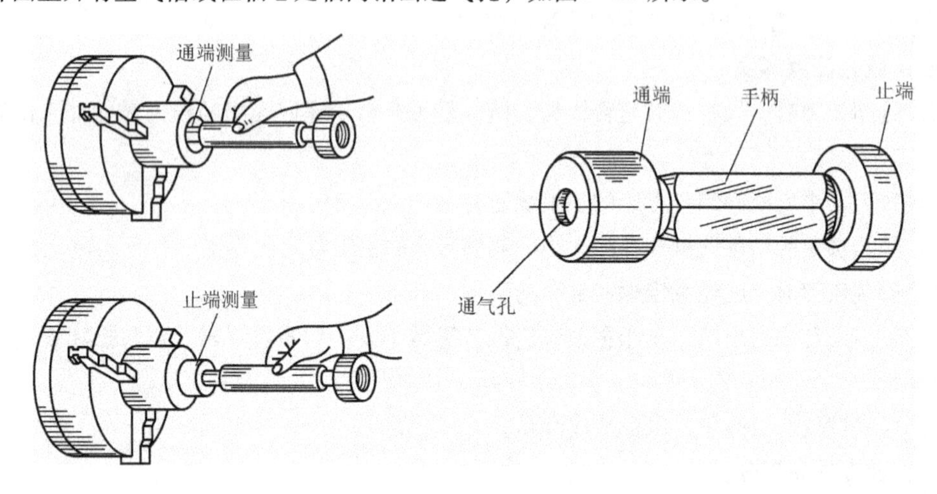


图 5-25　塞规及其使用

**（二）内测千分尺测量**

内测千分尺的测量范围为 5 ~ 30 mm、25 ~ 50 mm 等，其分度值为 0. 01 mm。

测量精度较高、深度较小的孔径可采用内测千分尺，如图 5-26 所示。这种千分尺刻线方向与（外径）千分尺相反，当微分筒顺时针旋转时，活动量爪向右移动，测量值增大，固定量爪和活动量爪即可测量出工件的内孔尺寸。

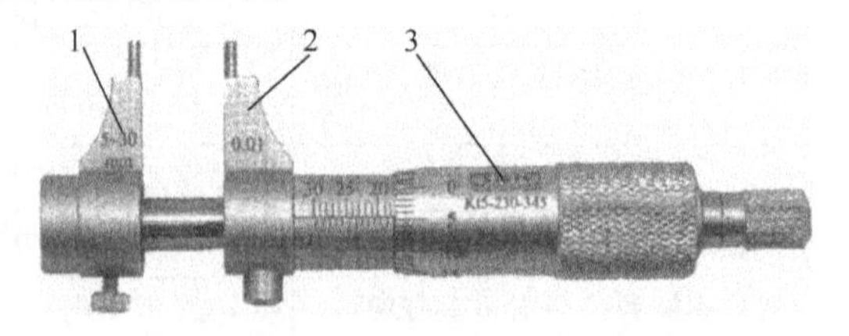


1—固定量爪；2—活动量爪；3—微分筒

图 5-26　内测千分尺

**（三）内径千分尺测量**

内径千分尺测量范围为 50 ~ 250 mm、50 ~ 600 mm、150 ~ 1 400 mm 等，其分度值为 0. 01 mm。

测量大于 $\phi$50 mm 的精度较高，深度较大的孔径时，可采用内径千分尺，如图 5-27 所示。

测量时，内径千分尺应在孔内摆动，在直径方向找出最大读数，轴向应找出最小读数，这两个重合读数就是孔的实际尺寸。

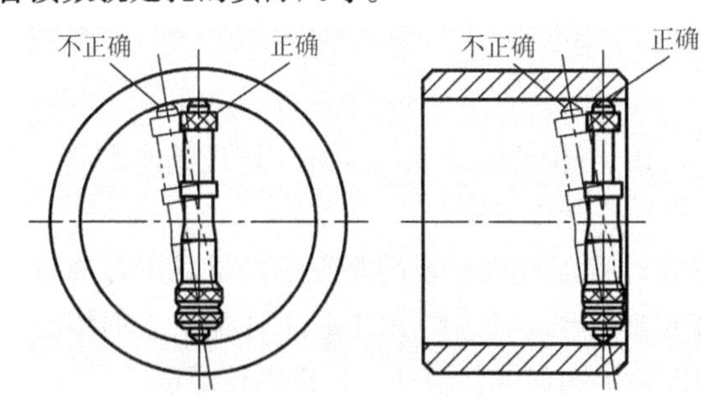


图 5-27　内径千分尺及使用方法

### （四）内径百分表测量

内径百分表是杠杆式测量架和百分表的组合，用以测量或检验零件的孔径及其形状精度。

内径百分表测量架的内部结构如图 5-28 所示，在三通管 3 的一端装着活动测量头 1，另一端装着可换测量头 2，垂直管口一端，通过连杆 4 装有百分表 5。活动测头 1 的移动，使传动杠杆 7 回转，通过活动杆 6，推动百分表的测量杆，使百分表指针产生回转。由于杠杆 7 的两侧触点是等距离的，当活动测头移动 1 mm 时，活动杆也移动 1 mm，推动百分表指针回转一圈。所以，活动测头的移动量，可以在百分表上读出来。

两触点量具在测量内径时，不容易找正孔的直径方向，定心护桥 8 和弹簧 9 就起了一个帮助找正直径位置的作用，使内径百分表的两个测量头正好在内孔直径的两端。活动测头的测量压力由活动杆 6 上的弹簧控制，保证测量压力一致。

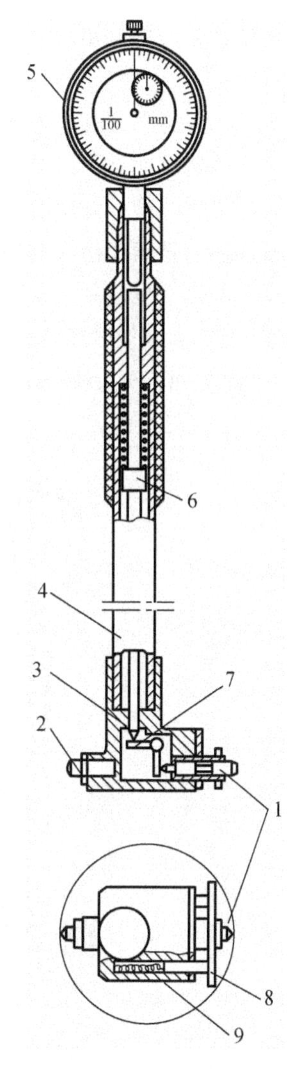


1—活动测量头；2—可换测量头；
3—三通管；4—连杆；5—百分表；
6—活动杆；7—杠杆；
8—定心护桥；9—弹簧

图 5-28　内径百分表

内径百分表活动测头的移动量，小尺寸的只有 0 ~ 1 mm，大尺寸的可有 0 ~ 3 mm，它的测量范围是由更换或调整可换测头的长度来达到的。因此，每个内径百分表都附有成套的可换测头。国产内径百分表的读数值为 0.01 mm，测量范围有 10 ~ 18、18 ~ 35、35 ~ 50、50 ~ 100、100 ~ 160、160 ~ 250、250 ~ 450 mm。

用内径百分表测量内径是一种比较量法，测量前应根据被测孔径的大小，在专用的环规或百分尺上调整好尺寸后才能使用。调整内径百分尺的尺寸时，选用可换测头的长度及其伸出的距离（大尺寸内径百分表的可换测头，是用螺纹旋上去的，故可调整伸出的距离，小尺寸的不能调整），应使被测尺寸在活动测头总移动量的中间位置。

内径百分表的示值误差比较大，如测量范围为 35 ~ 50 mm 的，示值误差为 ±0.015 mm。为此，使用时应当经常的在专用环规或千分尺上校对尺寸（习惯上称校对零位），必要时可在块规附件装夹好的块规组上校对零位，并增加测量次数，以便提高测量精度。

内径百分表的指针摆动读数，刻度盘上每一格为 0.01 mm，盘上刻有 100 格，即指针每转一圈为 1 mm。

内径百分表用来测量圆柱孔，它附有成套的可调测量头，使用前必须先进行组合和校对零位。

组合时，将百分表装入连杆内，使小指针指在 0 ~ 1 的位置上，长针和连杆轴线重合，刻度盘上的字应垂直向下，以便于测量时观察，装好后应予以紧固。

粗加工时，最好先用游标卡尺或内卡钳测量。因内径百分表同其他精密量具一样属贵重仪器，其好坏与精确直接影响到工件的加工精度和其使用寿命。粗加工时工件加工表面粗糙不平而测量不准确，也使测头易磨损。因此，须加以爱护和保养，精加工时再进行测量。

测量前应根据被测孔径大小用外径千分尺调整好尺寸后才能使用，如图 5-29 所示。在调整尺寸时，正确选用可换测头的长度及其伸出距离，应使被测尺寸在活动测头总移动量的中间位置。

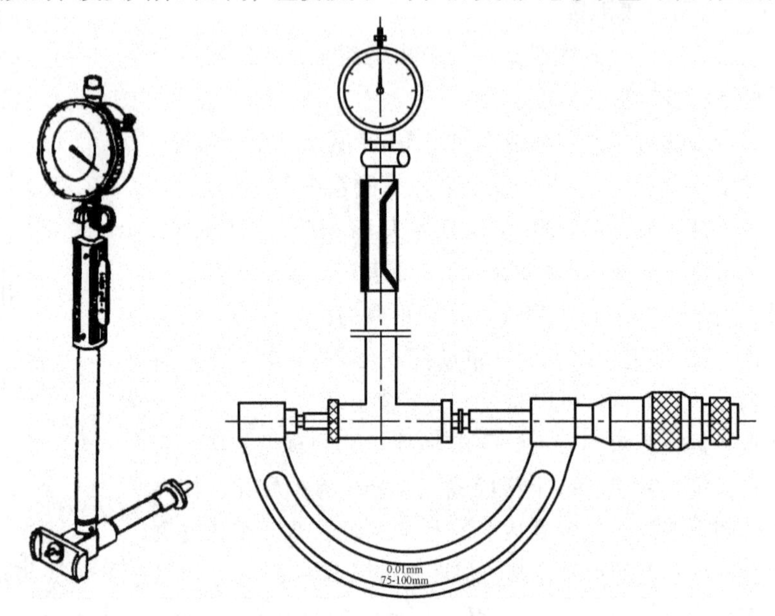


图 5-29　用外径千分尺调整尺寸

测量时，连杆中心线应与工件中心线平行，不得歪斜，同时应在圆周上多测几个点，找出孔径的实际尺寸，看是否在公差范围以内，如图 5-30 所示。

## 二、孔形状误差的测量

在车床上车削圆柱孔时，其形状精度一般只检测圆度误差和圆柱度误差

圆度误差可用内径百分表检测。测量前应先用环规或千分尺将内径百分表调到零位，测量时将测量头放入孔内，在垂直于孔轴线的某一截面内各个方向上测量，读数最大值与最小值之差的 1/2 即该截面的圆度误差。

孔的圆柱度误差可用内径百分表在孔全长的前、中、后各位置测量若干截面，比较各个截面的测量结果，取所有读数中最大值与最小值之差的 1/2，即是孔全长的圆柱度误差。

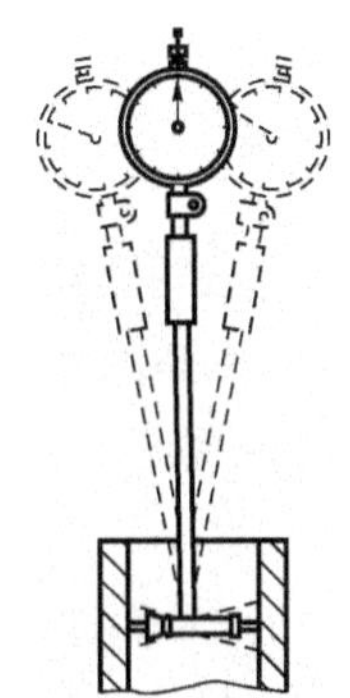

图 5-30 内径百分表的使用方法

## 5.1.4 轴承套的车削加工

### 一、零件的工艺分析

#### （一）轴承套的技术要求

轴承套由外圆柱面、内孔面、端面、台阶、倒角等结构要素构成。本项目零件加工后应达到的精度要求如下：

（1）尺寸精度。外径 js6，内孔 H7，长度尺寸 GB/T1804 - m。

（2）形状精度。外圆圆度公差为 0.005 mm，内孔圆度公差为 0.01 mm。

（3）方向、位置、跳动精度。外圆对内孔轴线的径向圆跳动公差为 0.01 mm，左端面对基准孔的垂直度公差为 0.01 mm，右端面对左端面的平行度公差为 0.01 mm。

（4）表面粗糙度。两端面和内沟槽 $Ra \leqslant 1.6\ \mu m$，$\phi$45js6 外径 $Ra \leqslant 0.8\ \mu m$，其余 $Ra \leqslant 6.3\ \mu m$。

（5）未注公差线性尺寸。按 GB/T1804 - m 加工。

#### （二）轴承套的工艺分析

套类零件从车削工艺分析，主要是孔的加工相比外圆有观察、测量、排屑、冷却等困难。轴承套的车削工艺方案较多，可以单件加工，也可以多件加工。由于轴承套的内孔与外圆有较高的圆跳动（0.01 mm）和垂直度（0.01 mm）要求，所以只能采用一次装夹的方法来完成大部分尺寸的加工，待工件从坯料上切下来后，利用软卡爪装夹才能保证其精度要求。另外，还可以在加工好内孔和总长后将工件安装在小锥度心轴上，用磨床精磨外圆的方法来保证加工精度（因外圆 $\phi$45js6 和粗糙度为 $Ra0.8\ \mu m$，车床难以保证）。

#### （三）轴承套加工的准备

（1）材料：45 钢，毛坯尺寸为 $\phi60 \times 70$ mm，数量为 1 件/人。

（2）量具：0.02 mm/0 ~ 150 mm 游标卡尺，0.01 mm/25 ~ 50 mm 外径千分尺，0.01 mm/18 ~ 35 mm 内径百分表，钢直尺。

（3）刃具：45°、90°外圆车刀，车槽刀 2 × 10 mm，直孔车刀 $\phi30 \times 70$ mm，切断刀 4 × 17 mm，麻花钻 $\phi$28 mm。

（4）工具、辅具：莫氏过渡套，活扳手和六角扳手，润滑和清扫工具等。

（5）设备：CA6140 型卧式车床。

## 二、轴承套的加工

### （一）轴承套的加工步骤

（1）三爪自定心卡盘装夹后，车端面，钻通孔 $\phi$28 mm。

（2）粗、精车外圆至 $\phi$58、$\phi$45js6×50 mm 至图样要求。

（3）粗、精车内孔至 $\phi$30H7 mm、车槽 2×0.5 mm，内、外倒角 C1（两处）、C0.3。（或只精车内形尺寸）。

（4）工件切断后调头（或直接调头），用现车的软卡爪装夹后找正，圆跳动、端面垂直度和平行度均不应超过 0.01 mm（或用小锥度心轴内孔定位装夹，精车外形至精度要求）。

（5）精车总长至 60 mm，内、外倒角 C1、C2。

（6）检查各部分尺寸。

### （二）轴承套加工的实施

（1）检查机床和毛坯。

（2）装夹工件和车刀。

（3）按加工步骤进行车削加工，检查各部分尺寸和形位误差符合图样要求。

（4）清扫机床，擦净刀具、量具等工具并摆放到位。

### （三）轴承套的测量

检查零件的加工质量，并按表 5-7 进行零件质量评定。

**表 5-7　零件质量检测评定表**

| 零件编号： | | 学生姓名： | | 成绩： | |
|---|---|---|---|---|---|
| 序号 | 检测项目 | 配分 | 评分标准 | 检测结果 | 得分 |
| 1 | $\phi$30H7 | 15 | 超差扣 7 分 | | |
| 2 | $\phi$45js6 | 15 | 超差扣 7 分 | | |
| 3 | Ra = 0.8 μm | 10 | 超差扣 5 分 | | |
| 4 | Ra = 1.6 μm（两处） | 15 | 超差扣 5 分 | | |
| 5 | $\phi$58 mm | 10 | 超差扣 5 分 | | |
| 6 | 检测尺寸 30 mm | 5 | 超差不得分 | | |
| 7 | 检测尺寸 60 mm | 5 | 超差不得分 | | |
| 8 | 圆跳动 0.01 | 5 | 超差不得分 | | |
| 9 | 两处倒角 | 5 | 不合格不得分 | | |
| 10 | 垂直度误差 0.01 | 5 | 超差不得分 | | |
| 11 | 安全文明生产：<br>① 无违章操作情况；<br>② 无撞刀及其他安全事故；<br>③ 机床维护 | 10 | 按检测项目 3 项要求检查并酌情扣分 | | |

## 三、零件加工质量分析

如果在车削过程中产生废品，应按照表 5-8 所示进行加工质量分析：

表 5-8　车削套类工件产生废品的原因和预防措施

| 废品种类 | 产生原因 | 预防方法 |
| --- | --- | --- |
| 孔的尺寸大 | 1. 车孔时，没有仔细测量；<br>2. 铰孔时，主轴转速太高，铰刀温度上升，切削液供应不足；<br>3. 铰孔时，铰刀的尺寸大于要求，尾座偏位 | 1. 仔细测量和进行试切削；<br>2. 降低主轴转速，加注充足切削液；<br>3. 检查铰刀尺寸，校正尾座轴线，采用浮动套筒 |
| 孔的圆柱度超差 | 1. 车孔时，刀杆过细，刀刃不锋利，造成让刀现象，使孔外大里小；<br>2. 车孔时，主轴中心线与导轨在水平面内或垂直面内不平行；<br>3. 铰孔时，由于尾座偏位造成孔口扩大 | 1. 增加刀柄刚性，保证车刀锋利；<br>2. 调整主轴轴线与导轨的平行度；<br>3. 校正尾座，采用浮动套筒 |
| 孔的表面粗糙度大 | 1. 车孔时，内孔车刀磨损，刀柄产生振动；<br>2. 铰孔时，铰刀磨损或切削刃上有崩口、毛刺；<br>3. 切削速度选择不当，产生积屑瘤 | 1. 修磨内孔车刀，采用刚性较大的刀柄；<br>2. 修磨铰刀，刃磨后保管好，不许碰毛；<br>3. 铰孔时，采用 5 m/min 以下的切削速度，并加注切削液 |
| 同轴度垂直度超差 | 1. 用一次安装方法车削时，工件移位或机床精度不高；<br>2. 用软爪装夹时，软爪没有车好；<br>3. 用心轴装夹时，心轴中心孔碰毛或心轴本身同轴度超差 | 1. 工件装夹牢固，减小切削用量，调整机床精度；<br>2. 软爪应在本车床上车出，直径与工件装夹尺寸基本相同；<br>3. 心轴中心孔应保护好，如心轴弯曲可校直或重制 |

## 四、拓展训练

车削加工图 5-31 所示的多台阶直通孔套零件，材料为 45 钢，毛坯为 $\phi$65 mm × 100 mm，加工件数为 1 件。试编制加工步骤，并上机床完成零件的加工。

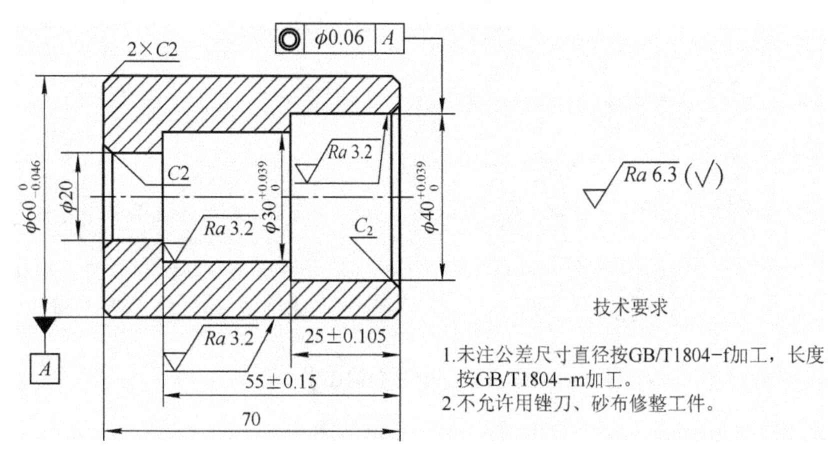


图 5-31　多台阶直通孔套

**加工要点分析：**

车孔的关键技术是解决内孔车刀的刚性和排屑问题。因此，正确选择切削用量是保证车孔质量的关键问题之一。

内孔车刀装夹时，刀尖应对准工件中心，刀柄对称线要与工件轴线平行，伸出长度尽可能短些，车刀安装后，应在孔内试切削，防止车刀车到一定深度时刀柄与孔壁相碰。车削时，当刀尖接近孔的长度时应变机动进给为手动进给，以防车刀损坏。

检测工件同轴度时，采用V形铁和百分表在平板上测量，孔径尺寸用塞规或内径百分表测量。

深度尺寸采用刀柄上做记号或安放限位挡片，并使用床鞍刻度盘的刻线来控制，精车时使用小滑板控制内孔长度尺寸精度。内孔深度用深度游标卡尺测量。

## 5.2　减速器输出轴的车削

### 任务描述

某机械厂需要加工一减速器输出轴零件，形状为回转体，要素主要有内圆柱孔、内锥孔及外圆等，零件材料为40Cr，工件加工图样如图5-32所示。

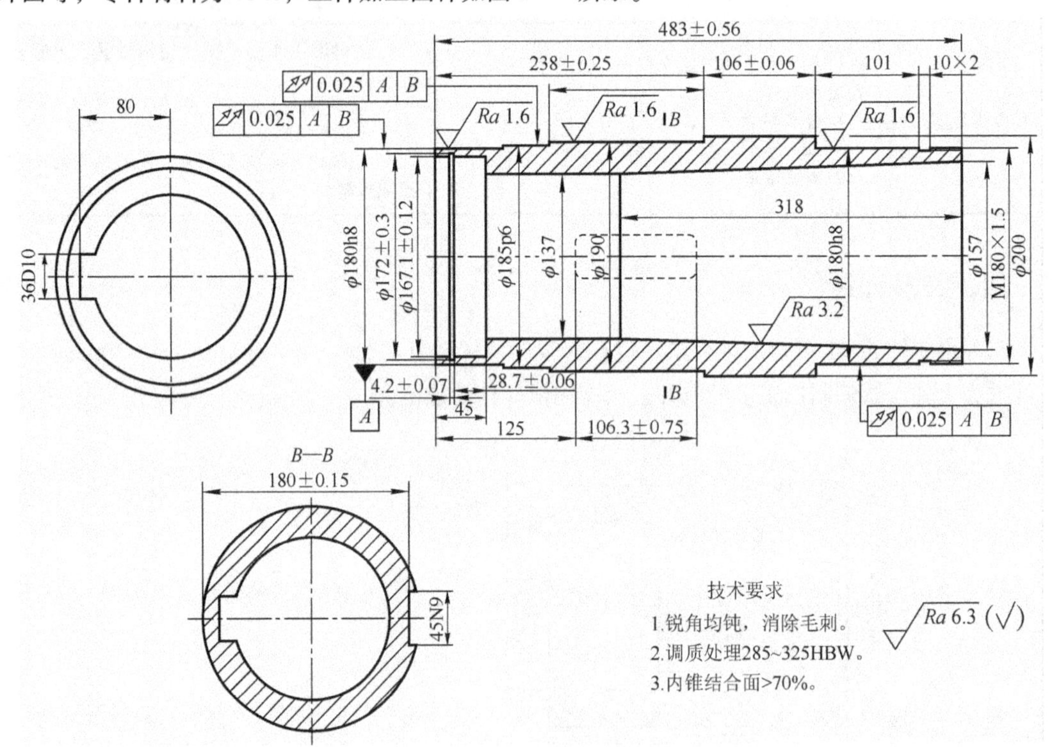


图5-32　减速器输出轴

### 知识要点

车内沟槽与端面槽的方法，深孔加工的方法与步骤，锥孔车刀的选用与装夹、车内锥孔的方法与步骤，减速器输出轴的加工质量分析。

能正确分析图样，编制出合理的加工工艺文件；能根据零件材料和加工精度选择合适的刀具并正确安装；能选择工件正确的定位方式并完成工件的安装；能选择合理的切削参数；能独立完成零件的加工；能根据零件几何特征和精度要求合理选择量具并完成测量。

## 5.2.1　减速器输出轴车削的刀具

### 一、锥孔车刀

锥孔车刀的刀柄尺寸受锥孔小端直径的限制，为了增大刀柄刚度，宜选用圆锥形刀柄，且刀尖应与刀柄中心对称平面等高，车刀装夹时，应使刀尖严格对准工件回转中心。刀柄伸出的长度应保证其切削行程，刀柄与工件锥孔间应留有一定空隙。车刀装夹好后应在停车状态，全程检查是否产生碰撞。

### 二、内沟槽车刀

内沟槽车刀与切断刀的几何形状相似，但装夹方向相反，且在小直径内孔中车内沟槽的车刀做成整体式，而在大直径内孔中车内沟槽的车刀常做成机械夹固式，如图5-33所示。由于内沟槽通常与孔轴线垂直，因此，要求内沟槽车刀的刀体与刀柄轴线垂直。装夹内沟槽车刀时，应使主切削刃与内孔中心等高或略高，两侧副偏角必须对称。

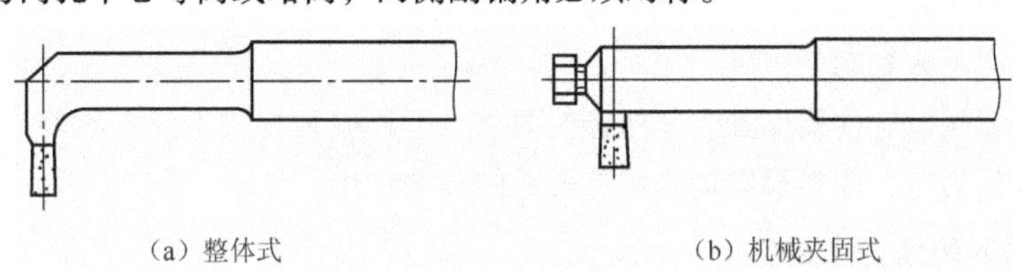

（a）整体式　　（b）机械夹固式

图5-33　内沟槽车刀

### 三、宽刃刀

宽刃刀一般选用高速钢车刀，前角 $\gamma_o$ 取20°～30°，后角 $\alpha_o$ 取8°～10°。车刀的切削刃必须刃磨平直，与刀柄底面平行，且与刀柄轴线夹角为 $\alpha/2$，如图5-34所示。

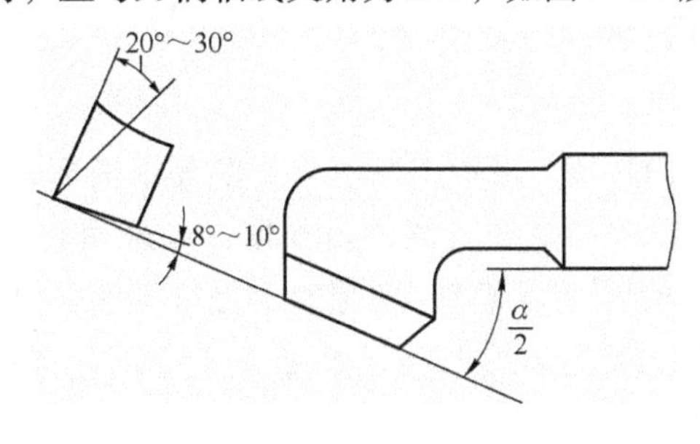


图5-34　宽刃刀

宽刃刀装夹。宽刃刀装夹时，切削刃应与工件回转中心等高，且与车床主轴轴线的夹角等于工件的圆锥半角 $\alpha/2$。

## 5.2.2 减速器输出轴的车削方法

### 一、套类零件深孔和内沟槽的加工

套类零件内孔的加工除钻孔、扩孔、铰孔和车镗孔以外还包括深孔加工、割内沟槽等，由于孔加工是在工件内部进行，观察切削情况困难，排屑和冷却也比较困难。再加上孔加工刀具的刀柄受孔径和孔深的限制，不能做得太粗，又不能太短，使得孔的加工比车削外圆要困难得多。特别是加工孔径小，长度长的孔时，加工难度就更大，保证内孔的尺寸和形位精度也更难。

#### （一）深孔的车削方法

由深孔加工的特点可以看出，深孔加工的关键技术是提高工艺系统的刚度，选择刀具的几何角度和解决冷却、排屑问题。因此，在加工时应采取以下措施来保证加工质量。

**1. 粗、精加工分阶段进行**

对精度、表面质量要求较高的深孔零件，一般加工工艺路线如下。

实心材料：钻孔—扩孔—粗铰—精铰。

管材：粗镗—半精镗—精镗或浮铰—珩磨或滚压。

**2. 合理选择刀具**

粗加工时，要排除大量切屑，因此，刀具结构上必须具备足够的刚性和强度，能够顺利排屑，切屑液能及时注入到切削区域。

精加工时，要保证工件精度和表面粗糙度要求。刀具应具有较小的主偏角，必要的修光刃，以及光洁、锐利的刃口，能卷屑断屑，并有合适的导向作用。

**3. 配置导向和辅助支撑装置**

为了克服刀杆细长所造成的困难，车削时刀杆应具备导向部分，同时应采用合理的辅助支撑，防止振动和“让刀”。

**4. 设置切削液输入装置**

在深孔加工中，必须有一套专用装置及时将切削液输入到切削区域，并把切屑及时排出。

#### （二）内沟槽的车削方法

**1. 内沟槽的车削方法**

宽度较小和要求不高的内沟槽，可用主切削刃宽度等于槽宽的内沟槽车刀采用直进法一次车出，如图 5-35 所示。要求较高或较宽的内沟槽，可采用直进法分几次车出，粗车时，槽壁和槽底应留精车余量，然后根据槽宽、槽深要求进行车削，如图 5-36 所示。深度较大、宽度很大的内沟槽，可用车孔刀先车出凹槽，如图 5-37 所示，再用内沟槽车刀车沟槽两端垂直面。

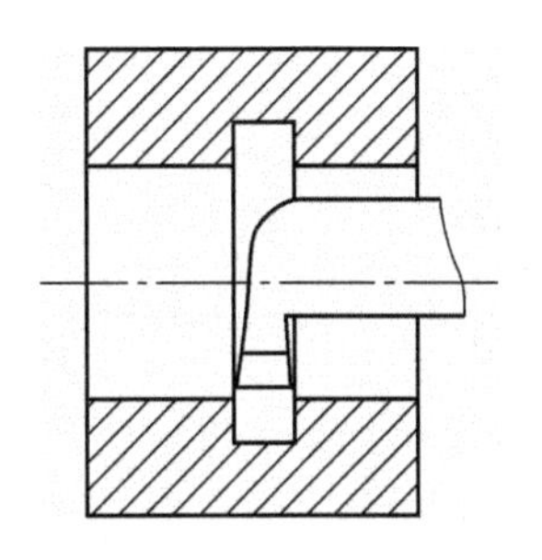
图 5-35　直进法车内沟槽

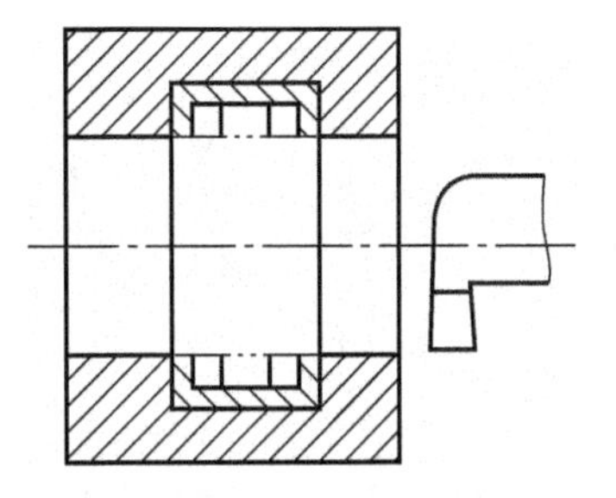
图 5-36　多次直进法车较宽内沟槽

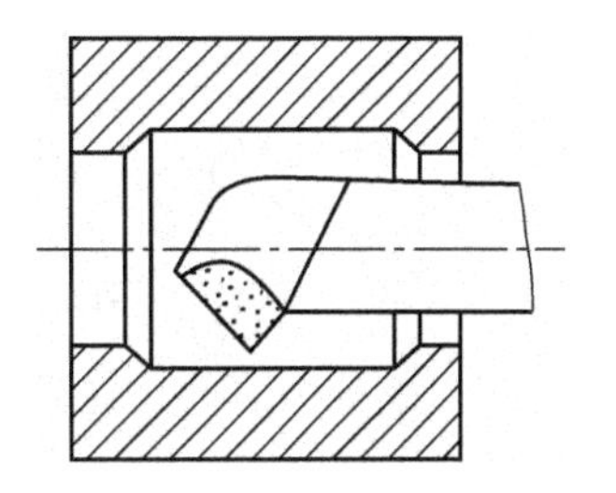
图 5-37　纵向进给车较宽内沟槽

**2. 内沟槽深度和位置控制**

（1）内沟槽深度尺寸的控制方法：

① 摇动床鞍与中滑板将内沟槽车刀伸入孔口，并使主切削刃与孔壁接触，此时，将中滑板刻度调至零位。

② 根据内沟槽深度计算出中滑板刻度的进给格数，并在进给终止相应刻度位置用记号笔做出标记或记下刻度值。

③ 使内沟槽车刀主切削刃退离孔壁 0.3～0.5 mm，在中滑板刻度盘上做出退刀位置标记。

（2）内沟槽轴向位置尺寸的控制方法：

① 移动床鞍和中滑板使内沟槽车刀的副切削刃与工件端面轻轻接触，如图 5-38 所示，此时，床鞍大手轮刻度盘刻度为 0。

② 如果内沟槽轴向位置离孔口不远，可利用小滑板刻度控制内沟槽轴向位置，则应先将小滑板刻度调整到零位。

③ 用床鞍刻度或小滑板刻度控制的内沟槽车刀进入孔内的深度为内沟槽位置尺寸 $L$ 和内沟槽车刀主切削刃宽度 $b$ 之和。

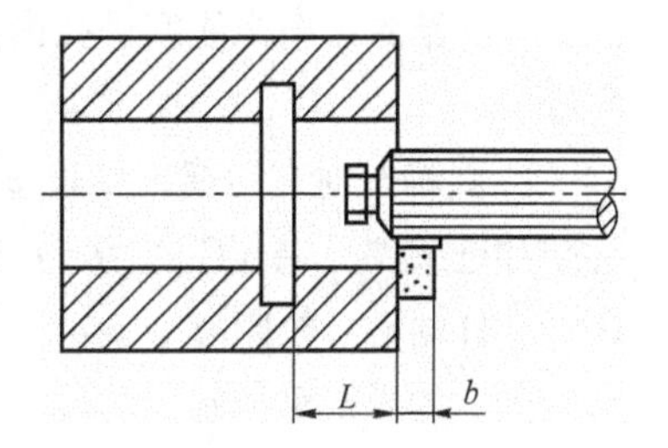

图 5-38　内沟槽轴向位置控制

## 二、套类零件内圆锥的加工

在车床上加工内圆锥的方法主要有：转动小滑板车内圆锥法、宽刃车刀车削法、铰内圆锥法和仿形法四种。

### （一）转动小滑板法车内锥孔

**1. 对刀**

锥孔车刀装夹时必须严格对准工件的回转中心。车刀对工件回转中心的方法与车端平面时对工件回转中心的方法相同，在工件端面上有预制孔时，可采用以下方法对中心：先初步调整车刀高低位置并夹紧，然后移动床鞍中滑板使车刀与工件端面轻轻接触，摇动中滑板使车刀刀尖在工件端面上轻轻划出一条刻度 $AB$，如图 5-39（a）所示。将卡盘扳转 180°左右，使刀尖从点 $A$ 再划一条刻线 $AC$，若刻线 $AC$ 与 $AB$ 重合，说明刀尖对准工件回转中心，若 $AC$ 在 $AB$ 下方（图 5-39（b）），说明车刀装低了；若 $AC$ 在 $AB$ 上方（图 5-39（c）），说明车刀装高了。此时，可按照 $BC$ 间距离的 1/4 左右增减车刀垫片，使刀尖对准工件回转中心。

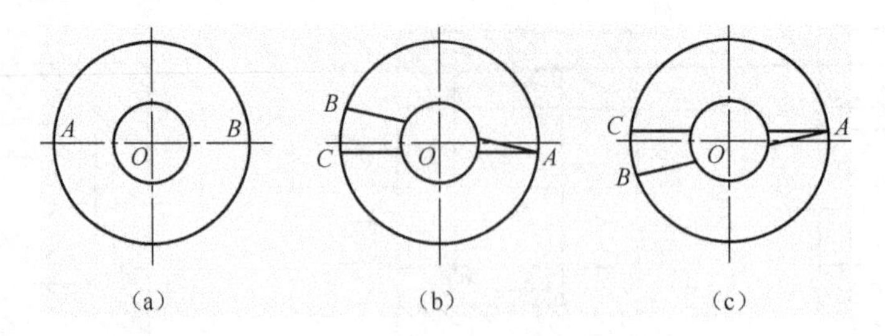


图 5-39 通过车刀对工件回转中心方法对刀

**2. 切削用量的选择**

（1）切削速度比车削外圆锥体时降低 10% ~20%。

（2）手动进给量要始终保持均匀。最后一刀的背吃刀量一般取 0.1 ~0.2 mm 为宜。

**3. 车削圆锥孔的方法**

（1）钻头钻孔或车孔，选用的钻头直径小于锥孔小端直径 1 ~2 mm。

（2）调整小滑板镶条松紧程度及行程距离。

（3）装刀并调整，使车刀严格对准工件回转中心。

（4）转动小滑板角度同车外圆锥体，但是方向相反。应按顺时针方向转动 $\alpha/2$ 角度进行车削，当圆锥界限塞规能塞进孔内约 1/2 长度时要开始进行检查，根据测量情况，调整好小滑板角度。

（5）精车时，用圆锥界限塞规控制圆锥大端尺寸。具体方法是：用圆锥界限塞规检查，当界限接近工件大端（距离为 $a$）时，可用车刀刀尖在孔口大端处对刀，然后移动小滑板使车刀离开工件端面一个距离（ $>a$）（床鞍不动），接着移动床鞍使车刀接触到工件端面，移动小滑板切削，这样既可控制大端尺寸。也可通过计算背吃刀量控制大端尺寸，即根据塞规在孔外的长度 $a$ 计算孔径车削余量，并用中滑板刻度控制背吃刀量。

**（二）宽刃车刀车内圆锥面**

**1. 宽刃刀法车内圆锥面的特点**

宽刃刀法实质上属于成形法，主要适用于锥面较短、锥孔直径较大、圆锥半角精度要求不高，而锥面的表面粗糙度值要求较小的内圆锥面车削。使用宽刃刀车削内圆锥面时，要求车床应具有很高的刚度，以免车削时引起振动。

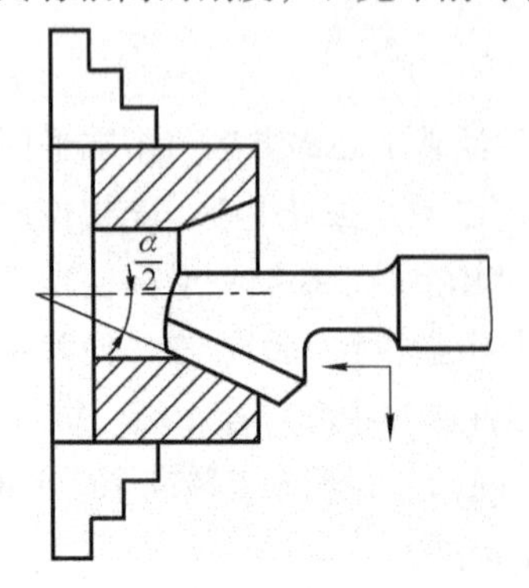


图 5-40 宽刃锥孔车刀车内圆锥面

**2. 宽刃刀车削方法**

（1）车内圆锥面。用车孔刀粗车内圆锥面，留精车余量。

（2）精车。换宽刃刀精车，将宽刃刀的切削刃伸入孔内长度大于锥长，横向（或纵向）进给，低速车削，如图 5-40 所示。

（3）使用切削液润滑。车削时，使用切削液润滑，可使车出的内圆锥面的表面粗糙度 $Ra$ 值达到 1.6 μm。

## 5.2.3　减速器输出轴的检测方法

### 一、内沟槽的测量方法

#### （一）直径的测量

内沟槽直径一般用弹簧内卡钳配合游标卡尺或千分尺（图 5-41）测量，先将弹簧内卡钳收缩并放入内沟槽，然后调节内卡钳螺母，使卡脚与槽底表面接触，松紧适度，将内卡钳收缩取出，恢复到原来尺寸，最后用游标卡尺或外径千分尺测出内卡钳张开距离。直径较大的内沟槽可用弯脚游标卡尺测量，如图 5-42 所示。

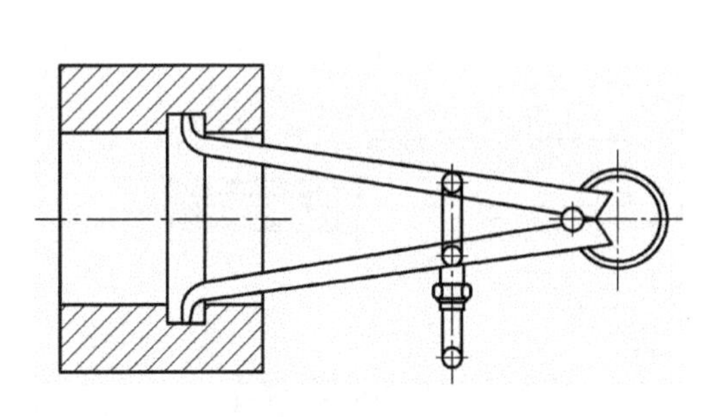

图 5-41　用弹簧内卡钳测量内沟槽直径

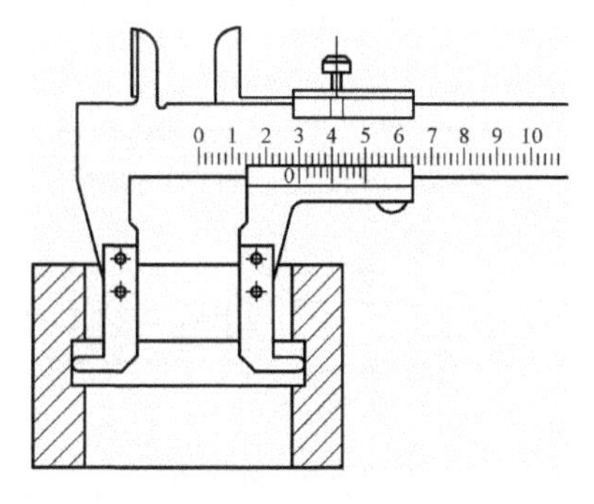


图 5-42　用弯脚游标卡尺测量内沟槽直径

#### （二）轴向位置尺寸的测量

内沟槽的轴向位置尺寸可用钩形深度游标卡尺测量，如图 5-43 所示。

#### （三）宽度的测量

内沟槽宽度可用样板检测，如图 5-44 所示。当孔径较大时，可用游标卡尺测量，如图 5-45所示。

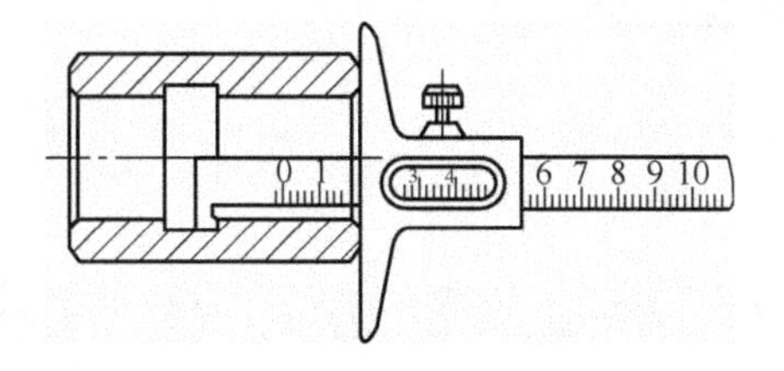


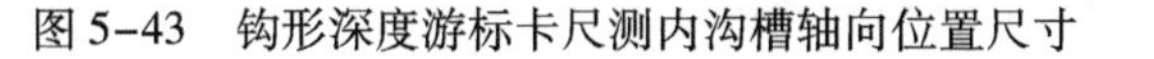
图 5-43　钩形深度游标卡尺测内沟槽轴向位置尺寸

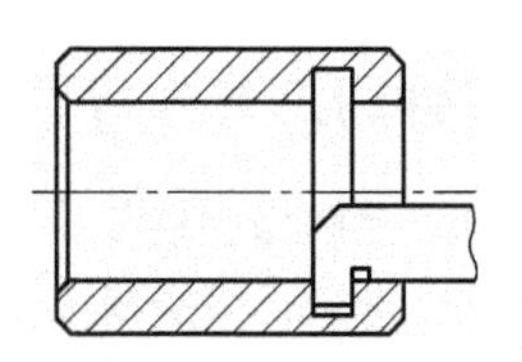

图 5-44　样板检测内沟槽宽度

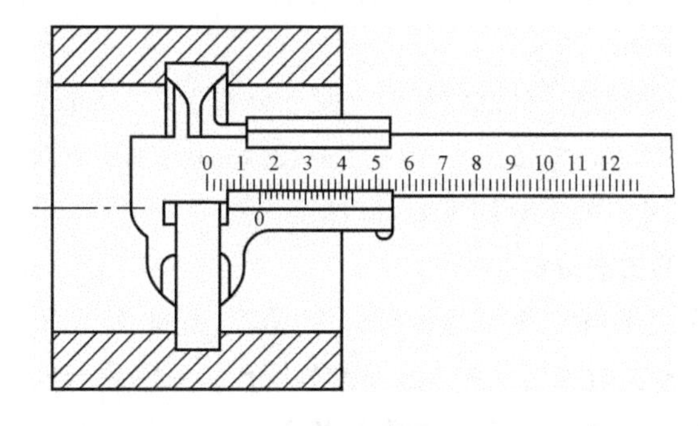


图 5-45　游标卡尺测量内沟槽宽度

## 二、圆锥孔的测量方法

在生产实践中，人们总结出了多种锥体和锥孔的实用快速测量法，下面介绍几种常用的测量方法。

### （一）用圆锥塞规检验锥孔直径

圆锥的大、小端直径可用圆锥塞规来测量。图 5-46 所示为圆锥塞规，它除了有一个精确的圆锥表面外，在塞规端面上有一个台阶（或刻线）。台阶长度 $m$（或刻线之间的距离）就是圆锥大小端直径的公差范围。

检验工件时，当工件的端面位于圆锥塞规台阶（两刻线）之间时才算合格，如图 5-47 所示。

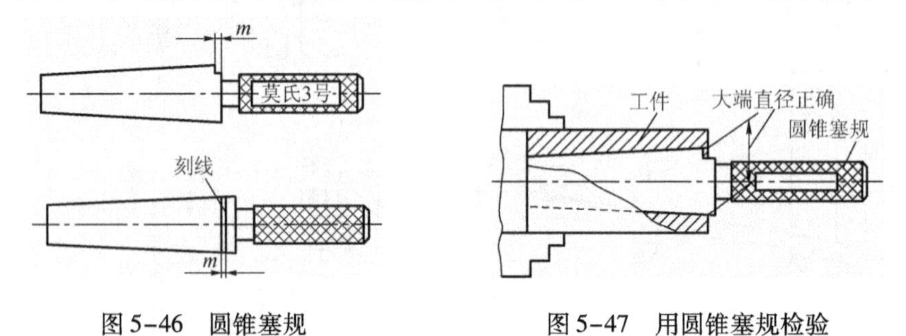


图 5-46　圆锥塞规　　　　图 5-47　用圆锥塞规检验

### （二）用圆锥塞规涂色检查内圆锥角度

用圆锥塞规检查内圆锥时，先在塞规表面顺着圆锥素线用显示剂均匀地涂上三条线（线与线相隔 120°），然后把塞规放入内圆锥中约转动半周，观察显示剂擦去的情况。如果显示剂擦去均匀，说明圆锥接触良好，锥度正确。如果小端没擦去，说明圆锥角大了；反之，说明圆锥角小了。

# 5.2.4　减速器输出轴的车削加工

## 一、零件的工艺分析

### （一）减速器输出轴的技术要求

如图 5-33 所示，减速器输出轴由外圆柱面、内孔面、端面、台阶、倒角、内锥面、内沟槽等结构要素构成。本项目对零件加工后应达到的精度要求如下：

（1）尺寸精度。外径分别有 h8 和 p6，内孔公差为 ±0.12 mm，内槽公差为 ±0.3 mm，长度尺寸要求最高处为 ±0.06 mm。

（2）方向、位置、跳动精度。外圆的径向全跳动公差为 0.025 mm。

（3）表面粗糙度。外圆 $Ra \leqslant 1.6\ \mu m$，内孔 $Ra \leqslant 3.2\ \mu m$，其余 $Ra \leqslant 6.3\ \mu m$。

（4）未注公差线性尺寸。按 GB/T 1804 - m 加工。

### （二）减速器输出轴的工艺分析

减速器输出轴零件由于输出轴长度较长，内孔为圆锥面，而且外圆有较高的全跳动（0.025 mm）要求，所以装夹时采用一夹一顶车削外圆面，采用软卡爪装夹镗内孔面并保证其精度要求，采用两顶尖定位磨外圆，立铣床铣键槽 45N9，插键槽 36D10 等。

## 二、减速器输出轴的加工准备

（1）材料：40Cr 锻件，毛坯尺寸为 $\phi$210 × 500 mm，数量为 1 件/人。

（2）量具：0. 02 mm/0 ~ 150 mm 游标卡尺，0. 01 mm/25 ~ 50 mm 外径千分尺，0. 01 mm/160 ~ 250 mm 内径百分表，圆锥塞规，弯脚游标卡尺等。

（3）刃具：外圆车刀，内孔车刀，内割槽刀，螺纹刀，切断刀等。

（4）工具、辅具：顶尖，活扳手和六角扳手，润滑和清扫工具等。

（5）设备：CA6140 型卧式车床。

## 三、减速器输出轴的加工

### （一）减速器输出轴的加工步骤

#### 1. 三爪自定心卡盘夹紧工件

（1）初车各部均留余量 1. 5 ~ 2 mm，长度至图样尺寸。

（2）两端孔口倒角 1 mm × 30°。

#### 2. 一夹一顶装夹工件

（1）车 $\phi$200 mm 外径至图样要求，长度大于（238 + 105）mm = 343 mm。

（2）车 $\phi$190 mm 外径，留余量 0. 35 ~ 0. 4 mm。

（3）车 $\phi$185p6 外径，留余量 0. 35 ~ 0. 4 mm。

（4）车 $\phi$180h8 外径，留余量 0. 35 ~ 0. 4 mm。

#### 3. 调头一夹一顶装夹工件

（1）车右端 $\phi$180h8 外径，留余量 0. 35 ~ 0. 4 mm。

（2）车 M180 × 1. 5 螺纹外径至尺寸。

（3）切螺纹退刀槽 10 mm × 2 mm，保证尺寸 101 mm，

（4）车 M180 × 1. 5 螺纹至图样要求。

#### 4. 调头软卡爪夹紧工件

（1）镗 $\phi$137 mm 孔至图样要求。

（2）镗 $\phi$167. 1 ± 0. 12mm 孔至图样要求。

（3）切 $\phi$172 ± 0. 3mm × 4. 2 ± 0. 07mm 槽至尺寸。

#### 5. 调头软卡爪夹紧工件

（1）镗锥孔留余量 0. 30 ~ 0. 35 mm。

（2）检验工件。

此工件车削工序完成后，转磨工和铣工等组完成后续的工艺加工。

### （二）减速器输出轴加工的实施

（1）检查机床和毛坯。

（2）装夹工件和车刀。

（3）按加工步骤进行车削加工，检查各部分尺寸和形位误差符合图样要求。

（4）清扫机床，擦净刀具、量具等工具并摆放到位。

**（三）减速器输出轴的质量评定**

检查零件的加工质量，并按表5-9进行零件质量评定。

**表5-9　零件质量检测评定表**

| 零件编号： | | | 学生姓名： | 成绩： | |
|---|---|---|---|---|---|
| 序号 | 检测项目 | 配分 | 评分标准 | 检测结果 | 得分 |
| 1 | $\phi$172 ±0.3 | 5 | 超差0.1扣2分 | | |
| 2 | $\phi$167.1 ±0.12 | 5 | 超差0.1扣2分 | | |
| 3 | 28.7 ±0.06 | 5 | 超差0.1扣2分 | | |
| 4 | 4.2 ±0.07 | 5 | 超差0.1扣2分 | | |
| 5 | 238 ±0.25 | 5 | 超差0.1扣2分 | | |
| 6 | 483 ±0.56 | 5 | 超差0.1扣2分 | | |
| 7 | 105 ±0.06 | 5 | 超差0.1扣2分 | | |
| 8 | $Ra$ =1.6 μm | 5 | 超差不得分 | | |
| 9 | $Ra$ =3.2 μm | 5 | 超差不得分 | | |
| 10 | 检测尺寸 $\phi$137 mm | 5 | 超差0.1扣2分 | | |
| 11 | 检测尺寸 318.4 mm | 5 | 超差0.1扣2分 | | |
| 12 | 检测尺寸 135 mm | 5 | 超差0.1扣2分 | | |
| 13 | 检测尺寸 101 mm | 5 | 超差0.1扣2分 | | |
| 14 | 检测尺寸 10 ×2 mm | 5 | 超差0.1扣2分 | | |
| 15 | 检测尺寸 M180 ×1.5 | 5 | 超差0.1扣2分 | | |
| 16 | 检测尺寸 $\phi$157 mm | 5 | 超差0.1扣2分 | | |
| 17 | 检测尺寸 $\phi$200 mm | 5 | 超差0.1扣2分 | | |
| 18 | 圆跳动0.025 | 5 | 超差0.1扣2分 | | |
| 19 | 安全文明生产：<br>① 无违章操作情况；<br>② 无撞刀及其他安全事故；<br>③ 机床维护 | 10 | 按检测项目3项要求检查并酌情扣分 | | |

## 四、操作注意事项

（1）车圆锥装刀时，车刀刀尖一定要严格对准工件轴线。

（2）当车刀在加工中途刃磨以后再装刀时，必须重新调整垫片厚度，使车刀刀尖再一次严格对准工件轴线。

## 五、拓展训练

车削加工图 5-48 所示联轴锥孔套零件，材料为 45 钢，毛坯为 $\phi65\times82$ mm，加工件数 1 件。试编制加工步骤，并上机床完成零件的加工。

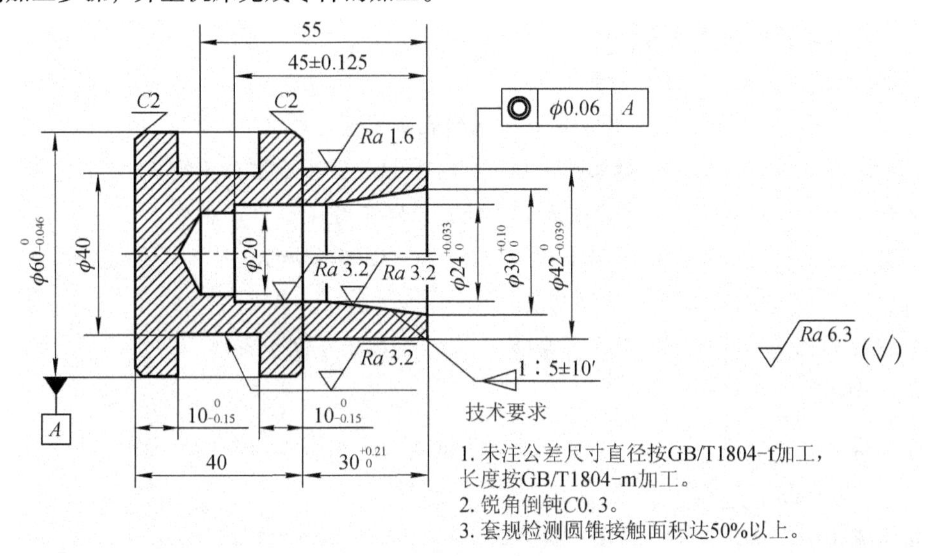


图 5-48　联轴锥孔套

加工要点分析：

为了保证同轴度要求，车削时，采取一次装夹完成车削，为装夹牢靠应先车出装夹工艺台阶。

注意内孔与内圆锥的车削顺序。

车削外沟槽时须找正工件，采用借刀法车出外沟槽。

内径尺寸用塞规或内径百分表测量，内圆锥的检测利用锥度塞规，采用涂色法检测，位置精度用 V 形块和百分表在平板上测量。

# 思考与练习

### 一、选择题

1. 若钻孔需要分两次进行，一般孔径应大于（　　）。

A. 10 mm　　B. 20 mm　　C. 30 mm　　D. 40 mm

2. 标准麻花钻切削部分切削刃共有（　　）。

A. 6　　B. 4　　C. 3　　D. 2

3. 扩孔钻的刀齿一般有（　　）。

A. 2～3 个　　B. 3～4 个　　C. 6～8 个　　D. 8～12 个

4. 铰刀的直径愈小，则铰刀铰削的速度（　　）。

A. 愈高　　B. 愈低　　C. 值一样　　D. 呈周期递减

5. 车通孔时，内孔车刀刀尖应装得（　　）工件中心线。

A. 高于　　B. 低于　　C. 等高或略高　　D. 都可以

6. 车圆锥孔时车刀刀尖的安装一定要（　　）工件中心。

A. 高于　　B. 对准　　C. 低于

7. 盲孔车刀装夹时的主偏角应（　　）90°。

A. 大于　　B. 等于　　C. 小于

8. 对于 $\phi10$ mm 以下的小孔，为了保证小孔的表面质量，应（　　）

A. 钻孔　　B. 钻孔后镗孔　　C. 钻孔后扩孔并铰孔

9. 测量尺寸大、精度较高，深度较大的孔径时，宜采用（　　）测量。

A. 塞规　　B. 内径千分尺　　C. 游标卡尺

10. 铰削钢件时宜采用（　　）切削液

A. 硫化乳化油　　B. 煤油或柴油　　C. 2 号锭子油

## 二、填空题

1. 麻花钻由______、______、______三部分组成。麻花钻有两条对称的____________、两条__________和一条________。

2. 钻孔属于______，其尺寸精度一般可达________级，表面粗糙度可达________。

3. 钻孔前，必须将______车平，当钻头刚接触工件端面和通孔快要钻穿时，________要小，以防钻头________。

4. 用高速钢麻花钻钻钢料时，切削速度 $v_c$ 一般取____；钻铸铁时，$v_c$ 取________；扩孔时，切削速度 $v_c$ 一般取钻孔时的________。

5. 孔径常用的检测方法有______、______、______等，其中大批量的零件宜采用______方法测量。

6. 深孔加工的质量保证的关键是提高工艺系统的刚度，选择刀具的________________和解决____________、____________问题。

7. 车圆锥时，产生双曲线误差的原因是车刀刀尖____________________________。

8. 用圆锥塞规检查内圆锥时，观察到小端的显示剂被擦去，说明内圆锥孔的锥角比标准值________________。

9. 宽刃刀法车削圆锥孔锥度的方法实质上属于______加工，主要适用于______，锥孔直径______，圆锥半角精度要求______的锥孔加工，该方法对机床的刚度要求______。

10. 锥孔车刀的刀柄尺寸受锥孔小端直径的限制，为了增大刀柄刚度，宜选用______刀柄。

## 三、简答题

1. 车削内孔比车削外圆困难，主要表现在哪些方面？车孔时切削用量怎么选择？

2. 麻花钻的顶角一般要磨成多少度？如果刃磨不对称？会有怎样的结果？

3. 深孔加工的特点是什么？

4. 简述图 5-49 所示台阶孔套的车削方法与步骤。

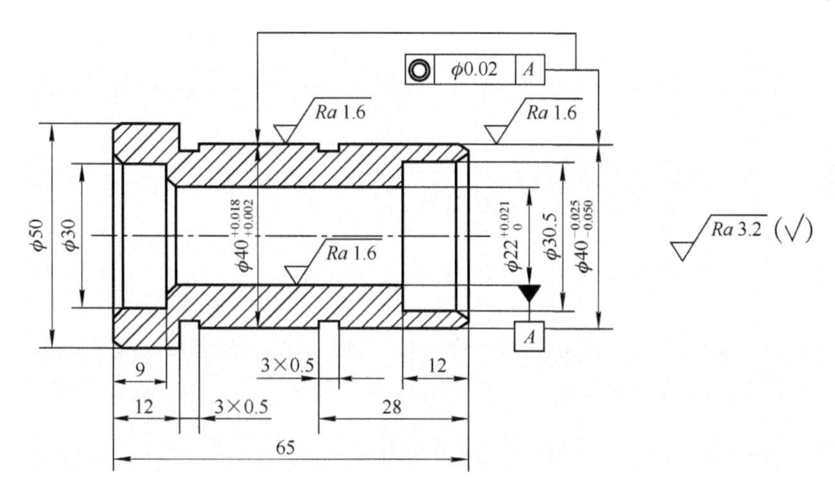


图 5-49　台阶孔套

5. 简述图 5-50 所示圆锥套的车削方法与步骤。

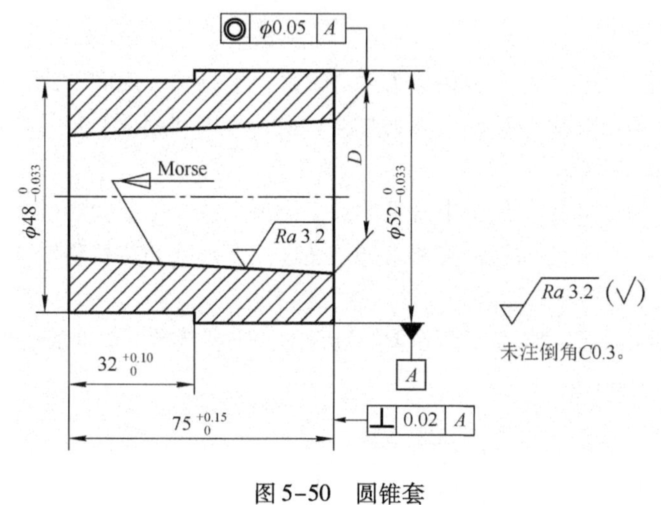


图 5-50　圆锥套

## 四、计算题

1. 有一主轴，其一端有一 7:24 的锥孔，大端直径为 50 mm，长度为 96 mm，问它的小端直径和圆锥半角是多少？

2. 用 φ25 mm 高速钢麻花钻钻孔，取切削速度为 30 m/min，求工件转速。

3. 有一 φ60 mm 的铸造孔，用一次进给车至 φ65 mm，车床转速为 $n=400$ r/min，求背吃刀量和切削速度。

# 模块六 车削复杂零件

车削加工时经常会遇到一些外形不规则的工件，如偏心轴、细长轴、偏心凸轮、薄壁套等。这些工件加工之前要分析清楚加工工艺，合理编排加工工序，有些零件还必须借助机床附件或专用夹具进行加工。

## 6.1 偏心轴的车削

### 任务描述

圆柱面轴线平行且不相重合的零件称为偏心工件，平行轴线之间的距离称为偏心距。在机械传动中，回转运动与往复直线运动之间的相互转换，可以利用偏心零件来实现，如偏心轴带动的油泵、内燃机中的曲轴等。

偏心轴类零件的加工是车削加工中常见的加工类型之一。车削偏心轴类零件时，除了要保证图样上标注的尺寸、偏心距和粗糙度要求外，还应注意形状和位置精度要求，比如各台阶端面与工件轴线垂直等。

本任务的训练目标是完成图 6-1 所示偏心轴零件的车削任务。零件材料为 45 钢，毛坯尺寸 $\phi$35 mm × 45 mm，批量 60 件。

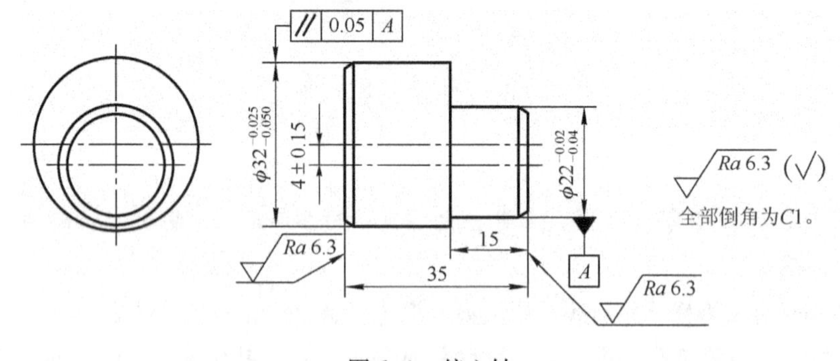


图 6-1 偏心轴

### 知识要点

偏心轴的找正、装夹与车削方法；偏心距的测量方法。

### 能力目标

能对偏心轴零件进行工艺分析；能正确选择刀具和切削用量；能编制偏心轴的加工工艺步骤，能正确装夹工件；能熟练完成零件的加工和检测。

## 6.1.1 偏心轴的车削方法

车偏心轴零件的基本原理是：把所要加工偏心部分的轴线找正到与机床主轴轴线重合。但加工零件时必须根据工件的数量、形状、偏心距的大小和精度要求相应地采用不同的装夹方法。

### 一、在三爪自定心卡盘上车偏心工件

在三爪自定心卡盘的任意一个卡爪与工件基准外圆柱面（已加工好）的接触部位之间，垫上预先选好厚度的垫片，使工件的轴线相对车床主轴轴线产生等于工件偏心距 $e$ 的位移，夹紧工件后，即可车削，如图 6-2 所示。

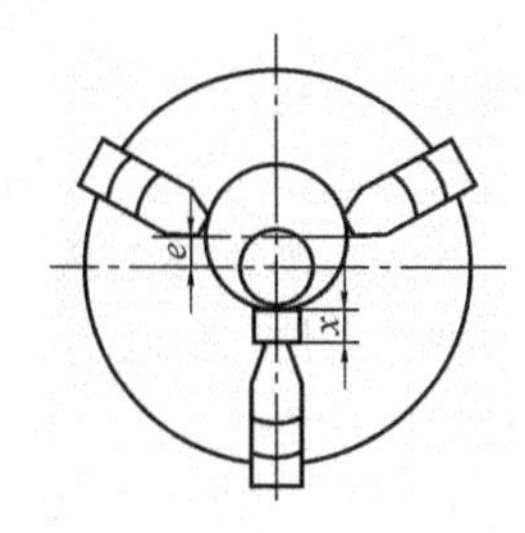


图 6-2 在三爪卡盘上车偏心件

#### （一）垫片厚度的选择

垫片厚度 $x$ 可用以下面近似公式计算：

$$x = 1.5e + k \tag{6-1}$$

$$k \approx 1.5\Delta e \tag{6-2}$$

$$\Delta e = e - e_{测} \tag{6-3}$$

式中 $x$——垫片厚度，mm；

$e$——工件偏心距，mm；

$k$——偏心距修正值，其正负值按实测结果确定，mm；

$\Delta e$——试切后实测偏心距误差，mm；

$e_{测}$——试切后实测偏心距，mm。

**例 5-1** 车削偏心距 $e = 4$ mm 的工件，试用近似公式计算垫片厚度 $x$。

**解：** 先不考虑修正值，按近似公式 $x = 1.5e + k$ 计算垫片厚度 $x$：

$$x = 1.5e = 1.5 \times 4\ \text{mm} = 6\ \text{mm}$$

垫入 6 mm 厚的垫片进行试车削，试车后检查其实测偏心距 $e_{测}$。如实测偏心距为 4.04 mm，则偏心距误差 $\Delta e$ 为：

$$\Delta e = e - e_{测} = 4\ \text{mm} - 4.04\ \text{mm} = -0.04\ \text{mm}$$

计算偏心距修正值 $k$：

$$k \approx 1.5\Delta e = 1.5 \times (-0.04)\ \text{mm} = -0.06\ \text{mm}$$

修正垫片厚度 $x$：

$$x = 1.5e + k = 1.5 \times 4\ \text{mm} - 0.06\ \text{mm} = 5.94\ \text{mm}$$

#### （二）在三爪自定心卡盘上车偏心件的方法

（1）选择垫片厚度 $x$，将垫片垫在三爪卡盘的任一卡爪上，将工件初步夹紧。

（2）用百分表检查工件外圆侧母线与机床主轴轴线是否平行，使工件轴线不歪斜，从而保证外圆与偏心轴线的平行度，找正完毕后夹紧工件。

（3）试切削，并用百分表检测偏心距。

（4）粗、精车偏心外圆。

（5）卸下工件。

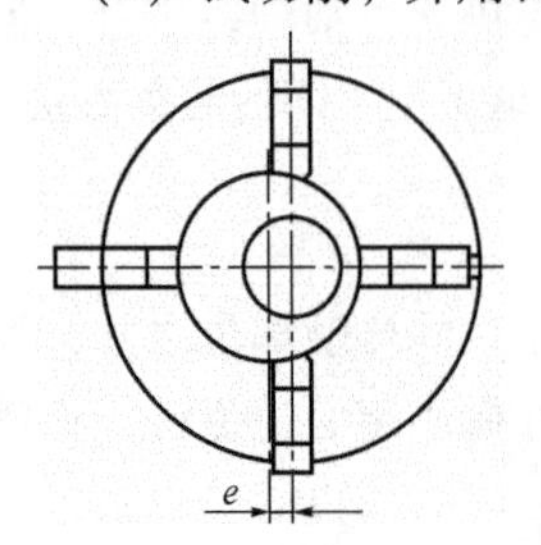


图 6-3　四爪卡盘卡爪位置的调整

## 二、在四爪卡盘上车削偏心工件

在四爪卡盘上车削偏心工件时关键是工件的划线和装夹找正，加工前应先在工件端面上划出以偏心为圆心的圆周线作为辅助基线进行偏心校正，使偏心圆柱的轴线与机床主轴重合，如图 6-3 所示。并找正工件外圆侧素线与机床主轴轴线平行。然后即可进行车削。

在四爪卡盘上车削偏心工件的车削方法与三爪自定心卡盘上车偏心工件方法一致，车削时要注意工件的回转是否是圆整的，车刀必须从最高处开始进刀车削，否则会把车刀破坏，使工件移动。

四爪卡盘的装夹范围较大，但由于校正比较烦琐，且在装夹偏心工件时夹紧作用会有所降低，一般来说仅适用于加工偏心距较小、精度要求不高、形状短而粗或者形状比较复杂的单件偏心工件。

### （一）偏心工件的划线

在车床上加工偏心工件前，需把要加工的偏心部分的中心校正到与车床的主轴中心重合。因此，加工前要对工件进行划线，即确定偏心轴线的位置。步骤如下：

（1）先把工件车到规定的长度和直径。在需要划线处涂一层蓝油，晾干后放在 V 形块中，如图 6-4（a）所示。

（2）用高度游标划线尺对准工件外圆中心位置量出工件最高点的尺寸，然后把划线尺向下移动工件半径尺寸，并在工件的端面和圆柱表面上划出一条水平线。然后把工件转过 180°，再在端面上试划一条线，检查是否与刚划的线重合。如果不重合，则应再调整划线尺高度重划，如此反复进行，直至两线重合为止。找出工件水平轴线后，在工件的端面和四周划线，如图 6-4（b）所示。

（3）将工件转动 90°，用 90°角尺对齐已划好的端面线，然后用调整好的游标高度尺再划出另一道轴心线。工件上就得到了两条相互垂直的中心线。

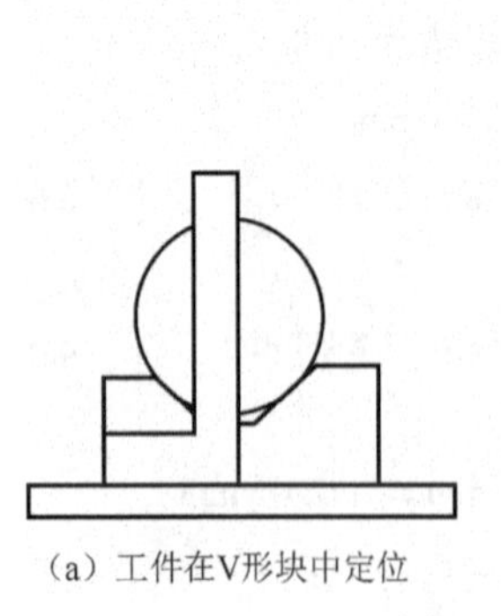

（a）工件在V形块中定位

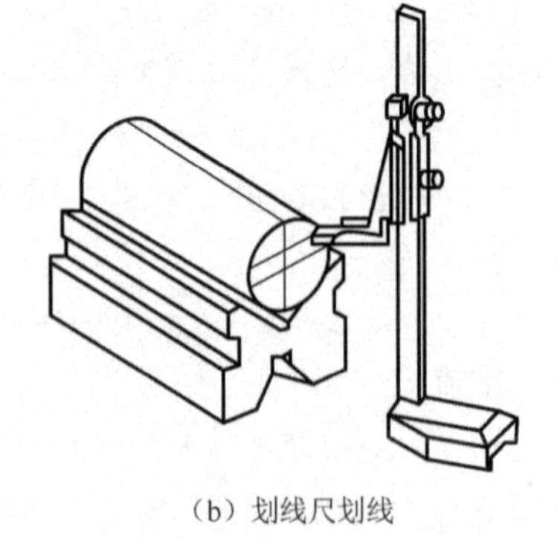

（b）划线尺划线

图 6-4　偏心工件的划线

（4）将游标高度尺的游标上移一个偏心距 $e$，在工件端面再划一条水平线，则可以找出偏心轴的中心。

（5）在端面上打出偏心中心的样冲眼，以样冲眼为中心划出偏心圆，在偏心圆上均匀打上样冲眼，以便于装夹时找正。

**（二）偏心工件的找正**

**1. 划线盘找正偏心工件**

在四爪单动卡盘上用划线盘找正偏心件的方法如下：

（1）调整卡盘卡爪的位置，使其中相对的两个卡爪呈对称状态，另两个卡爪呈不对称状态，其偏离主轴中心距离大致等于工件的偏心距。各对卡爪之间张开的距离稍大于工件装夹部位的直径，使工件偏心圆柱的轴线与机床主轴轴线基本重合，初步夹紧工件。

（2）将划线盘置于中滑板上，使划针尖端对准工件外圆侧素线，移动床鞍，检查侧素线是否水平，若侧素线不水平，可用木锤轻轻敲击进行找正，如图 6-5 所示。然后将卡盘（工件）转动 90°，用同样的方法对侧素线进行检查找正。

（3）将划针尖端对准工件端面上的偏心圆，转动卡盘，找正偏心圆，如图 6-6 所示。重复以上操作，直至使两条侧素线均呈水平，偏心圆轴线与机床主轴轴线重合为止。

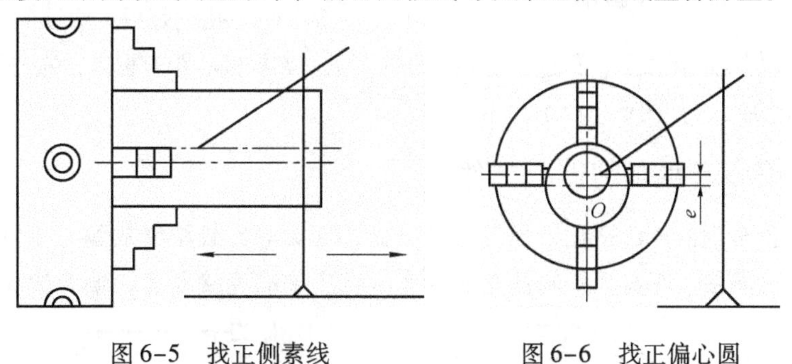


图 6-5　找正侧素线　　　图 6-6　找正偏心圆

（4）将四个卡爪成对均匀地拧紧一遍，检查并确认侧素线和偏心圆在紧固卡爪时没有位移。

按划出的偏心线校正后，即可进行车削。

划线车削偏心工件的方法仅适用于加工精度较低的偏心工件。

**2. 百分表找正车削工件**

在四爪单动卡盘上用百分表找正偏心件的方法如下：

（1）先按划线初步找正工件。

（2）将百分表测量杆垂直于基准轴，使测头接触外圆表面并压缩 0.5～1 mm，用手慢慢转动车床卡盘一周，找正偏心距（百分表在工件转动一周中，其读数的最大值和最小值之差的一半即为偏心距）。

（3）用百分表检查工件外圆侧素线与机床主轴是否平行，使工件轴线不能歪斜，找正完毕后夹紧。

## 三、在两顶尖上车削偏心工件

在两顶尖上车削的方法适用于加工较长的偏心轴工件，只要轴的两端面能钻出中心孔，并有鸡心夹头的装夹位置即可。使用这种方法首先需要在工件的两个端面上根据偏心距 $e$ 的要求，分别钻出 4 个中心孔，然后顶住中心孔即可车削。

其加工方法如下：

（1）车端面，钻出工件中心孔（可在专门的中心孔钻床上钻出，也可将工件装夹在偏心夹具中，用中心钻钻出）。

（2）根据实际情况采用一夹一顶或者两顶尖装夹，车出外圆作为偏心工件的校正基准。若偏心距较小，钻中心孔时会产生干涉现象，这时可采用加长偏心工件两个中心孔深度的工艺措施。当外圆基准车出后，车去两端工艺中心孔至工件要求的长度。

（3）根据偏心距的要求进行划线。

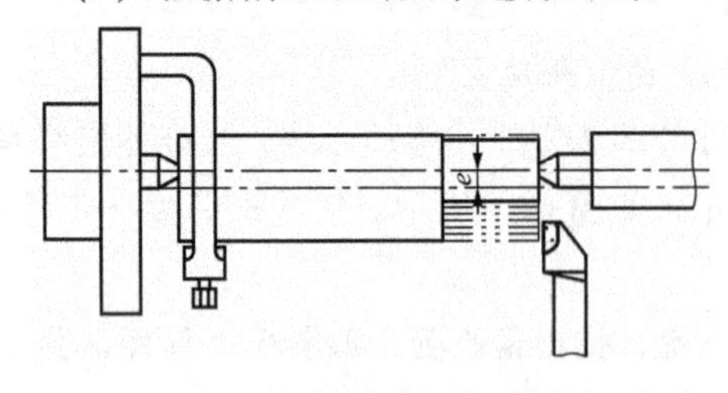


图 6-7　在两顶尖上车偏心轴

（4）钻出工件偏心距中心孔。单件小批生产或精度要求不高的偏心轴，其偏心中心孔可划线后在钻床上钻出，偏心距精度较高的偏心轴，其偏心中心孔可在坐标镗床上钻出。成批生产时，偏心轴中心孔可在专门的中心孔钻床上钻出，也可将工件装夹在偏心夹具中，用中心钻钻出。

（5）偏心中心孔钻好后，两顶尖装夹，先检查偏心距是否正确，确保准确无误后，再进行偏心工件的车削。如果偏心距有偏差，应先修正偏心中心孔再进行偏心工件的加工，如图 6-7 所示。

## 四、使用偏心卡盘车削偏心工件

使用偏心卡盘车削的方法适用于加工短轴、盘、套类等比较精密的偏心工件。如图 6-8 所示，偏心卡盘分为两层，花盘 2 用螺钉 4 固定在车床主轴的连接盘上，偏心体 3 与花盘燕尾槽

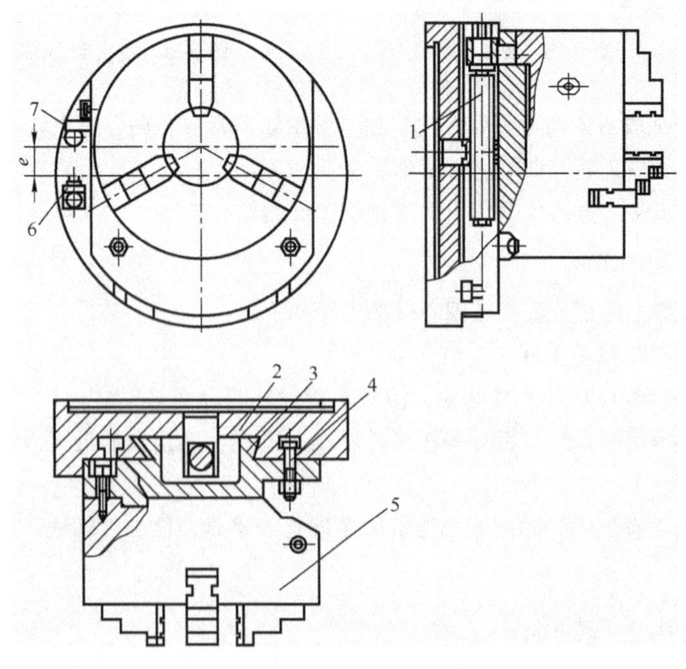


1—丝杠；2—花盘；3—偏心体；4—螺钉；5—三爪卡盘；6、7—触头

图 6-8　在偏心卡盘上加工偏心工件

相互配合，其上装有三爪自定心卡盘5。利用丝杠1调整卡盘的中心距，偏心距的大小可在两个触头6、7之间测量。当偏心距为零时，触头6、7正好相碰。转动丝杠1时，触头7逐渐离开触头6，离开的尺寸即是偏心距。当偏心距调整好后，用4个螺钉紧固，把工件装夹在三爪自定心卡盘上就可以进行车削了。

偏心卡盘最大的优点是装夹方便，能保证加工质量，并能获得较高的精度，而且其通用性较强。

偏心工件还可以用双重卡盘、花盘和专用偏心夹具装夹进行车削。

## 6.1.2　偏心轴距的检测方法

### 一、用游标卡尺检测

用游标卡尺检测偏心距的方法如图6-9所示。

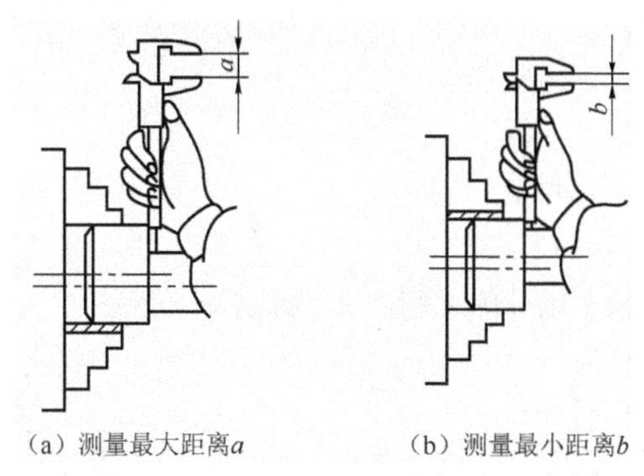


（a）测量最大距离$a$　　（b）测量最小距离$b$

图6-9　游标卡尺检测偏心距

最大距离$a$减最小距离$b$的一半就是偏心距。即：

$$e=\frac{1}{2}(a-b) \tag{6-4}$$

### 二、用百分表检测

使用两顶尖和百分表检验的方法适用于两端有中心孔、偏心距较小的偏心轴测量，如图6-10所示。

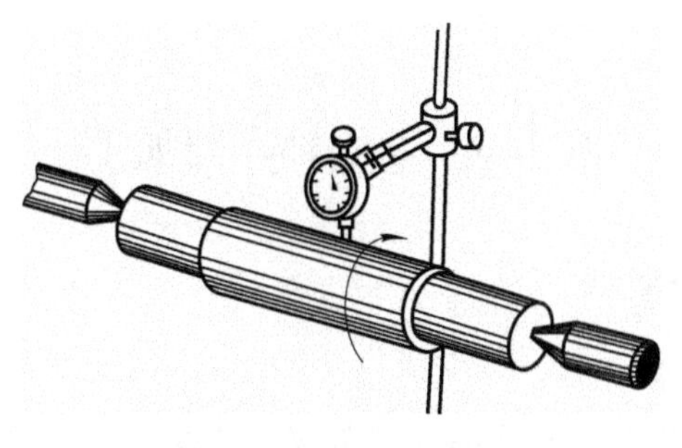

图6-10　百分表检测

百分表的测量范围能满足偏心工件测量要求时，可以直接使用百分表进行检验。测量时，用百分表的触头接触在偏心轴部分，用手转动偏心轴，百分表指示的最大值与最小值差的一半就是偏心工件的偏心距。

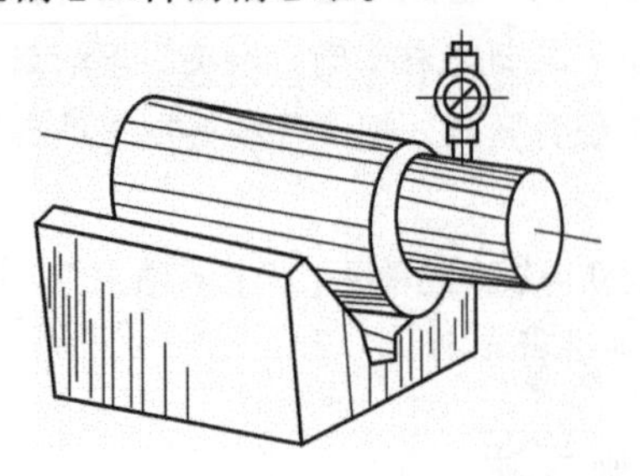

图 6-11　利用 V 形架检测较小偏心距

## 三、在 V 形架上检测

工件无中心孔或偏心距较小（$e<5$ mm）时，可直接将工件外圆放置在 V 形架上，转动偏心工件，通过百分表读数的最大值与最小值之间差值的一半确定偏心距来进行间接测量 $e$。测量方法如图 6-11 所示。

偏心距较大时（$e>5$ mm），因受百分表测量范围的限制，也可采用间接方法测量偏心距，如图 6-12 所示。测量时，把 V 形架放在测量平板上，并把工件安放在 V 形架上，转动偏心工件，用百分表找出偏心工件的偏心外圆最高点，然后把工件固定。再将百分表水平移动，测量出偏心轴外圆与基准轴外圆之间的最小距离 $a$，则可按下式计算出偏心距 $e$。

$$e=\frac{D}{2}-\frac{d}{2}-a \qquad (6-5)$$

式中　$D$——基准外圆直径（mm）；

$d$——偏心外圆直径（mm）；

$a$——基准轴外圆到偏心轴外圆之间的最小距离（mm）。

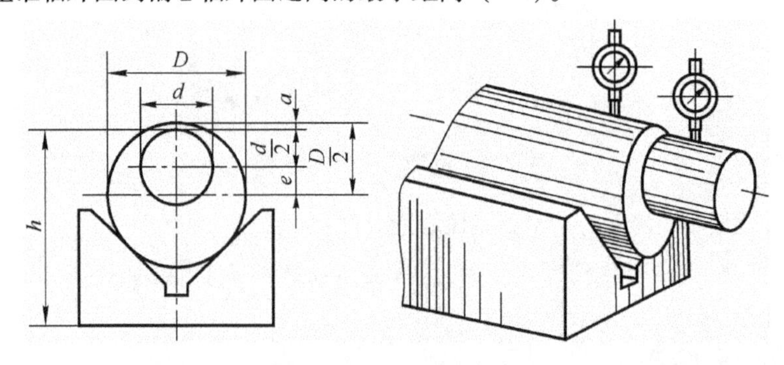


图 6-12　利用 V 形架上间接检测较大偏心距

使用该方法，必须把基准轴直径 $D$ 和偏心轴直径 $d$ 用千分尺测量出准确的实际值，否则计算时会产生误差。

# 6.1.3　偏心轴车削加工

## 一、零件的工艺分析

### （一）偏心轴的技术要求

如图 6-1 所示，偏心轴由外圆柱面、倒角两个结构要素构成。偏心距 $e=4\pm0.15$ mm，外圆直径分别为 $\phi32_{-0.050}^{-0.025}$ mm 和 $\phi22_{-0.04}^{-0.02}$ mm，总长度为 35 mm，偏心轴段长度 15 mm，两外圆轴心线平行度公差 0.05 mm，表面粗糙度 $Ra\leqslant6.3$ μm，两端倒角均为 C1，毛坯材料 45 钢，批量 60 件。

### （二）偏心轴的工艺分析

车削偏心轴的关键是如何保证轴线间的平行度和偏心距的精度。由于该零件偏心距精度一般、长度较短、形状较简单、加工数量较多，且偏心距 $e \leqslant 6$ mm。因此零件加工采用在三爪自定心卡盘的卡爪上加垫片的方法来车削。其次，长度 35mm、15mm 没有标注公差，取自由公差 35 ±0. 3 mm 与 15 ±0. 2 mm。外圆 $\phi 32^{-0.025}_{-0.050}$ mm 和 $\phi 22^{-0.02}_{-0.04}$ mm 的尺寸和轴心线平行度精度要求较高，采用粗车、精车两阶段完成零件加工。

偏心轴加工的工艺过程如下。

下料→车端面→粗、精车外圆、倒角→切断→调头装夹→车端面控制总长→垫垫片试切削偏心轴段并测量实际偏心距→调整垫片厚度装夹找正工件→粗、精车偏心轴段→倒角→检查。

## 二、偏心轴加工的准备

（1）材料：45 钢，毛坯尺寸为 $\phi$35 mm 长棒料，数量为 1 件/人。

（2）量具：钢直尺、0. 02 mm/0 ~ 150 mm 游标卡尺、0. 01 mm/25 ~ 50 mm 千分尺、0. 01 mm 百分表（表架）。

（3）刃具：45°车刀、90°车刀、切断刀。

（4）工具、辅具：三爪自定心卡盘、弧形垫片、润滑和清扫工具等。

（5）设备：CA6140 型卧式车床。

## 三、偏心轴的加工

### （一）偏心轴的加工步骤

（1）检查毛坯，毛坯伸出三爪自定心卡盘约 45 mm。

（2）用 45°车刀车右端面。

（3）用 90°车刀粗、精车外圆尺寸至 $\phi32^{0.025}_{0.050}$ mm，长度 40 mm。

（4）外圆倒角 $C1$；切断工件，长度 36 mm。

（5）车总长 35 mm。

（6）将工件垫上垫片装夹在三爪卡盘上，校正、夹紧、试切。

（7）试切后实测偏心距，计算出垫片厚度 $x$，然后装夹、校正。

（8）粗、精车外圆尺寸至 $\phi22^{-0.02}_{-0.04}$ mm，长度 15 mm。

（9）倒角，并卸下完工工件。

### （二）偏心轴的加工的实施

（1）检查机床和毛坯。

（2）装夹工件和车刀。

（3）按加工步骤进行车削加工，检查各部分尺寸和形位误差符合图样要求。

（4）清扫机床，擦净刀具、量具等工具并摆放到位。

### （三）偏心轴的质量评定

检查零件的加工质量，并按表 6-1 进行零件质量评定。

表 6-1　零件质量检测评定表

| 零件编号 | | 学生姓名 | | 成绩 | |
|---|---|---|---|---|---|
| 序号 | 检测项目 | 配分 | 评分标准 | 检测结果 | 得分 |
| 1 | $\phi32_{-0.050}^{-0.025}$ | 20 | 超差扣分 | | |
| 2 | $\phi22_{-0.041}^{-0.020}$ | 20 | 超差扣分 | | |
| 3 | 4 ±0. 15 | 15 | 超差扣分 | | |
| 4 | 35（35 ±0. 3） | 10 | 超差扣分 | | |
| 5 | 15（15 ±0. 2） | 10 | 超差不得分 | | |
| 6 | 表面粗糙度 | 5 | 超差不得分 | | |
| 7 | 平行度 | 5 | 一处超差扣 2 分 | | |
| 8 | 两处倒角 | 5 | 不合格不得分 | | |
| 9 | 安全文明生产：<br>（1）无违章操作情况；<br>（2）无撞刀及其他安全事故；<br>（3）机床维护 | 10 | 按检测项目 3 项要求检查并酌情扣分 | | |

## 四、加工偏心工件时的注意事项

（1）装夹工件时，工件轴线不能歪斜，以免影响加工质量。开始装夹或修正之后重新装夹时，均应用百分表校正工件外圆，使外圆侧母线与车床主轴线平行，保证偏心轴两轴线的平行度。

（2）应选择具有足够硬度的材料做垫片，以防夹紧时发生挤压变形，垫片与卡爪接触的一面应做成与卡爪圆弧相匹配的圆弧面，否则垫片与卡爪之间会产生间隙，造成偏心距误差。

（3）当外圆精度要求较高时，为防止压坏外圆，其他两卡爪也应垫一薄垫片，但应考虑对偏心距 $e$ 的影响。如果使用软卡爪，则无须考虑对偏心距 $e$ 的影响。

（4）开始车偏心时，由于偏心部分两边的切削量相差很多，车刀应先远离工件后再启动主轴。车刀刀尖从偏心的最外一点逐步切入工件进行车削，这样可有效防止工件碰撞车刀。

（5）粗车偏心圆柱面是在光轴的基础上进行车削的，加工余量极不均匀，且为断续切削，会产生一定的冲击和振动。因此，外圆车刀应采用负刃倾角；刚开始车削时，背吃刀量稍大些，进给量要小些。

（6）由于车削偏心工件可能一开始为断续切削，故采用高速钢车刀较好。但要注意飞溅碎片伤人。

（7）测量后如果不能满足工件质量要求，需修正垫片厚度后重新加工，重新安装工件时，垫片应安装在原先的卡爪上，所以垫垫片的卡爪应做好标记。

## 五、拓展训练

车削加工图 6-13 所示的偏心轴零件，材料为 HT200，毛坯尺寸为 $\phi50 \times 125$ mm，件数为 50 件。试编制加工步骤，并上机床完成零件的加工。

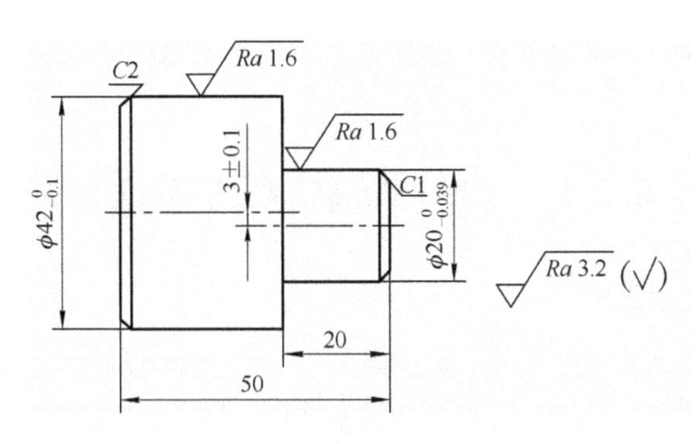


图 6-13　偏心轴

**加工要点分析：**

为了保证该偏心工件的工作精度，应注意校正工件偏心距精度。此外，装夹工件时，工作轴线不能歪斜，以免影响二轴段轴心线的相互平行。

# 6.2　薄壁挡圈的车削

## 任务描述

薄壁零件加工是车削加工中常见的类型之一，薄壁零件具有质量轻，节约材料，结构紧凑等特点。薄壁零件的加工是车削中比较棘手的问题，原因是薄壁零件由于刚性差，强度弱，在加工中极容易变形，使零件的形位误差增大，不易保证零件的加工质量。

本任务的训练目标是完成图 6-14 所示薄壁挡圈零件的车削任务。

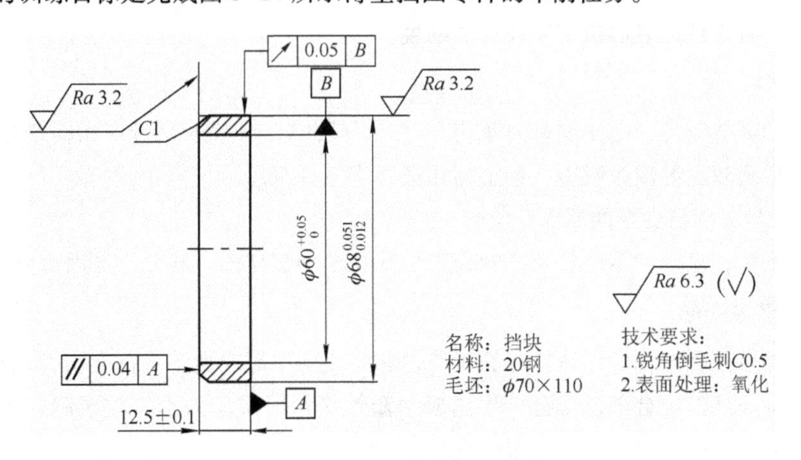


图 6-14　薄壁挡圈

## 知识要点

薄壁零件加工变形的原因及防范措施；薄壁零件的安装、车削与检测方法

## 能力目标

能根据薄壁挡圈零件图样对工艺进行分析；编制出合理的加工工艺文件；能正确选择刀具

和切削用量；能正确装夹工件；具备在三爪自定心卡盘上车薄壁零件的技能并熟练完成零件的加工和检测。

## 6.2.1 薄壁挡圈车削的工艺准备

### 一、薄壁工件的加工特点

薄壁工件是指直径与壁厚之比 $D/A>15$ 的零件，由于工件的刚度很低，在夹紧力和切削热的作用下零件容易产生变形。因此，在加工中薄壁零件的加工方法需有别于普通零件的加工。

**（一）薄壁工件加工中的变形**

**1. 夹紧变形**

因工件壁薄，在夹紧压力的作用下容易产生变形，从而影响工件的尺寸精度和形状精度。当采用三爪卡盘夹紧工件加工内孔时，在夹紧力的作用下，工件形状会略微变成弧形三角形，但车孔后得到的是一个圆柱孔。当松开卡爪，取下工件后，由于弹性恢复，外圆恢复成圆柱形，而内孔则变成弧形三角形。

**2. 热变形**

由于工件较薄，切削热会引起工件热变形，从而使工件尺寸难以控制。对于热膨胀系数较大的金属薄壁工件，如在一次安装中连续完成粗车和精车，由切削热引起工件的热变形，会对其尺寸精度产生极大影响，有时甚至会使工件卡死在夹具上。

**3. 振动变形**

由于工件的刚度低，在切削力（特别是径向切削力）的作用下容易产生因振动引起的变形，振动变形主要影响工件的表面粗糙度和尺寸精度。

**4. 测量变形**

对于精密的薄壁工件，由于测量时承受不了千分尺或百分表的测量压力而产生变形，测量变形会使测量出现较大的测量误差，甚至因测量不当造成废品。

**（二）薄壁类工件易变形的原因分析**

在生产实践中，薄壁类零件易变形的表现形式是多种多样的。其变形原因可分为两大类：

**1. 内应力塑性变形**

薄壁类零件热处理过程中加热冷却的不均匀和相变的不等时性等，都会引起内应力的作用，在零件一定塑性条件的配合下，就会产生内应力塑性变形。按应力产生的根源和表现特征的不同，分为热应力塑性变形和组织应力塑性变形。

**2. 人为造成的变形**

薄壁类零件由人为造成变形的原因有多种，工件装夹方法不正确，装夹工件夹紧力不均匀，压紧力点不对称，随意敲打工件，切削用量过大产生切削振动及工件整体和局部产生不同的温度等都是人为造成工件整体和局部变形的主要原因。

## 二、减少和防止薄壁工件加工变形的方法

### （一）工件分粗、精车阶段

粗车时，由于切削余量较大，相应的夹紧力也大，产生的切削力和切削热也会较大，因而工件温升加快，变形增大。粗车后工件应有足够的自然冷却时间，不至于使精车时变形加剧。精车时，夹紧力要小一些，一方面可使夹紧变形小，另一方面精车还可以消除粗车时因切削力过大产生的变形。

### （二）合理选用刀具的几何参数

精车薄壁工件时，车刀刀柄的刚度要高，要合理选用刀具的几何参数。见表6–2。

**表6–2　精车薄壁工件的车刀几何参数选择**

| 角度 | 刀具几何参数的选择原则 | 外圆精车刀 | 内孔精车刀 |
|---|---|---|---|
| 主偏角 | 选择较大值。可减少主切削刃参加车削的长度，有利于减小背向力 | $\kappa_\gamma=90°\sim93°$ | $\kappa_\gamma=60°$ |
| 副偏角 | 适当增大副偏角。可减少副切削刃与工件之间的摩擦，从而减少切削热，有利于减小工件的热变形 | $\kappa'_\gamma=15°$ | $\kappa'_\gamma=30°$ |
| 前角 | 适当增大前角，使车刀刃口锋利，切削轻快，排屑顺畅，尽量减小切削力和切削热 | $\gamma_o$ 适当增加 | $\gamma_o=35°$ |
| 后角 | — | $\alpha_o=14°\sim16°$ | $\alpha_o=14°\sim16°$ |
| 副后角 | — | $\alpha'_o=15°$ | $\alpha'_o=6°\sim8°$ |
| 刃倾角 | — | | $\lambda_s=6°\sim8°$ |
| 其余 | 刀尖圆弧半径要小，车刀的修光刃不能太长，一般取0.2～0.3 mm | | |

### （三）采用合理的装夹方式

#### 1. 增大装夹时的接触面积

为增大装夹时的接触面积，可采用特制的软三爪和开缝套筒，尤其可采用开缝套筒，如图6–15所示。装夹时接触面积大，夹紧力分布均匀，不会因夹紧力过大而产生变形。

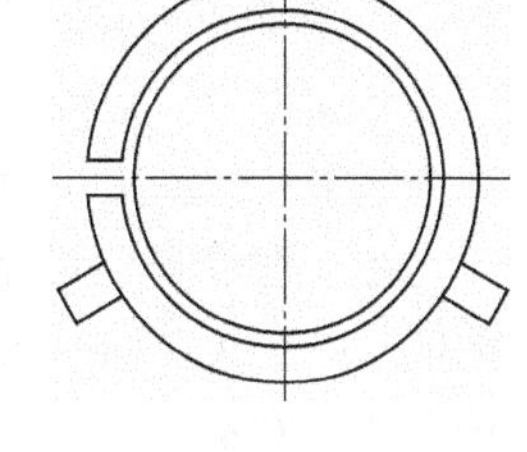

图6–15　开口套筒

#### 2. 采用轴向夹紧装置

车削薄壁工件时，最好能将径向夹紧转化为轴向夹紧。通过试验分析：轴向夹紧力的正应力约为径向夹紧力的1/6，零件的变形很小。因此轴向压紧方法有利于承载夹紧力，而不致使零件变形。比如采用专用的轴向夹紧装置，如图6–16所示，也可将工件轴向压紧在花盘上车削。

#### 3. 采用一次性装夹

对于长度和直径都较小的薄壁工件，在结构尺寸不大的情况下，可采用一次装夹的车削方法，如图6–17所示。

#### 4. 增加工艺肋

有些薄壁工件，可在其装夹部位增加特制的工艺肋，以增强此处刚度，使夹紧力作用在工艺肋上，如图6–18所示。

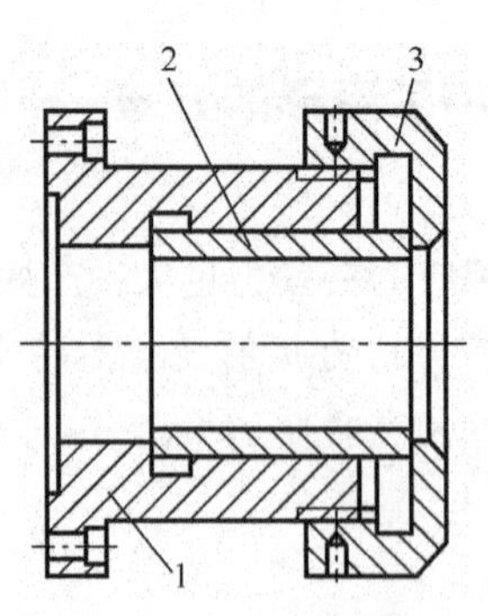

1—夹具体；2—薄壁工件；3—压盖（端螺母）

图 6-16　轴向夹紧装置

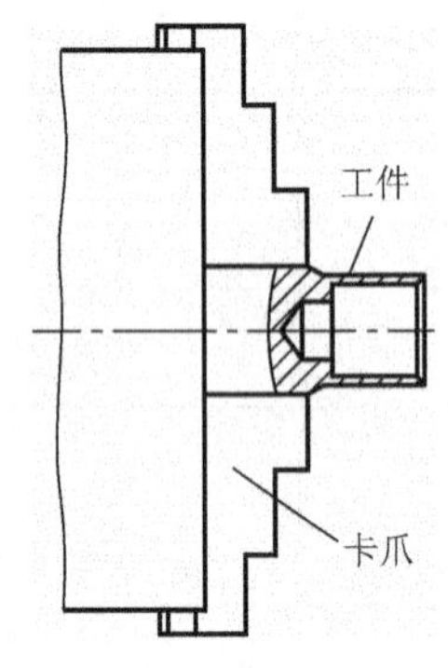


图 6-17　一次性装夹车削薄壁工件

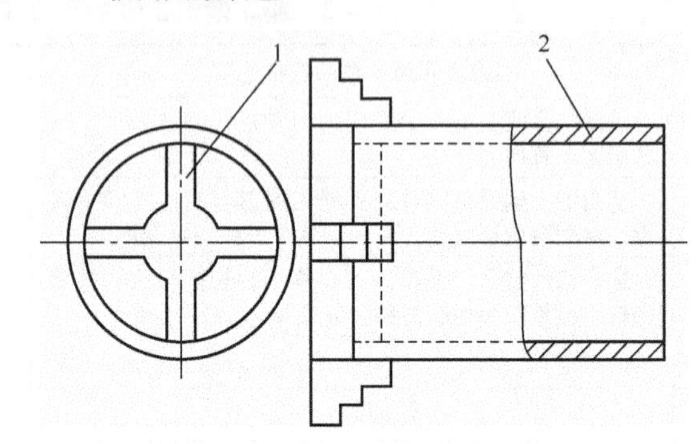


1—工艺肋；2—薄壁工件

图 6-18　增加工艺肋减小变形

### （四）合理使用切削液

#### 1. 使用高速钢刀具时切削液的使用

粗加工时，以水溶液冷却，主要降低切削温度。精加工时，如果采用中、低的精加工速度，可选用润滑性能好的极压切削油或高浓度的极压乳化液，用于改善已加工表面的质量和提高刀具使用寿命。

#### 2. 使用硬质合金刀具时切削液的使用

粗加工时，可以不用切削液，必要时也可以采用低浓度的乳化液或水溶液，但必须连续地、充分地浇注。精加工时采用的切削液与粗加工时基本相同，但应适当提高其润滑性能。

在车削过程中充分使用切削液不仅减小了切削力，刀具的耐用度得到提高，工件表面粗糙度值也降低了。同时工件不受切削热的影响而使它的加工尺寸和几何精度发生变化，保证了零件的加工质量。

### （五）合理选择切削用量

针对薄壁工件刚度差，易变形的特点，车削薄壁工件时应适当降低切削用量，实际加工中，一般按照中速、小吃刀量和快进给的原则来选择，具体可参考表 6-3。

**表 6-3　车削薄壁工件时的切削用量**

| 加工性质 | 切削速度 $v_c$（m/min） | 进给量 $f$（mm/r） | 背吃刀量（mm） |
| --- | --- | --- | --- |
| 粗车 | 70～80 | 0.6～0.8 | 1 |
| 精车 | 100～120 | 0.15～0.25 | 0.3～0.5 |

**（六）采用减震措施**

首先，调整好车床各部位的间隙，提高工艺系统的刚性，其次，使用吸振材料，如将软橡胶片卷成筒状塞入工件已加工好的内孔中精车外圆，如图 6-19（a）所示，或用医用橡胶管均匀缠绕在已加工好的外圆上精加工内孔，如图 6-19（b）所示，都能获得较好的减震效果。

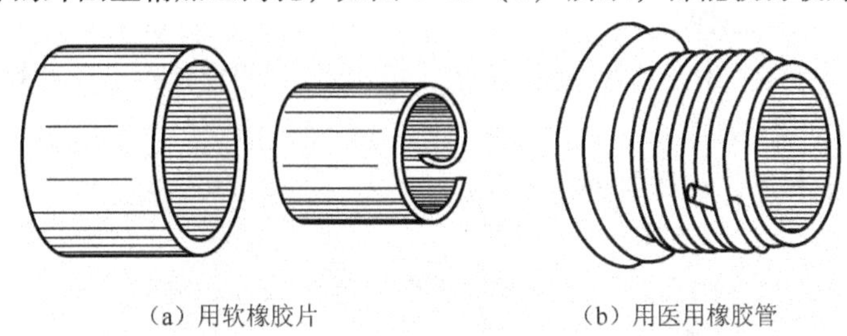

（a）用软橡胶片　　（b）用医用橡胶管

图 6-19　采用减震措施

## 6.2.2　薄壁挡圈的车削加工

### 一、零件的工艺分析

**（一）薄壁挡圈的技术要求**

薄壁挡圈由外圆柱面、端面、倒角和孔等结构要素构成。

薄壁挡圈外圆尺寸为 $\phi 68^{+0.051}_{+0.032}$ mm，内孔尺寸为 $\phi 60^{+0.10}_{+0.01}$ mm，长度尺寸为 12.5 ± 0.1 mm。外圆柱面对内孔轴线的跳动公差为 0.05 mm，左右两端面平行度公差为 0.04 mm，表面粗糙度 $Ra \leqslant 3.2\ \mu m$，左端面需倒角。材料为 20 钢，批量 10 件。

**（二）薄壁挡圈的工艺分析**

薄壁挡圈轴向尺寸小，材料为 20 钢，壁厚为 4 mm，外圆、内孔尺寸精度要求较高，为了保证加工后零件不产生变形和影响相互几何形面之间的形位精度要求，采用一次安装的方法进行加工。

为了保证加工质量，采用粗车、精车两阶段完成零件加工。

粗车、精车均采用三爪卡盘装夹工件。

粗、精车外圆时用 90°硬质合金粗车刀，车端面用 45°车刀。

切断后工件的装夹采用软爪三爪卡盘。

注意粗、精加工阶段切削用量的合理选择，避免产生工件的力变形和热变形。

薄壁挡圈加工的工艺流程安排如下：

粗车端面—钻孔—粗、精车内孔—粗、精车外圆—切断—控制总长—倒角—检查。

### 二、薄壁挡圈加工的准备

（1）材料：20 钢，毛坯尺寸为 $\phi$70 × 110 mm，数量为 1 件/人。

（2）量具：0.02 mm/0 ~ 150 mm 游标卡尺、0.01 mm/50 ~ 75 mm 千分尺、0.01 mm/50 ~ 100 mm内径百分表。

（3）刃具：45°、90°外圆车刀（分粗车刀和精车刀）、中心钻、麻花钻、切断刀、车镗刀。

（4）工具、辅具：软三爪自定心卡盘、钻夹头、润滑和清扫工具等。

（5）设备：CA6140 型卧式车床。

## 三、薄壁挡圈的加工

### （一）薄壁挡圈的加工步骤

（1）检查毛坯，毛坯伸出三爪自定心卡盘约 40 mm，利用划针找正后夹紧。

（2）用45°车刀车右端面

（3）钻中心孔、长度控制在 20 mm 左右。

（4）粗镗孔。

（5）精镗保证 $\phi 60^{+0.05}_{0}$内孔的尺寸要求，长度控制在 15 mm 左右。

（6）粗车外圆，长度控制在 20 mm 左右。

（7）精车外圆，保证 $\phi 68^{+0.051}_{+0.012}$尺寸要求。

（8）留长度余量切断工件

（9）工件调头，找正后，软三爪夹紧。

（10）车端面，保证长度 12.5 ±0.1 mm。

（11）倒角。

### （二）薄壁挡圈加工的实施

（1）检查机床和毛坯。

（2）装夹工件和车刀。

（3）按加工步骤进行车削加工，检查各部分尺寸和形位误差符合图样要求。

（4）清扫机床，擦净刀具、量具等工具并摆放到位。

### （三）薄壁挡圈的质量评定

检查零件的加工质量，并按表 6-4 进行零件质量评定。

**表 6-4　零件质量检测评定**

| 零件编号 | | 学生姓名 | | 成绩 | |
|---|---|---|---|---|---|
| 序号 | 检测项目 | 配分 | 评分标准 | 检测结果 | 得分 |
| 1 | $\phi 68^{+0.051}_{+0.012}$ | 20 | 超差扣 7 分 | | |
| 2 | $\phi 60_{0}^{+0.05}$ | 20 | 超差扣 7 分 | | |
| 3 | (12.5 ±0.1) mm | 15 | 超差扣 5 分 | | |
| 4 | $Ra$ = 3.2 μm | 10 | 超差扣 5 分 | | |
| 5 | 圆跳动 | 10 | 超差扣 2 分 | | |
| 6 | 平行度 | 10 | 不合格不得分 | | |
| 7 | 倒角 | 5 | 超差扣 2 分 | | |
| 8 | 安全文明生产：<br>① 无违章操作情况；<br>② 无撞刀及其他安全事故；<br>③ 机床维护 | 10 | 按检测项目 3 项要求<br>检查并酌情扣分 | | |

## 四、零件加工质量分析

如果在车削过程中产生废品，应按照表6-5所示进行加工质量分析。

**表6-5　薄壁套类零件变形的原因与防止措施**

| 废品种类 | 工件缺陷 | 产生原因 | 预防措施 |
|---|---|---|---|
| 几何公差超差 | 弧形三边或多边形 | 夹紧力或弹性力 | 1. 增大装夹接触面积，使工件表面受背向力均匀；<br>2. 采用轴向夹紧；<br>3. 装夹部位增加工艺肋，使夹紧力作用在工艺肋上 |
| 外圆表面粗糙度大 | 表面有振纹、工件不圆等 | 切削力 | 1. 合理选择车刀几何参数、刀刃锋利；<br>2. 选择合理切削用量；<br>3. 分粗、精加工；<br>4. 充分加注切削液，以减小摩擦，降低切削温度 |
| 尺寸超差 | 表面热膨胀变形 | 切削热 | 1. 合理选择车刀几何参数和切削用量；<br>2. 充分加注切削液 |
|  | 表面受压变形 | 测量力（极薄的工件） | 1. 测量力适当；<br>2. 增加测量接触面积 |

## 五、拓展训练

车削加工图6-20所示薄壁套筒类零件，材料为45钢，毛坯为$\phi100\times125$ mm棒料，件数为20件。试编制加工步骤，并上机床完成零件的加工。

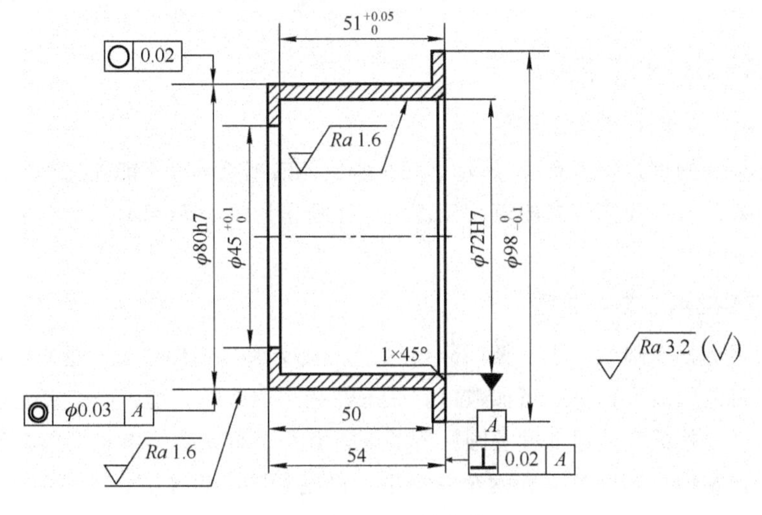


图6-20　薄壁套筒

**加工要点分析：**

图6-20所示工件为薄壁套筒类零件，轴向尺寸不大，但径向尺寸较大，而且内外圆同轴度要求较高，表面的形位精度也要求很高，因此应考虑用软三爪及心轴安装加工。

# 6.3　细长轴的车削

### 任务描述

工件的长度 $L$ 与直径之比大于25（即长径比 $L/d>25$）的轴类零件称为细长轴。细长轴的外形并不复杂，但由于它本身的刚度差，车削时受切削力、重力、切削热等因素的影响，容易发生弯曲变形，甚至产生振纹、锥度、腰鼓形、竹节形等缺陷，难以保证加工精度。因此，细长轴的车削加工一直都是普通车削加工中的难点之一。

本任务的训练目标是完成图6-21所示零件的车削任务，零件材料为45钢，毛坯尺寸为 $\phi25\times1\,010$ mm，加工数量10件。

### 知识要点

细长轴零件车削中使用的各种辅具的工作原理和使用方法；细长轴零件变形的原因和防范措施。

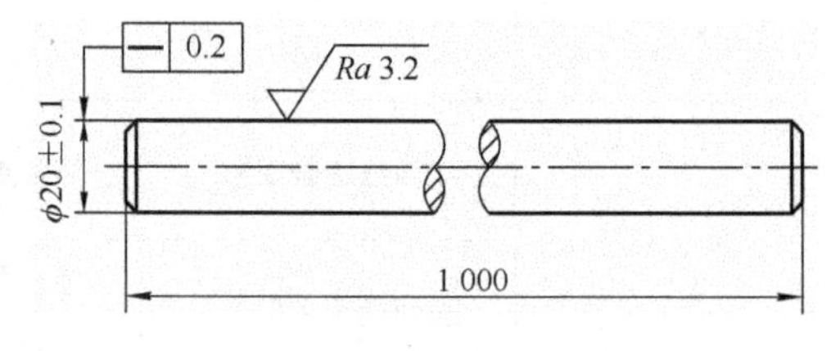


图6-21　细长轴

能正确选择细长轴的定位方式并完成工件的安装；能正确选择和刃磨细长轴加工的刀具；能选择合理的切削参数；具备车削细长轴的技能，能独立完成零件的加工和检测。

## 6.3.1　细长轴车削的工艺准备

### 一、细长轴工件的装夹

#### （一）使用中心架支承车削细长轴

中心架是车床的附件，如图6-22所示。在车刚度低的细长轴、不能穿过车床主轴孔的粗长工件以及孔与外圆同轴度要求较高的较长工件时，往往采用中心架支承。中心架的使用方法有以下几种。

**1. 中心架直接支承在工件中间**

当细长轴可以分段车削时，中心架的架体通过压板支承在工件之间。这时，$L/d$ 值减小了一半，车削时工件的刚度可相应地增加数倍。在工件装上中心架之前，必须在毛坯中部车出一段支撑中心架的槽，槽的表面粗糙度及圆柱度的误差要小，否则会影响加工的精度。调整中心时，必须先通过调整螺钉调整好下面两个支撑爪，再用紧固螺钉紧固，然后把上盖盖好固定，最后调整上面的一个支撑爪，并用紧固螺钉固定。

当被车削的细长轴中间无沟槽或安置中心架处有键槽或花键等不规则表面时，可以采用中心架和过渡套筒支承车削细长轴的方法。

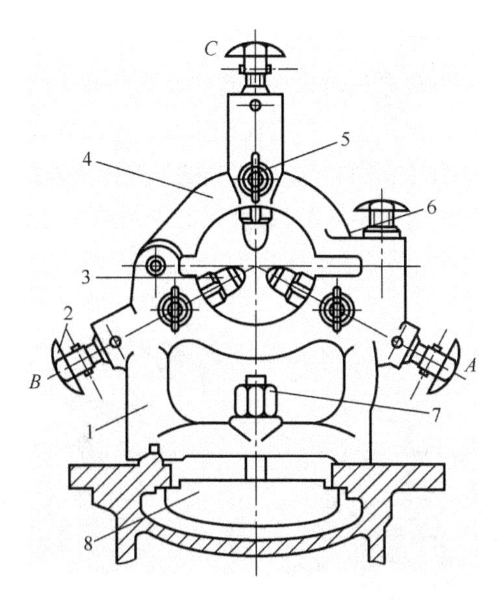


1—架体；2—调节螺钉；3—支撑爪；4—上盖；5—紧固螺钉；6—螺钉；7—螺母；8—压板

图 6–22　中心架

**2. 用过渡套筒支承**

用过渡套筒支承车削细长轴时，其中心架的支撑爪与过渡套筒的外表面接触，过渡套筒的两端各装有三个调节螺钉，用这些螺钉夹住毛坯工件，并调节套筒外圆的轴线与车床主轴轴线重合，即可车削，如图 6–23 所示。

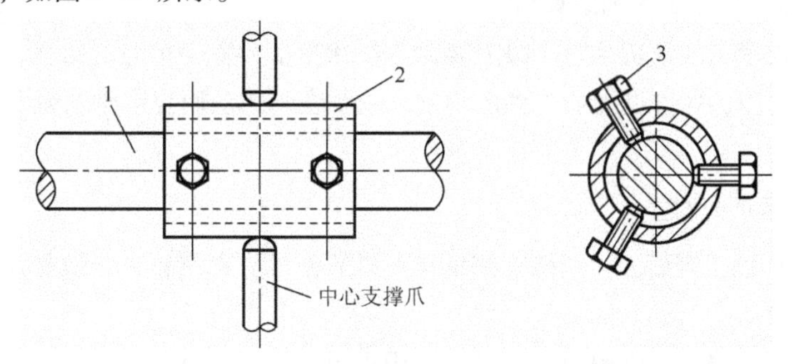


1—工件；2—过渡套筒；3—调节螺钉

图 6–23　用过渡套筒支承车削细长轴

**3. 一端用卡盘卡紧，一端用中心架支承**

当工件一端用卡盘卡紧，另一端用中心架支承时，工件在中心架上的找正方法有以下三种。

（1）工件已一夹一顶半精车外圆后，若须车端面、车孔或精车外圆时，由于经过半精车的外圆与车床主轴轴线同轴度较高，所以只需将中心架放置并固定在床身的适当位置，以外圆为基准，依次调整中心架的三个支撑爪与工件外圆轻轻接触，并用紧固螺钉锁紧支承爪，在支撑爪与工件接触处加注润滑油，移去尾座，校正完成后，即可车削。

（2）当工件外圆已加工，长度不太长时，可以一端夹持在卡盘上，另一端用中心架支承。找正时，先用手转动卡盘，用划针或百分表校正工件两端的外圆，然后依次调整中心架的 3 个支撑爪，使之与工件外圆轻轻接触。

（3）当工件外圆已加工、长度较长时，可以将工件的一端夹持在卡盘上，另一端用中心架支承。先在靠近卡盘处将工件外圆找正，然后摇动床鞍、中滑板，用划针或百分表在工件两端作对比测量（工件两端被测处直径相同时），或用高度尺测量两端的实际尺寸，然后减去相应的半径进行比较（工件两端被测处直径不同时），并以此来调整中心架支撑爪，使工件两端高低、前后一致，如图6-24所示。

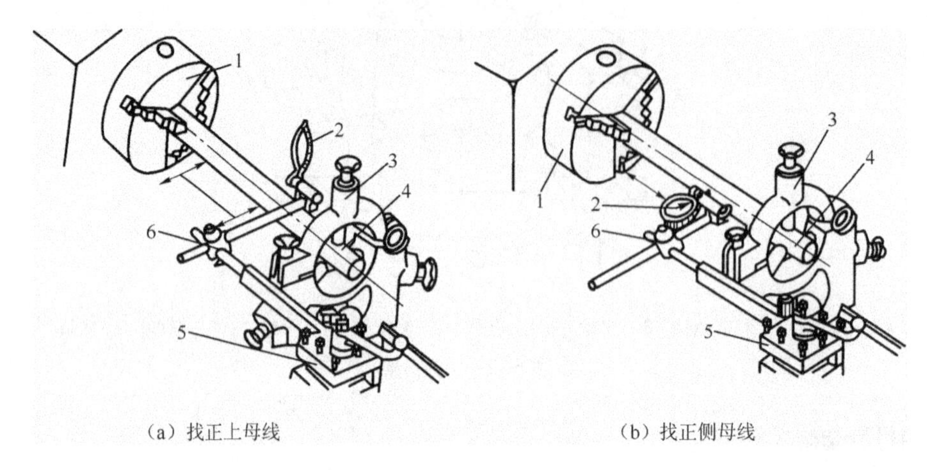


1—三爪自定心卡盘；2—百分表；3—中心架；4—工件；5—刀架；6—表架连杆

图6-24　找正细长轴两端的高低、前后位置

### （二）使用跟刀架支承车削细长轴

使用跟刀架支承车削细长轴时，跟刀架固定在床鞍上，置于车刀的对面，并随车刀的进给而移动，抵消背向力，并可以增加工件的刚度，减少变形，从而提高细长轴的形状精度和减小表面粗糙度。

#### 1. 跟刀架支承爪的调整

（1）在工件已加工表面上，调整支撑爪与车刀的相对支承位置，一般是使支承爪位于车刀后面，两者轴向距离应小于10 mm。

（2）先调整后支撑爪，调整时，应综合运用手感、耳听、目测等方法控制支承爪，使它轻微接触到外圆为止。再依次调整下支承爪和上支承爪，要求各支撑爪能与轴保持相同的合理间隙，使轴可以自由转动。

#### 2. 跟刀架支承爪的修正

车削时，发现跟刀架支承爪与工件有如图6-25所示的不良接触情况时，必须对支撑爪进行修正。

修正可在车床上进行，先将跟刀架固定在床鞍上，再将有可调刀柄的内孔车刀装在卡盘上，调整支承爪的位置，然后使主轴（铰刀或车刀）转动，用床鞍做纵向加工车削支承爪的支承面，使三个支承面构成的圆的直径基本等于工件的支承处轴径的直径。

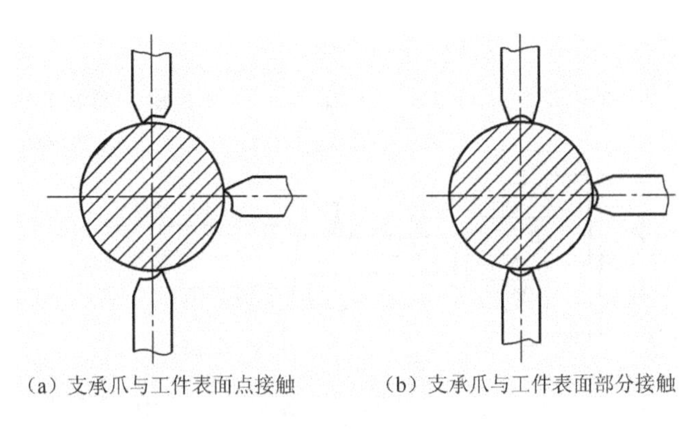

（a）支承爪与工件表面点接触　　（b）支承爪与工件表面部分接触

图6－25　跟刀架支撑爪的不良接触状态

## 二、减少车削加工时工件热变形的措施

车削时，由于切削热的影响，使工件随温度升高而逐渐伸长变形，在车削一般轴类零件时，可不考虑热变形对工件精度的影响，但车削细长轴时，因为工件长，热变形伸长量大，所以一定要考虑热变形的影响。特别是采用一夹一顶装夹工件时，由于工件一端夹紧，另一端顶住，工件无法伸长，因此只能使本身产生弯曲。细长轴一旦产生弯曲后，车削就很难进行，因此必须采取措施减少工件的热变形。

### （一）使用弹性回转顶尖

弹性回转顶尖的结构如图6-26所示。顶尖用圆柱滚子轴承、滚针轴承承受向力，推力球轴承承受轴向力。在短圆柱滚子轴承和推力轴承之间，放置有若干片碟形弹簧，当工件热变形伸长时，工件推动顶尖通过圆柱滚子轴承，使碟形弹簧压缩变形，从而有效地补偿了工件的热变形伸长。

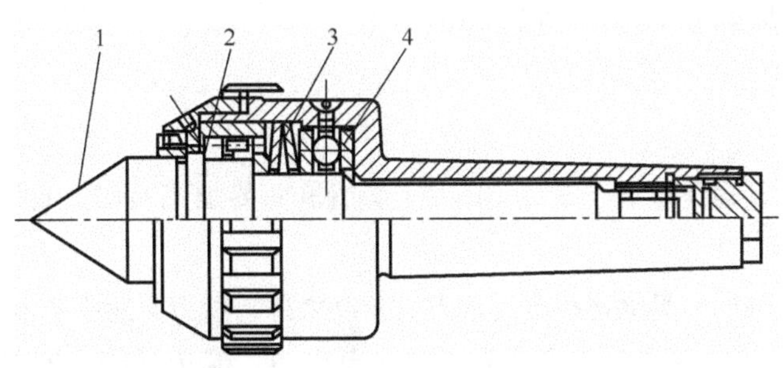


1—顶尖；2—圆柱滚子轴承；3—碟形弹簧；4—推力球轴承

图6-26　弹性回转顶尖

### （二）浮动夹紧反向进给车削

如图6-27所示，采用一夹一顶装夹工件车削细长轴时，其卡爪夹持的部分不宜过长，一般在15 mm左右，最好用$\phi$3 mm×200 mm的钢丝垫在卡爪的凹槽中。这样细长轴的左端的夹持就形成线接触的浮动状态，使细长轴在卡盘内能自由调节其位置，不会因卡盘夹紧而产生弯曲变形。

采用反向进给时，反向的进给力拉直工件已切削部分并推进工件待切削部分由右端的弹性回转顶尖5支承并补偿，细长轴不易产生弯曲变形。

浮动夹紧和反向进给车削能使工件达到较高的加工精度和较小的表面粗糙度。

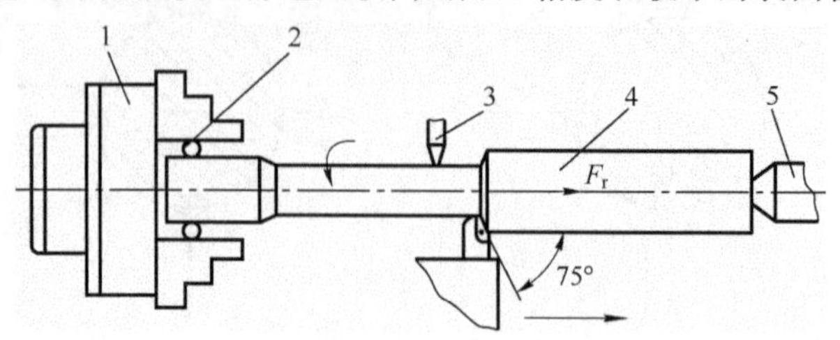


1—卡盘；2—钢丝；3—跟刀架；4—细长轴；5—弹性回转顶尖

图6-27 浮动夹紧和反向进给车削

**（三）加注充分的切削液**

车削细长轴时，无论是低速车削，还是高速车削，加注充分的切削液能有效地降低切削区域的温度，从而减少工件热变形伸长，而且能延长刀具的使用寿命。

**（四）合理选择车刀的几何参数**

车削细长轴时，由于工件的刚度差，车刀的几何参数对切削力、切削热、振动和工件弯曲变形均有明显的影响，细长轴车刀几何参数的选择原则如下：

**1. 主偏角 $\kappa_\gamma$**

车刀的主偏角是影响背向力的主要因素，在不影响刀具强度的前提下，车削细长轴时应尽量增大车刀的主偏角，以减小背向力，从而减小细长轴的弯曲变形，一般细长轴车刀的主偏角选 $\kappa_\gamma = 80° \sim 93°$。

**2. 前角 $\gamma_o$**

为了减小切削热和切削力，应选择较大的前角，以使刀具锋利，切削轻快，一般取$\gamma_o = 15° \sim 30°$。

**3. 刃倾角 $\lambda_s$**

选择正的刃倾角，通常取 $\lambda_s = 3° \sim 10°$，使切屑流向待加工表面。此外，车刀也容易切入工件。

另外，车削细长轴的刀具除选择合理的刀具角度之外，前刀面还应磨出 $R = 1.5 \sim 3$ mm 的圆弧形断屑槽，使切屑顺利地卷起折断。为了减小背向力，应选择较小的刀尖圆弧半径（$r_\varepsilon < 0.3$ mm）。倒棱的宽度也应选的较小，一般选取倒棱宽度 $b_{r1} = 0.5f$。要求切削刃表面粗糙度值 $Ra \leqslant 0.4$ μm。

典型的90°细长轴精车刀如图6-28所示。

**（五）尾座中心位置的找正**

采用两顶尖装夹、中间用中心架支承车削细长轴时，常使车出的外圆有锥度，产生锥度的原因除中心架支承爪调整不当或支撑爪本身的接触状态不良外，尾座的偏移也是一个重要的因素，所以必须仔细找正尾座。

尾座找正的方法是在车中心架支承部位外圆柱面的同时，在工件两端各车一段直径相同的外圆（应留有足够的加工余量），用两块百分表找正尾座中心位置，如图6-29所示。用两块百

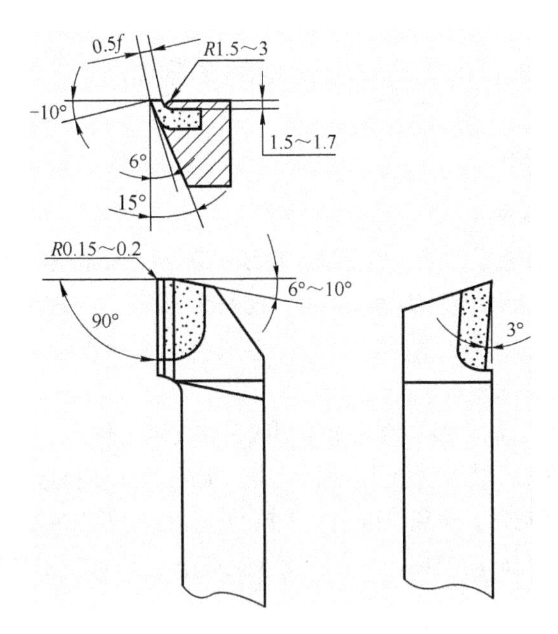


图 6-28　90°细长轴精车刀

分表分别同时测量中滑板的进给量读数和工件外圆的读数。当测得工件两端中滑板进给量读数相同，而百分表在外圆的读数不同时，说明尾座中心偏移，应进行找正，直到工件两端百分表读数相同时为止。

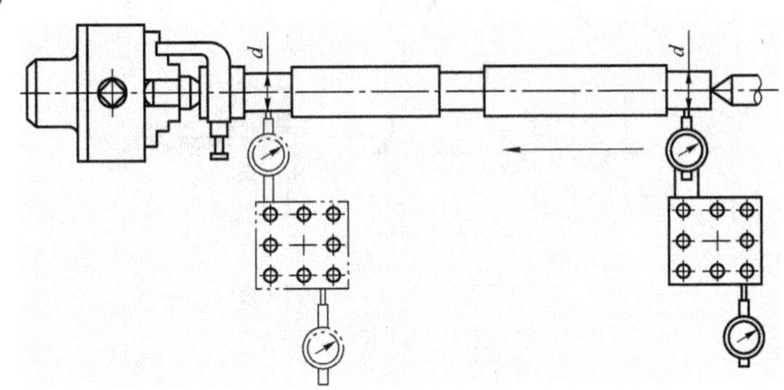


图 6-29　尾座中心位置的找正

尾座找正后，如果细长轴车削中仍然发现锥度，则先检查是否因车刀严重磨损而产生锥度，如果不是，则可判定为中心架支撑爪将工件支撑偏移所致，只需调整中心架下面的两个支撑爪即可。

**（六）车细长轴时的切削用量**

由于工件刚度低，切削用量应适当减小，切削用量参数的选择见表 6-6。

**表 6-6　车削细长轴时的切削用量**

| 加工性质 | 切削速度 $v_c$（m/min） | 进给量 $f$（mm/r） | 背吃刀量（mm） |
|---|---|---|---|
| 粗车 | 50～60 | 0.3～0.4 | 1.5～2 |
| 精车 | 60～100 | 0.08～0.12 | 0.5～1 |

## 6.3.2　细长轴的车削加工

### 一、零件的工艺分析

#### （一）细长轴的技术要求

如图6-21所示的细长轴零件是一根光轴，轴颈$\phi20\pm0.1$ mm，长1000 mm。其长径比为50，直线度误差≤0.2 mm，表面粗糙度$Ra\leq3.2$ μm，材料为45钢，毛坯尺寸为$\phi25\times1010$ mm，加工数量为10件。

#### （二）细长轴加工的工艺分析

该零件的长径比为50，故在装夹方式上采用跟刀架支承工件。

准备毛坯并校直。在加工之前对毛坯进行检查，如果发现坯料弯曲，则应校直毛坯。校直坯料不仅可以使车削余量均匀，避免或减小加工振动，而且还可以减小切削后的表面残余应力，避免产生较大的变形。校直后的毛坯，其直线度误差应小于1 mm，毛坯校直后，还要进行时效处理，以消除内应力。

准备三爪跟刀架并做好检查，若发现支撑爪端面磨损严重或弧面太小，应根据支承基准面进行修正。

为了保证加工质量，采用粗车、精车两阶段完成零件加工。

加工时使用30号机油，充分冷却。

采用一夹一顶并用跟刀架支承反向进给的加工方式，如图6-30所示。

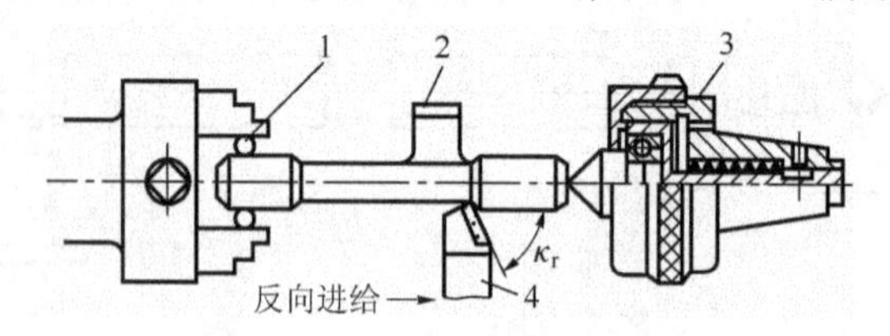


1—钢丝圈；2—三爪跟刀架；3—弹性回转顶尖；4—车刀

图6-30　细长轴的装夹与车削方式

注意刃磨好粗、精车刀具。

注意粗、精加工阶段切削用量的合理选择，避免产生工件的力变形和热变形。

### 二、细长轴的加工的准备

（1）材料：45钢，毛坯尺寸为$\phi25\times1010$ mm，数量为1件/人。

（2）量具：0.01 mm/0～25 mm千分尺、0.10 mm/0～1000 mm游标卡尺、0.01 mm百分表（表架）。

（3）刃具：45°、75°外圆车刀（分粗车刀和精车刀）、中心钻。

（4）工具、辅具：弹性回转顶尖、三爪跟刀架、中心架、钻夹头、润滑和清扫工具等。

（5）设备：CA6140型卧式车床。

## 三、细长轴的加工

### （一）细长轴的加工步骤

（1）车端面、钻中心孔。毛坯伸出三爪自定心卡盘约 100 mm，车端面、倒角、钻中心孔，粗车右端 $\phi22\times30$ mm 外圆（卡盘夹紧的定位基准）。调头车端面，保证总长 1 000 mm，倒角并钻中心孔。

（2）在 $\phi22\times30$ mm 的外圆柱面上套入 5 mm 钢丝圈，用三爪卡盘夹紧工件，右端用弹性回转顶尖支承。在靠近卡盘一端的毛坯外圆车削跟刀架支承基准，宽度比支撑爪宽度大 15 ~ 20 mm，并在其右边车一圆锥角为 40°的圆锥面（使接刀车削时切削力逐渐增加，避免因切削力突然变化使工件变形或出现让刀现象），如图 6-31 所示。

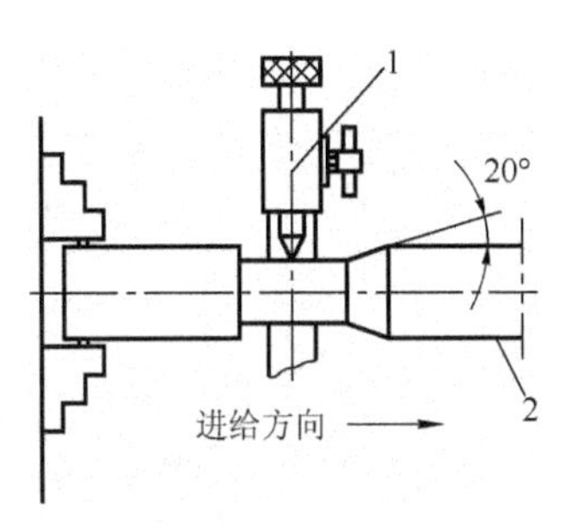


1—跟刀架；2—工件

图 6-31　车跟刀架基准

（3）安装跟刀架，采用反向进给方法接刀车全长外圆，跟刀架支承在刀尖后面 1 ~ 3 mm 处，同时浇注充分的切削液。

（4）重复 2 ~ 3 步骤多次，直到精车外圆达到尺寸要求。

（5）采用一端夹紧，一端用中心架支承半精车、精车 $\phi22\times30$ mm 段至尺寸要求。

（6）检查。

### （二）细长轴的加工的实施

（1）检查机床和毛坯。

（2）装夹工件和车刀。

（3）按加工步骤进行车削加工，检查各部分尺寸和形位误差符合图样要求。

（4）清扫机床，擦净刀具、量具等工具并摆放到位。

### （三）细长轴车削的注意事项

（1）车削前，为了防止车细长轴产生锥度，必须调整尾座中心，使之与车床中心同轴。

（2）车削过程应始终充分浇注切削液。

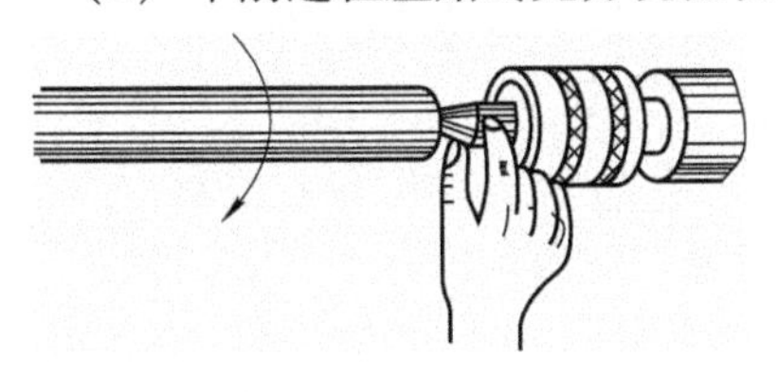

图 6-32　检查回转顶尖松紧的方法

（3）车削时，应随时注意顶尖的松紧程度。其检查方法是：开动车床使工件旋转，用右手拇指和食指捏住弹性回转顶尖的转动部分，顶尖能停止转动，当松开手指后，顶尖能恢复转动，说明顶尖的松紧程度适当，如图 6-32 所示。

（4）粗车时应适当选择好第一次切削深度，将工件毛坯一次进刀车圆，否则会影响跟刀架的正常工作。

（5）车削过程中，应随时注意支撑爪与工件表面接触状态和支撑爪的磨损情况，并视具体情况随时作出相应的调整。

（6）车削过程中，应随时注意工件已加工表面的变化情况，当开始发现有竹节形、腰鼓形等缺陷时，要及时分析原因，采取应对措施。

## 四、零件加工质量分析

如果在车削过程中出现竹节形、腰鼓形等缺陷，应按照表6-7所示进行加工质量分析。

**表6-7　车细长轴易产生的缺陷及预防措施**

| 废品种类 | 工件缺陷 | 预防措施 |
| --- | --- | --- |
| 竹节形 | 1. 中心架支撑爪与工件的接触压力调整不当；<br>2. 没有及时调整背吃刀量；<br>3. 没有调整好车床床鞍、滑板的间隙，因而进给时产生让刀现象 | 1. 正确调整中心架的支撑爪，不可支顶的过紧；采用接刀车削时，必须使车刀的刀尖和工件支撑面略微接触，接刀时背吃刀量应加大0.01～0.02 mm。这样可避免由于工件外圆变大而引起支撑爪的支撑力变得过大；<br>2. 粗车时若发现开始出现竹节形，可调整中滑板手柄，相应增加适当的背车刀量，以减小工件外径；或稍微调松中心架支承爪，使支承力适当减小，以防止继续产生竹节；<br>3. 调整好车床床鞍、滑板的相应间隙，消除进给时的让刀现象 |
| 腰鼓形 | 1. 细长轴刚度低，中心架支撑爪与工件表面接触不一致（偏高或偏低于工件回转轴线），支承爪磨损而产生间隙；<br>2. 当车到细长轴中间部位时，由于背向力将工件的轴线压向车床回转轴线的外侧，使工件发生弯曲变形，从而形成腰鼓形 | 1. 车削过程中要随时调整中心架支撑爪，使支承爪圆弧面的轴线与主轴回转轴线重合；<br>2. 适当增大车刀主偏角，使车刀锋利，以减小背向力 |

## 五、拓展训练

车削加工图6-33所示细长轴零件，材料为45钢，毛坯为$\phi$45×1 000 mm棒料，件数为20件。试编制加工步骤，并上机床完成零件的加工。

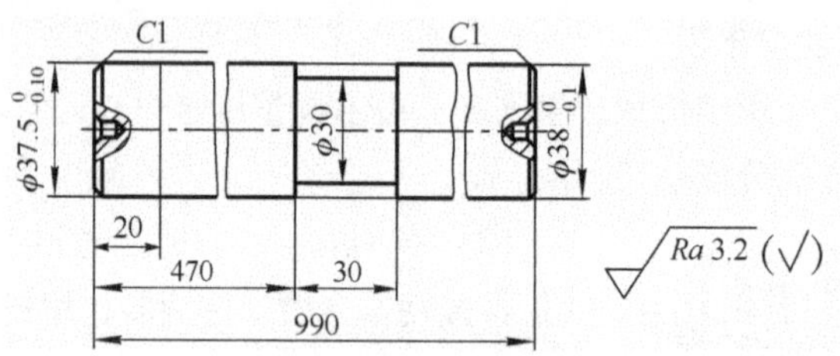


图6-33　细长轴

**加工要点分析：**

由于该工件在990 mm长的轴段上有三个直径不等的圆柱面，加工时不便于采用跟刀架支承，需用中心架支撑，调头车削。

# 思考与练习

## 一、选择题

1. 用百分表测得某偏心件最大与最小值差为4.12 mm，则实际偏心距为（　　）mm。

A. 4.12　　B. 8.24　　C. 2.06

2. 偏心工件的加工原理是把需要加工偏心部分的轴线找正到与车床主轴轴线（　　）。

A. 重合　　B. 垂直　　C. 平行

3. 车细长轴时，可用中心架和跟刀架来增加工件的（　　）。

A. 刚性　　B. 韧性　　C. 强度　　D. 硬度

4. 细长轴的长度和直径之比（$L/D$）一般都大于（　　），车削时由于它本身的刚性较差，工件易弯曲和产生振动。

A. 30　　B. 25　　C. 10　　D. 5

5. 车削细长轴一次进给的时间较长，车削热量大部分传给了工件，使工件温度升高，产生轴向伸长变形，温度越高，伸长就越（　　）。

A. 大　　B. 小　　C. 相同　　D. 无法判断

6. 中心架安装在床身（　　）上，当中心架支承在工件的中间时，工件的刚性可提高好几倍。

A. 导轨　　B. 尾座　　C. 立柱　　D. 底座

7. 加工细长轴时，如果采用一般的顶尖，由于两顶尖之间的距离不变，当工件在加工过程中受热变形伸长时，必然会造成工件（　　）变形。

A. 挤压　　B. 受力　　C. 热　　D. 弯曲

8. 在两顶尖间测量偏心距时，百分表上指示出的最大值与最小值（　　）等于偏心距。

A. 之差　　B. 之和　　C. 差的一半

9. 为了克服细长轴车削时的热变形伸长可用（　　）来补偿。

A. 中心架　　B. 跟刀架　　C. 弹性活顶夹　D. 死顶夹

10. 为了减少径向力，车细长轴时，车刀主偏角应取（　　）。

A. 30°～45°　　B. 50°～60°　　C. 80°～90°　　D. 15°～20°

## 二、问答题

1. 在三爪卡盘上车削偏心件，已知工件直径 $D=60$ mm，偏心距 $e=3$ mm，试切后，实测偏心距为 2.94 mm，则垫片厚度为多少？

2. 车削薄壁套的关键技术是什么？常用的夹紧方式有哪几种？

3. 什么叫细长轴？车削细长轴的关键技术是什么？

4. 用中心架辅助支撑车削细长轴时工件产生竹节形，是什么原因？如何解决？

# 附录A 普通车床车工国家标准

**1. 职业概况**

1.1 职业名称

车工。

1.2 职业定义

操作车床，进行工件旋转表面切削加工的人员。

1.3 职业等级

本职业共设五个等级，分别为：初级（国家职业资格五级）、中级（国家职业资格四级）、高级（国家职业资格三级）、技师（国家职业资格二级）、高级技师（国家职业资格一级）。

1.4 职业环境

室内，常温。

1.5 职业能力特征

具有较强的计算能力和空间感、形体知觉及色觉，手指、手臂灵活，动作协调。

1.6 基本文化程度

初中毕业。

1.7 培训要求

1.7.1 培训期限

全日制职业学校教育，根据其培养目标和教学计划确定。晋级培训期限：初级不少于500标准学时；中级不少于400标准学时；高级不少于300标准学时；技师不少于300标准学时；高级技师不少于200标准学时。

1.7.2 培训教师

培训初、中、高级车工的教师应具有本职业技师以上职业资格证书或相关专业中级以上专业技术职务任职资格；培训技师的教师应具有本职业高级技师职业资格证书或相关专业高级专业技术职务任职资格；培训高级技师的教师应具有本职业高级技师职业资格证书2年以上或相关专业高级专业技术职务任职资格。

1.7.3 培训场地设备

满足教学需要的标准教室，并具有车床及必要的刀具、夹具、量具和车床辅助设备等。

1.8 鉴定要求

1.8.1 适用对象

从事或准备从事本职业的人员。

1.8.2 申报条件

——初级（具备以下条件之一者）

（1）经本职业初级正规培训达规定标准学时数，并取得毕（结）业证书。

（2）在本职业连续见习工作2年以上。

（3）本职业学徒期满。

——中级（具备以下条件之一者）

（1）取得本职业初级职业资格证书后，连续从事本职业工作3年以上，经本职业中级正规培训达规定标准学时数，并取得毕（结）业证书。

（2）取得本职业初级职业资格证书后，连续从事本职业工作5年以上。

（3）连续从事本职业工作7年以上。

（4）取得经劳动保障行政部门审核认定的、以中级技能为培养目标的中等以上职业学校本职业（专业）毕业证书。

——高级（具备以下条件之一者）

（1）取得本职业中级职业资格证书后，连续从事本职业工作4年以上，经本职业高级正规培训达规定标准学时数，并取得毕（结）业证书。

（2）取得本职业中级职业资格证书后，连续从事本职业工作7年以上。

（3）取得高级技工学校或经劳动保障行政部门审核认定的、以高级技能为培养目标的高等职业学校本职业（专业）毕业证书

（4）取得本职业中级职业资格证书的大专以上本专业或相关专业毕业生，连续从事本职业工作2年以上。

——技师（具备以下条件之一者）

（1）取得本职业高级职业资格证书后，连续从事本职业工作5年以上，经本职业技师正规培训达规定标准学时数，并取得毕（结）业证书。

（2）取得本职业高级职业资格证书后，连续从事本职业工作8年以上。

（3）取得本职业高级职业资格证书的高级技工学校本职业（专业）毕业生和大专以上本专业或相关专业毕业生，连续从事本职业工作满2年。

——高级技师（具备以下条件之一者）

（1）取得本职业技师职业资格证书后，连续从事本职业工作3年以上，经本职业高级技师正规培训达规定标准学时数，并取得毕（结）业证书。

（2）取得本职业技师职业资格证书后，连续从事本职业工作5年以上。

1.8.3　鉴定方式

分为理论知识考试和技能操作考核。理论知识考试采用闭卷笔试方式，技能操作考核采用现场实际操作方式。理论知识考试和技能操作考核均实行百分制，成绩皆达60分以上者为合格。技师、高级技师鉴定还须进行综合评审。

1.8.4　考评人员与考生配比

理论知识考试考评人员与考生配比为1:15，每个标准教室不少于2名考评人员；技能操作考核考评员与考生配比为1:5，且不少于3名考评员。

1.8.5　鉴定时间

理论知识考试时间不少于120 min；技能操作考核时间为：初级不少于240 min，中级不少于

300 min，高级不少于360 min，技师不少于420 min，高级技师不少于240 min；论文答辩时间不少于45 min。

1.8.6　鉴定场所设备

理论知识考试在标准教室里进行；技能操作考核在配备必要的车床、工具、夹具、刀具、量具、量仪以及机床附件的场所进行。

**2. 基本要求**

2.1　职业道德

2.1.1　职业道德基本知识

2.1.2　职业守则

（1）遵守法律、法规和有关规定。

（2）爱岗敬业、具有高度的责任心。

（3）严格执行工作程序、工作规范、工艺文件和安全操作规程。

（4）工作认真负责，团结合作。

（5）爱护设备及工具、夹具、刀具、量具。

（6）着装整洁，符合规定；保持工作环境清洁有序，文明生产。

2.2　基础知识

2.2.1　基础理论知识

（1）识图知识。

（2）公差与配合。

（3）常用金属材料及热处理知识。

（4）常用非金属材料知识。

2.2.2　机械加工基础知识

（1）机械传动知识。

（2）机械加工常用设备知识（分类、用途）。

（3）金属切削常用刀具知识。

（4）典型零件（主轴、箱体、齿轮等）的加工工艺。

（5）设备润滑及切削液的使用知识。

（6）工具、夹具、量具使用与维护知识。

2.2.3　钳工基础知识

（1）划线知识

（2）钳工操作知识（錾、锉、锯、钻、绞孔、攻螺纹、套螺纹）。

2.2.4　电工知识

（1）通用设备常用电器的种类及用途。

（2）电力拖动及控制原理基础知识。

（3）安全用电知识。

2.2.5　安全文明生产与环境保护知识

（1）现场文明生产要求。　（2）安全操作与劳动保护知识。　（3）环境保护知识。

2.2.6　质量管理知识

（1）企业的质量方针。　（2）岗位的质量要求。　（3）岗位的质量保证措施与责任。

2.2.7　相关法律、法规知识

（1）劳动法相关知识　　（2）合同法相关知识。

## 3. 工作要求

本标准对初级、中级、高级、技师、高级技师的技能要求依次递进，高级别包括低级别的要求。在“工作内容”栏内未标注“普通车床”或“数控车床”的，均为两者通用（数控车工从中级工开始，至技师止）。

### 3.1　初级

| 职业功能 | 工作内容 | 技能要求 | 相关知识 |
| --- | --- | --- | --- |
| 工艺准备 | （一）读图与绘图 | 能读懂轴、套和圆锥、螺纹及圆弧等简单零件图 | 简单零件的表达方法，各种符号的含义 |
| | （二）制定加工工艺 | 1. 能读懂轴、套和圆锥、螺纹及圆弧等简单零件的机械加工工艺过程；<br>2. 能制定简单零件的车削加工顺序（工步）；<br>3. 能合理选择切削用量；<br>4. 能合理选择切削液 | 1. 简单零件的车削加工顺；<br>2. 车削用量的选择方法；<br>3. 切削液的选择方法 |
| | （三）工件定位与夹紧 | 能使用车床通用夹具和组合夹具将工件正确定位与夹紧 | 1. 工件正确定位与夹紧的方法；<br>2. 车床通用夹具的种类、结构与使用方法 |
| | （四）刀具准备 | 1. 能合理选用车床常用刀具；<br>2. 能刃磨普通车刀及标准麻花钻头 | 1. 车削常用刀具的种类与用途；<br>2. 车刀几何参数的定义、常用几何角度的表示方法及其与切削性能的关系；<br>3. 车刀与标准麻花钻头的刃磨方法 |
| | （五）设备维护保养 | 能简单维护保养普通车床 | 普通车床的润滑及常规保养方法 |
| 工件加工 | （一）轴类零件的加工 | 1. 能车削三个以上台阶的普通台阶轴，并达到以下要求：<br>（1）同轴度公差：0.05 mm；<br>（2）表面粗糙度：$Ra3.2$ μm；<br>（3）公差等级：IT8。<br>2. 能进行滚花加工及抛光加工 | 1. 台阶轴的车削方法；<br>2. 滚花加工及抛光加工的方法 |
| | （二）套类零件的加工 | 能车削套类零件，并达到以下要求：<br>1. 公差等级：外径 IT7，内径 IT8；<br>2. 表面粗糙度：$Ra3.2$ μm | 套类零件钻、扩、镗、绞的方法 |
| | （三）螺纹的加工 | 能车削普通螺纹、英制螺纹及管螺纹 | 1. 普通螺纹的种类、用途及计算方法；<br>2. 螺纹车削方法；<br>3. 攻、套螺纹前螺纹底径及杆径的计算方法 |
| | （四）锥面及成形面的加工 | 能车削具有内、外圆锥面工件的锥面及球类工件、曲线手柄等简单成形面，并进行相应的计算和调整 | 1. 圆锥的种类、定义及计算方法；<br>2. 圆锥的车削方法；<br>3. 成形面的车削方法 |

续上表

| 职业功能 | 工作内容 | 技能要求 | 相关知识 |
| --- | --- | --- | --- |
| 精度检验 | （一）内外径、长度、深度、高度的检验 | 1. 能使用游标卡尺、千分尺、内径百分表测量直径及长度；<br>2. 能用塞规及卡规测量孔径及外径 | 1. 使用游标卡尺、千分尺、内径百分表测量工件的方法；<br>2. 塞规和卡规的结构及使用方法 |
| | （二）锥度及成形面的检验 | 1. 能用角度样板、万能角度尺测量锥度；<br>2. 能用涂色法检验锥度；<br>3. 能用曲线样板或普通量具检验成形面 | 1. 使用角度样板、万能角度尺测量锥度的方法；<br>2. 锥度量规的种类、用途及涂色法检验锥度的方法；<br>3. 成形面的检验方法 |
| | （三）螺纹检验 | 1. 能用螺纹千分尺测量三角螺纹的中径；<br>2. 能用三针测量螺纹中径；<br>3. 能用螺纹环规及塞规对螺纹进行综合检验 | 1. 螺纹千分尺的结构原理及使用、保养方法；<br>2. 三针测量螺纹中径的方法及千分尺读数的计算方法；<br>3. 螺纹环规及塞规的结构及使用方法 |

## 3.2 中级

| 职业功能 | 工作内容 | 技能要求 | 相关知识 |
| --- | --- | --- | --- |
| 工艺准备 | （一）读图与识图 | 1. 能读懂主轴、蜗杆、丝杠、偏心轴、两拐曲轴、齿轮等中等复杂程度的零件工作图；<br>2. 能绘制轴、套、螺钉、圆锥体等简单零件的工作图；<br>3. 能读懂车床主轴、刀架、尾座等简单机构的装配图 | 1. 复杂零件的表达方法；<br>2. 简单零件工作图的画法；<br>3. 简单机构装配图的画法 |
| | （二）制定加工工艺 | 1. 能读懂蜗杆、双线螺纹、偏心件、两拐曲轴、薄壁工件、细长轴、深孔件及大型回转体工件等较复杂的加工工艺规程；<br>2. 能制定使用四爪单动卡盘装夹的较复杂零件、双线螺纹、偏心件、两拐曲轴、薄壁工件、细长轴、深孔件及大型回转体零件等的加工顺序 | 使用四爪单动卡盘加工较复杂零件、双线螺纹、偏心件、两拐曲轴、薄壁工件、细长轴、深孔件及大型回转体零件等的加工顺序 |
| | （三）工件定位与夹紧 | 1. 能正确装夹薄壁、细长、偏心类工件；<br>2. 能合理使用四爪单动卡盘、花盘及弯板装夹外形较复杂的简单箱体工件 | 1. 定位夹紧的原理及方法；<br>2. 车削时防止工件变形的方法；<br>3. 复杂外形工件的装夹方法 |
| | （四）刀具准备 | 1. 能根据工件材料、加工精度和工作效率的要求，正确选择刀具的类型、材料及几何参数；<br>2. 能刃磨梯形螺纹车刀，圆弧车刀等较复杂的车削刀具 | 1. 车削刀具的种类、材料及几何参数的选择原则；<br>2. 普通螺纹车刀、成形车刀的种类及刃磨知识 |
| | （五）设备维护保养 | 1. 能根据加工需要对机床进行调整；<br>2. 能在加工前对普通车床进行常规检查；<br>3. 能及时发现普通车床的一般故障 | 1. 普通车床的结构传动原理及加工前的调整；<br>2. 普通车床常见的故障现象 |

续上表

| 职业功能 | 工作内容 | 技能要求 | 相关知识 |
|---|---|---|---|
| 工件加工 | （一）轴类零件的加工 | 能车削细长轴并达到以下要求：<br>1. 长径比：$L/D \geqslant 25 \sim 60$；<br>2. 表面粗糙度：$Ra3.2$ μm；<br>3. 公差等级：IT9；<br>4. 直线度公差等级：IT9 ~ IT12 | 细长轴的加工方法 |
| | （二）偏心件、曲轴的加工 | 能车削两个偏心的偏心件、两拐曲轴、非整圆孔工件，并达到以下要求：<br>1. 偏心距公差等级：IT9；<br>2. 轴颈公差等级：IT6；<br>3. 孔径公差等级：IT7；<br>4. 孔距公差等级：IT8；<br>5. 轴心线平行度：0.02/100 mm；<br>6. 轴颈圆柱度：0.013 mm；<br>7. 表面粗糙度：$Ra1.6$ μm | 1. 偏心件的车削方法；<br>2. 两拐曲轴的车削方法；<br>3. 非整圆孔工件的车削方法 |
| | （三）螺纹、蜗杆的加工 | 1. 能车削梯形螺纹、矩形螺纹、锯齿形螺纹等；<br>2. 能车削双头蜗杆 | 1. 梯形螺纹、矩形螺纹、锯齿形螺纹的用途及加工方法；<br>2. 蜗杆的种类、用途及加工方法 |
| | （四）大型回转表面的加工 | 能使用立车或大型卧式车床车削大型回转表面的内外圆锥面、球面及其他曲面工件 | 在立车或大型卧式车床上加工内外圆锥面、球面及其他曲面的方法 |
| 精度检验 | （一）高精度轴向尺寸、理论交点尺寸及偏心件的测量 | 1. 能用量块和百分表测量公称等级IT9的轴向尺寸；<br>2. 能间接测量一般理论交点尺寸；<br>3. 能测量偏心距及两平行非整圆孔的孔距 | 1. 量块的用途及使用方法；<br>2. 理论交点尺寸的测量与计算方法；<br>3. 偏心距的检测方法；<br>4. 两平行非整圆孔孔距的检测方法 |
| | （二）内外圆锥检验 | 1. 能用正弦规检验锥度；<br>2. 能用量棒、钢球间接测量内、外锥体 | 1. 正弦规的使用方法及测量计算方法；<br>2. 利用量棒、钢球间接测量内、外锥体的方法与计算方法 |
| | （三）多线螺纹与蜗杆的检验 | 1. 能进行多线螺纹的检验；<br>2. 能进行蜗杆的检验 | 1. 多线螺纹的检验方法；<br>2. 蜗杆的检验方法 |

### 3.3　高级

| 职业功能 | 工作内容 | 技能要求 | 相关知识 |
|---|---|---|---|
| 工艺准备 | （一）读图与绘图 | 1. 能读懂多线蜗杆、减速器壳体、三拐以上曲轴等复杂畸形零件的工作图；<br>2. 能绘制偏心轴、蜗杆、丝杠、两拐曲轴的零件工作图；<br>3. 能绘制简单零件的轴测图；<br>4. 能读懂车床主轴箱、进给箱的装配图 | 1. 复杂畸形零件图的画法；<br>2. 简单零件轴测图的画法；<br>3. 读车床主轴箱、进给箱装配图的方法 |

续上表

| 职业功能 | 工作内容 | 技能要求 | 相关知识 |
| --- | --- | --- | --- |
| 工艺准备 | （二）制定加工工艺 | 1. 能制定简单零件的加工工艺规程；<br>2. 能制定三拐以上曲轴、有立体交叉孔的箱体等畸形、精密零件的车削加工顺序；<br>3. 能制定在立车或落地车床上加工大型、复杂零件的车削加工顺序 | 1. 简单零件加工工艺规程的制定方法；<br>2. 畸形、精密零件的车削加工顺序的制定方法；<br>3. 大型、复杂零件的车削加工顺序的制定方法 |
| | （三）工件定位与夹紧 | 1. 能合理选择车床通用夹具、组合夹具和调整专用夹具；<br>2. 能分析计算车床夹具的定位误差；<br>3. 能确定立体交错两孔及多孔工件的装夹与调整方法 | 1. 组合夹具和调整专用夹具的种类、结构、用途和特点以及调整方法；<br>2. 夹具定位误差的分析与计算方法；<br>3. 立体交错两孔及多孔工件在车床上的装夹与调整方法 |
| | （四）刀具准备 | 1. 能正确选用及刃磨群钻、机夹车刀等常用先进车削刀具；<br>2. 能正确选用深孔加工刀具，并能安装和调整；<br>3. 能在保证工件质量及生产效率的前提下延长车刀寿命 | 1. 常用先进车削刀具的用途、特点及刃磨方法；<br>2. 深孔加工刀具的种类及选择、安装、调整方法；<br>3. 延长车刀寿命的方法 |
| | （五）设备维护保养 | 能判断车床的一般机械故障 | 车床常见机械故障及排除办法 |
| 工件加工 | （一）套、深孔、偏心件、曲轴的加工 | 1. 能加工深孔并达到以下要求：<br>（1）长径比：$L/D \geqslant 10$；<br>（2）公差等级：IT8；<br>（3）表面粗糙度：$Ra3.2\ \mu m$；<br>（4）圆柱度公差等级：≥IT9。<br>2. 能车削轴线在同一轴向平面内的三偏心外圆和三偏心孔，并达到以下要求：<br>（1）偏心距公差等级：IT9；<br>（2）轴径公差等级：IT6；<br>（3）孔径公差等级：IT8；<br>（4）对称度：0.15 mm；<br>（5）表面粗糙度：$Ra1.6\ \mu m$ | 1. 深孔加工的特点及深孔工件的车削方法、测量方法；<br>2. 偏心件加工的特点及三偏心工件的车削方法、测量方法 |
| | （二）螺纹、蜗杆的加工 | 能车削三线以上蜗杆，并达到以下要求：<br>（1）精度：9 级；<br>（2）节圆跳动：0.015 mm；<br>（3）齿面粗糙度：$Ra1.6\ \mu m$ | 多线蜗杆的加工方法 |
| | （三）箱体孔的加工 | 1. 能车削立体交错的两孔或三孔；<br>2. 能车削与轴线垂直且偏心的孔；<br>3. 能车削同内球面垂直且相交的孔；<br>4. 能车削两半箱体的同心孔；<br>以上 4 项均达到以下要求：<br>（1）孔距公差等级：IT9；<br>（2）偏心距公差等级：IT9；<br>（3）孔径公差等级：IT9；<br>（4）孔中心线相互垂直：0.05 mm/100 mm；<br>（5）位置度：0.1 mm；<br>（6）表面粗糙度：$Ra1.6\ \mu m$ | 1. 车削及测量立体交错孔的方法；<br>2. 车削与回转轴垂直且偏心的孔的方法；<br>3. 车削与内球面垂直且相交的孔的方法；<br>4. 车削两半箱体的同心孔的方法 |

续上表

| 职业功能 | 工作内容 | 技能要求 | 相关知识 |
|---|---|---|---|
| 精度检验 | 复杂、畸形机械零件的精度检验及误差分析 | 1. 能对复杂、畸形机械零件进行精度检验；<br>2. 能根据测量结果分析产生车削误差的原因 | 1. 复杂、畸形机械零件精度的检验方法；<br>2. 车削误差的种类及产生原因 |

## 3.4　技师

| 职业功能 | 工作内容 | 技能要求 | 相关知识 |
|---|---|---|---|
| 工艺准备 | （一）读图与绘图 | 1. 能根据实物或装配图绘制或拆画零件图；<br>2. 能绘制车床常用工装的装配图及零件图 | 1. 零件的测绘方法；<br>2. 根据装配图拆画零件图的方法；<br>3. 车床工装装配图的画法 |
| | （二）制定加工工艺 | 1. 能编制典型零件的加工工艺规程；<br>2. 能对零件的车削工艺进行合理性分析，并提出改进建议 | 1. 典型零件加工工艺规程的编制方法；<br>2. 车削工艺方案合理性的分析方法及改进措施 |
| | （三）工件定位与夹紧 | 1. 能设计、制作装夹薄壁、偏心工件的专用夹具；<br>2. 能对现有的车床夹具进行误差分析并提出改进建议 | 1. 薄壁、偏心工件专用夹具的设计与制造方法；<br>2. 车床夹具的误差分析及消减方法 |
| | （四）刀具准备 | 能推广使用镀层刀具、机夹刀具、特殊形状及特殊材料刀具等新型刀具 | 新型刀具的种类、特点及应用 |
| | （五）设备维护保养 | 1. 能进行车床几何精度及工作精度的检验；<br>2. 能分析并排除普通车床常见的气路、液路、机械故障 | 1. 车床几何精度及工作精度检验的内容和方法；<br>2. 排除普通车床液（气）路机械故障的方法 |
| 工件加工 | （一）大型、精密轴类工件的加工 | 能车削精密机床主轴等大型、精密轴类工件 | 大型、精密轴类工件的特点及加工方法 |
| | （二）偏心件、曲轴的加工 | 1. 能车削三个偏心距相等且呈 120° 分布的高难度偏心工件；<br>2. 能车削六拐以上的曲轴。<br>以上两项均达以下要求：<br>（1）偏心距公差等级：IT9；<br>（2）直径公差等级：IT6；<br>（3）表面粗糙度：$Ra1.6\ \mu m$ | 1. 高难度偏心工件的车削方法；<br>2. 六拐曲轴的车削方法 |
| | （三）复杂螺纹的加工 | 能在普通车床上车削渐厚蜗杆及不等距蜗杆 | 渐厚蜗杆及不等距蜗杆的加工方法 |
| | （四）复杂套件的加工 | 能对 5 件以上的复杂套件进行零件加工和组装，并保证装配图上的技术要求 | 复杂套件的加工方法 |
| 精度检验 | 误差分析 | 能根据测量结果分析产生误差的原因，并提出改进措施 | 车削加工中消除或减少加工误差的知识 |
| 培训指导 | （一）指导操作 | 能指导本职业初、中、高级工进行实际操作 | 培训教学的基本方法 |
| | （二）理论培训 | 能讲授本专业技术理论知识 | |

续上表

| 职业功能 | 工作内容 | 技能要求 | 相关知识 |
|---|---|---|---|
| 管理 | （一）质量管理 | 1. 能在本职工作中认真贯彻各项质量标准；<br>2. 能应用全面质量管理知识，实现操作过程的质量分析与控制 | 1. 相关质量标准；<br>2. 质量分析与控制方法 |
| | （二）生产管理 | 1. 能组织有关人员协同作业；<br>2. 能协助部门领导进行生产计划、调度及人员的管理 | 生产管理基本知识 |

## 4. 比重表

### 4.1　理论知识

| 项　　目 | | 初级（%） | 中级（%） | 高级（%） | 技师（%） | 高级技师（%） |
|---|---|---|---|---|---|---|
| 基本要求 | 职业道德 | 5 | 5 | 5 | 5 | 5 |
| | 基础知识 | 25 | 25 | 20 | 15 | 15 |
| 相关知识 | 工艺准备 | 25 | 25 | 25 | 35 | 50 |
| | 工件加工 | 35 | 35 | 30 | 20 | 10 |
| | 精度检验及误差分析 | 10 | 10 | 20 | 15 | 10 |
| | 培训指导 | — | — | — | 5 | 5 |
| | 管理 | — | — | — | 5 | 5 |
| 合　计 | | 100 | 100 | 100 | 100 | 100 |

注：高级技师“管理”模块内容按技师标准考核。

### 4.2　技能操作

| 项　目 | | 初级（%） | 中级（%） | 高级（%） | 技师（%） | 高级技师（%） |
|---|---|---|---|---|---|---|
| 工作要求 | 工艺准备 | 20 | 20 | 15 | 10 | 20 |
| | 工件加工 | 70 | 70 | 75 | 70 | 60 |
| | 精度检验及误差分析 | 10 | 10 | 10 | 10 | 10 |
| | 培训指导 | | | | 5 | 5 |
| | 管理 | | | | 5 | 5 |
| 合　计 | | 100 | 100 | 100 | 100 | 100 |

注：高级技师“管理”模块内容按技师标准考核。

# 附录 B　常用标准公差数值表

| 基本尺寸 | | 公差等级 | | | | | | | | | | | | | | | |
|---|---|---|---|---|---|---|---|---|---|---|---|---|---|---|---|---|---|
| mm | | IT 1 | IT 2 | IT 3 | IT 4 | IT 5 | IT 6 | IT 7 | IT 8 | IT 9 | IT 10 | IT 11 | IT 12 | IT 13 | IT 14 | IT 15 | IT 16 |
| 大于 | 至 | μm | | | | | | | | | | | mm | | | | |
| 0 | 3 | 0.8 | 1.2 | 2 | 3 | 4 | 6 | 10 | 14 | 25 | 40 | 60 | 0.10 | 0.14 | 0.25 | 0.40 | 0.60 |
| 3 | 6 | 1 | 1.5 | 2.5 | 4 | 5 | 8 | 12 | 18 | 30 | 48 | 75 | 0.12 | 0.18 | 0.30 | 0.48 | 0.75 |
| 6 | 10 | 1 | 1.5 | 2.5 | 4 | 6 | 9 | 15 | 22 | 36 | 58 | 90 | 0.15 | 0.22 | 0.36 | 0.58 | 0.90 |
| 10 | 18 | 1.2 | 2 | 3 | 5 | 8 | 11 | 18 | 27 | 43 | 70 | 110 | 0.18 | 0.27 | 0.43 | 0.70 | 1.10 |
| 18 | 30 | 1.5 | 2.5 | 4 | 6 | 9 | 13 | 21 | 33 | 52 | 84 | 130 | 0.21 | 0.33 | 0.52 | 0.84 | 1.30 |
| 30 | 50 | 1.5 | 2.5 | 4 | 7 | 11 | 16 | 25 | 39 | 62 | 100 | 160 | 0.25 | 0.39 | 0.62 | 1.00 | 1.60 |
| 50 | 80 | 2 | 3 | 5 | 8 | 13 | 19 | 30 | 46 | 74 | 120 | 190 | 0.30 | 0.46 | 0.74 | 1.20 | 1.90 |
| 80 | 120 | 2.5 | 4 | 6 | 10 | 15 | 22 | 35 | 54 | 87 | 140 | 220 | 0.35 | 0.54 | 0.87 | 1.40 | 2.20 |
| 120 | 180 | 3.5 | 5 | 8 | 12 | 18 | 25 | 40 | 63 | 100 | 160 | 250 | 0.40 | 0.63 | 1.00 | 1.60 | 2.50 |
| 180 | 250 | 4.5 | 7 | 10 | 14 | 20 | 29 | 46 | 72 | 115 | 185 | 290 | 0.46 | 0.72 | 1.15 | 1.85 | 2.90 |
| 250 | 315 | 6 | 8 | 12 | 16 | 23 | 32 | 52 | 81 | 130 | 210 | 320 | 0.52 | 0.81 | 1.30 | 2.10 | 3.20 |
| 315 | 400 | 7 | 9 | 13 | 18 | 25 | 36 | 57 | 89 | 140 | 230 | 360 | 0.57 | 0.89 | 1.40 | 2.30 | 3.60 |
| 400 | 500 | 8 | 10 | 15 | 20 | 27 | 40 | 63 | 97 | 155 | 250 | 400 | 0.63 | 0.97 | 1.55 | 2.50 | 4.00 |
| 500 | 630 | 9 | 11 | 16 | 22 | 30 | 44 | 70 | 110 | 175 | 280 | 440 | 0.70 | 1.10 | 1.75 | 2.80 | 4.40 |
| 630 | 800 | 10 | 13 | 18 | 25 | 35 | 50 | 80 | 125 | 200 | 320 | 500 | 0.80 | 1.25 | 2.00 | 3.20 | 5.00 |

# 附录C 孔、轴公差带（H、h）极限偏差

μm

孔、轴的极限偏差

| 基本尺寸（mm） | | 公差带 | | | | | | | |
|---|---|---|---|---|---|---|---|---|---|
| | | H | | | | h | | | |
| 大于 | 至 | 6 | 7 | 8 | 9 | 6 | 7 | 8 | 9 |
| 3 | 6 | +8<br>0 | +12<br>0 | +18<br>0 | +30<br>0 | 0<br>-8 | 0<br>-12 | 0<br>-18 | 0<br>-30 |
| 6 | 10 | +9<br>0 | +15<br>0 | +22<br>0 | +36<br>0 | 0<br>-9 | 0<br>-15 | 0<br>-22 | 0<br>-36 |
| 10 | 18 | +11<br>0 | +18<br>0 | +27<br>0 | +43<br>0 | 0<br>-11 | 0<br>-18 | 0<br>-27 | 0<br>-43 |
| 18 | 30 | +13<br>0 | +21<br>0 | +33<br>0 | +52<br>0 | 0<br>-13 | 0<br>-21 | 0<br>-33 | 0<br>-52 |
| 30 | 50 | +16<br>0 | +25<br>0 | +39<br>0 | +62<br>0 | 0<br>-16 | 0<br>-25 | 0<br>-39 | 0<br>-62 |
| 50 | 80 | +19<br>0 | +30<br>0 | +46<br>0 | +74<br>0 | 0<br>-19 | 0<br>-30 | 0<br>-46 | 0<br>-74 |
| 80 | 120 | +22<br>0 | +35<br>0 | +54<br>0 | +87<br>0 | 0<br>-22 | 0<br>-35 | 0<br>-54 | 0<br>-87 |
| 120 | 180 | +25<br>0 | +40<br>0 | +63<br>0 | +100<br>0 | 0<br>-25 | 0<br>-40 | 0<br>-63 | 0<br>-100 |
| 180 | 250 | +29<br>0 | +46<br>0 | +72<br>0 | +115<br>0 | 0<br>-29 | 0<br>-46 | 0<br>-72 | 0<br>-115 |
| 250 | 315 | +32<br>0 | +52<br>0 | +81<br>0 | +130<br>0 | 0<br>-32 | 0<br>-52 | 0<br>-81 | 0<br>-130 |
| 315 | 400 | +36<br>0 | +57<br>0 | +89<br>0 | +140<br>0 | 0<br>-36 | 0<br>-57 | 0<br>-89 | 0<br>-140 |
| 400 | 500 | +40<br>0 | +63<br>0 | +97<br>0 | +155<br>0 | 0<br>-40 | 0<br>-63 | 0<br>-97 | 0<br>-155 |

# 参考文献

[1] 彭林中，等. 机械切削工艺参数速查手册 [M]. 北京：化学工业出版社，2011.
[2] 徐鸿本，等. 车削工艺手册 [M]. 北京：机械工业出版社，2009.
[3] 屠国栋，等. 车工 [M]. 北京：化学工业出版社，2010.
[4] 田锋社，等. 机械零件车削加工 [M]. 北京：机械工业出版社，2011.
[5] 韦富基，等. 零件普通车削加工 [M]. 北京：电子工业出版社，2010.
[6] 王公安，等. 车工工艺与技能 [M]. 北京：中国劳动社会保障出版社，2010.
[7] 段维锋，等. 金工实训教程 [M]. 北京：机械工业出版社，2013.
[8] 刘霞，等. 金工实习 [M]. 北京：机械工业出版社，2013.
[9] 杨雪清，等. 普通机床零件加工 [M]. 北京：北京大学出版社，2010.
[10] 孙强，等. 车工：初级 [M]. 北京：机械工业出版社，2010.